價值網企業創業績效損失機理研究

卜華白 編著

崧燁文化

目錄

第 6 章 職場壓力與職業疲倦誘發價值網企業創業績效損失機理研究

第 7 章 企業價值網環境與策略定位誘發價值網企業創業績效損失機理研究

序

創業績效是判定創業企業可否健康成長的關鍵指標，研究創業績效問題一直是創業理論的重要研究課題。我們只要對不同創業企業進行比較，就會發現這樣一種普遍的經濟現象，即同樣時代背景，同樣經濟制度，同樣法律條件，同樣行業，有的企業能夠快速發展，而有的企業只能保證生存，甚至因無法持續經營而倒閉，那麼，導致這一差異的原因是什麼呢？美國經濟學家哈維·萊賓斯坦（HLeibestein）最先對這一問題進行了深入的研究，並於1966年提出了「非物質資源配置效率理論」，該理論被視為20世紀經濟學上的一大發現，非物質資源配置效率問題一直被列為當今世界十大管理難題之一。本著作在梳理傳統的非物質資源配置效率理論的基礎上，對非物質資源配置效率問題進行了擴充與完善，具體表現在以下三個方面：

第一，拓展了企業創業中「效率問題」的研究空間。就一般情況而言，研究企業創業的效率都是以「物質配置效率」為對象，而本研究則是以「非物質配置效率」為對象，從而拓展了對創業企業的「配置效率問題」進行研究的空間。

第二，對傳統的非物質資源配置效率理論進行了擴充與完善，提出了新非物質資源配置效率理論，並以創業企業為例進行了具體的分析。與傳統的「非物質資源配置效率理論」相比，該理論認為，產生企業非物質資源配置低效率除了萊賓斯坦所列人的動機與組織結構兩個相關因素之外，還包括人的心理契約、認知偏差、職場壓力、個人情緒、心理資本、組織承諾、環境的不確定性以及企業策略定位、企業價值網結構和企業創業價值網嵌人選擇等，本著作分析了這些因素影響創業企業績效損失的機理，這些構成了本著作的主要創新點。

第三，通過針對湘南國家級產業承接示范區湘南開源智慧物流公司、特變電工衡陽變壓器有限公司、衡陽恆緣電工材料有限公司和湘能華磊光電股份有限公司等策略型新興價值網企業所進行的創業個案研究，一方面是對新非物質資源配置效率理論研究所得結論進行了實證分析和檢驗，從而為我國策略性新興企業的繼續創業發展提供理論基礎和方法指導；另一方面，通過對這些具體的湘南國家級產業承接示范區的策略性新興企業實證案例進行研究，可以進一步提升並擴充企業效率理論，為企業效率理論注入嶄新的血液。

另外，本著作之所以選擇策略性新興產業中的價值網企業進行研究，是因為策略性新興產業的企業都處於不斷持續創業過程之中，是研究創業的好個案，同時，當今世界新技術、新產業迅猛發展，孕育著新一輪產業革命，新興產業正在成為引領未來經濟社會發展的重要力量，世界主要國家紛紛調整發展策略，大力培育新興產業，搶占未來經濟科技競爭的制高點。策略性新興產業是以重大技術突破和重大發展需求為基礎，對經濟社會全局和長遠發展具有重大引領帶動作用，知識技術密集、物質資源消耗少、成長潛力大、綜合效益好的產業，加快培育策略性新興產業是黨中央、國務院做出的重大策略部署，也是後國際金融危機時期許多發達國家搶占未來經濟發展制高點的重大策略抉擇，直接關乎中華民族的未來和國家的長遠競爭力。

從研究內容看，本著作共分 9 章。第 1 章從問題的提出與研究對象的界定開始，在分析研究理論意義與實踐意義、國內外企業非物質配置低效率、策略型新興企業、價值網企業等的研究現狀與趨勢的基礎上，對研究思路、內容和主要創新等方面做了總體上的宏觀介紹；第 2 章是基礎理論分析，主要包括企業創業理論、企業價值網理論及企業資源理論等；第 3 章主要是從認知偏差和心理博弈的角度，分析了二者誘發價值網企業創業績效損失的機理；第 4 章主要是從情緒和心理資本的角度，分析二者誘發價值網企業創業績效損失的機理；第 5 章主要是從心理契約違背與組織承諾的角度，分析二者誘發價值網企業創業績效損失的機理；第 6 章主要是從職場壓力與職業疲倦的角度，分析二者誘發價值網企業創業績效損失的機理；第 7 章主要是從企業價值網環境與策略定位的角度，分析二者誘發價值網企業創業績效損失的機理；第 8 章主要是從嵌人選擇與創業企業價值網結構的角度，分析二者誘發價值網企業創業績效損失的機理；第 9 章主要是案例分析。

由於時間緊迫，加之水平所限，書中錯誤遺漏之處敬請廣大讀者批評指正。如果本書的出版能對廣大讀者有所裨益，本人則不勝欣慰。

第 1 章 導論

1.1 引言

1.1.1 問題的提出與研究對象的界定

創業績效是創業企業持續成長的基礎保障，研究創業績效問題一直是創業理論界和實業界重要的研究課題。我們知道，由於外部環境或內在因素的影響，企業在創業過程中短期低效通常無法避免，屬於正常狀況，但如果創業企業的低效問題長期得不到良好解決，創業必然失敗。縱觀低效創業企業，其效率低下的直接表現是創業企業目標不明確、決策性失誤、產品市場佔有率低、企業形象不好、策略空洞、定位不準、管理者濫用權力、內部員工抱怨、客戶抱怨投訴、老客戶流失、供應商或銷售商不配合、企業文化混亂，等等。那麼，就其成因而言，有人說：「低效是沒有先進設備、一流的技術和優秀技術人才的結果」，企業沒有先進的設備、一流的技術和優秀的技術人才，顯然會產生低效現象，但是，只要我們深入研究，就會發現，問題。

在 20 世紀 60 年代，研究者發現這樣一個事實：有兩個設計大致相同的生產汽車的福特工廠，一個在英國，一個在原聯邦德國，物質資源配置的方式相同。但是，聯邦德國的福特工廠與英國的福特工廠相比，用少於 22% 的勞動力卻多生產了 50% 的汽車。既然二者的物質資源配置方式相同，那麼，引起英國福特工廠的低效率就不只是新古典經濟學家們通常所論及的資源配置失調，其低效率的原因在哪？這一問題引起了許多研究者的興趣，其中有代表性的學者是美國經濟學家哈維·萊賓斯坦（H·Leibenstein），他通過長期對這類問題進行研究，於 1966 年將其題為《配置效率與「X 低效率」》的研究論文發表在《美國經濟評論》雜誌上。該文把這種並非由物質資源配置失調而引起的低效率稱為「X 低效率」，之所以把它稱為「X 低效率」是因為他當時並不知道這種並非由資源配置引起的低效率的真正來源。

後來他通過大量的調查研究，發現這種「X 低效率」是與人的本能動機或組織結構有關的低效率，它普遍存在於企業之中，但是，這種低效率是否還與其他的因素有關他依然不能確定。

在當時的經濟背景下，萊賓斯坦還對「X 低效率」的經濟損失進行了定量的估算，估算結果顯示，歐美國家「X 低效率」帶來的損失不低於國民生產總值的 5%，而相比之下，壟斷與關稅等不完全競爭因素引起的損失不足國民生產總值的 1%。

在我國企業經營現實中，企業同樣存在著「X 低效率」現象，這從每年倒閉和虧損的企業數量及我國企業的國際競爭力水平都可以得以證實，而且國有企業「X 低效率」現象更為嚴重。姚洋（1998）對我國企業「X 低效率」做了實證研究，他抽取 12 個大類行業的 14670 個企業作為樣本，採用隨機前沿生產函數（Stochastic Frontier Production Function）模型對這 12 個行業的企業非物質配置低效率進行比較，並進行了多因素回歸分析。研究表明，與國有企業相比，集體企業的「X 低效率」高 22%，私營企業高 57%，國外三資企業高 39%，中國港、澳、臺三資企業高 34%。由此 k 可見，國有企業非物質配置低效率即企業非物質配置低效率是個普遍現象。而與此同時，「X 低效率」又具有很大潛力，國內外一些持續發展的企業表明：只要有較低的投入就可改善「X 低效率」，明顯提高企業經營效率。

從以上的分析當中可以看到，「X 低效率」是一種與人的本能動機或組織結構有關的「企業非物質資源配置低效率」（Nonmaterial Resource Allocation Low-efficiency，簡稱為企業非物質配置低效率），萊賓斯坦只是發現了這一效率問題，且對這一問題的研究也是初步的，他不能回答這種低效率是否還與其他的因素有關。顯然，「企業非物質資源配置低效率」不同於「X 低效率」，它比「X 低效率」有著更為廣泛的內涵。

而就本著作的研究對象而言，本著作是從非物質資源配置的研究視角研究「價值網企業創業績效損失」問題，是對萊賓斯坦「X 低效率」問題研究的延伸。在本著作中，「企業非物質資源配置低效率」是指一切不因物質資源配置失誤而導致的所有低效率之和，為了表達的簡潔，在本著作的後續論述中，一律用企業非物質配置低效率表示。

就研究樣本企業而言，本著作選擇了策略性新興價值網企業，其主要原因是因為策略性新興產業的企業都處於不斷持續創業過程之中，是研究創業的好個案，同時，在當今世界新技術、新產業迅猛發展過程中，孕育出了新一輪的產業革命，新興產業正在成為引領未來經濟社會發展的重要力量，世界主要國家都在紛紛調整發展策略，大力培育新興產業，搶占未來經濟科技競爭的制高點。從內涵看，策略性新興產業是指以重大技術突破和重大發展需求為基礎，對經濟社會全局和長遠發展具有重大引領帶動作用的一種知識技術密集、物質資源消耗少、成長潛力大、綜合效益好的產業。

從我國當前現實狀況看，全國上下按照科學發展觀的要求，都在積極加快經濟發展方式轉變，加快中國特色新型工業化進程和節能減排的推進，積極應對日趨激烈的國際競爭和氣候變化等全球性問題提出的挑戰，積極促進經濟長期平穩較快的發展。在此複雜過程中，無論是政府、企業，還是我們一般的居民，都必須站在策略和全局的高度，科學判斷未來需求變化和技術發展趨勢，大力培育發展策略性新興產業，加快形成支撐經濟社會可持續發展的支柱性和先導性產業，優化升級產業結構，提高發展的質量和效益。

我們知道，「十二五」時期是我國策略性新興產業夯實發展基礎、提升核心競爭力的關鍵時期，既面臨難得的機遇，也存在嚴峻挑戰。從有利條件看，第一，我國工業化、城鎮化快速推進，城鄉居民消費結構加速升級，國內市場需求快速增長，為策略性新興產業發展提供了廣闊空間；第二，我國綜合國力大幅提升，科技創新能力明顯增強，裝備製造業、高技術產業和現代服務業迅速成長，為策略性新興產業發展提供了良好基礎；第三，世界多極化、經濟全球化不斷深入，為策略性新興產業發展提供了有利的國際環境。同時也要看到，我國策略性新興產業自主創新發展能力與發達國家相比還存在較大差距，如關鍵核心技術嚴重缺乏，標準體系不健全；投融資體系、市場環境、體制機制政策等還不能完全適應策略性新興產業快速發展的要求，這些都要求政府必須力口強宏觀引導和統籌規劃，明確發展目標、重點方向和主要任務，採取有力措施，強化政策支持，完善體制機制，促進策略性新興產業快速健康發展。

總之，加快培育策略性新興產業是黨中央、國務院做出的重大策略部署，也是後國際金融危機時期許多發達國家搶占未來經濟發展制高點的重大策略抉擇，直接關乎中華民族的未來和國家的長遠競爭力，但是，作為一個新事物，問題儘管重要，可是無論理論界還是實業界，都還處於探索的起步過程中，沒有形成成熟的理論體系和操作體系，為此，都必須深入研究。本著作將從低效率的非物質資源配置的視角，研究策略性新興產業企業的創業低效率問題。同時，這裡所提的價值網企業是指基於價值網視角下的節點企業，這一定義完全是為了研究的需要，是研究手段和方法創新所需，其分析思路不同於供應鏈節，存企業或價值鏈節點企業。

1.1.2 研究的理論意義與實踐意義

從持續的統計數據看，我們可以發現一批批企業因創業低效而死亡，其中有大企業，也有中小企業和小微企業。企業是我國組織的重要部分之一，也是國家經濟的主要創造團體，控制和遏制企業因為創業低效而死亡，對於我國經濟的穩定持續發展有重要意義。同時，我們也可以按照以下邏輯來理解：既然萊賓斯坦所揭示的「X 低效率」現象普遍存在於各企業經營管理的過程之中，而且只要投入較低的成本就可改善「X 低效率」，那麼在當今全球化背景之下，通過改善企業「X 低效率」來提升企業內部效率，進而提升企業競爭力就是一條有效的企業成長路徑，特別是在經濟疲軟期。但是，時至今日，「X 低效率」產生的機制依然沒有清晰，所以，隨著全球市場競爭的加劇和全球經濟社會發展方式的轉變，研究創業企業非物質配置低效率問題，不僅具有重要的理論意義和實踐意義，而且還具有緊迫性，意義可謂重大。

就其理論意義主要體現在以下兩個方面：

①對企業非物質配置低效率理論的研究，能引出人們對傳統經濟學理性主義方法論的反思與批判。

傳統經濟理論的理性經濟人模型，不僅是解釋人類經濟行為的一把鑰匙，也是一個龐大的經濟學體系的重心和支點，它為經濟學理論走向科學做出了重要貢獻。但是，僅把理性經濟人高度抽象為數學符號並視為唯一、用最大化原則來衡量經濟人的一切行為的方法，已使經濟理論越來越遠離實際，現實中的人不僅具有理性的一面，同時也具有非理性的一面。既然如此，建立在理性經濟人基礎上的新古典經濟理論就具有很大的侷限，我們需要重返現實。

②對企業非物質配置低效率理論的研究，能充實傳統經濟學的研究內容。

傳統經濟學把人的勞動作為一個常量，從而把投入和產出的關係判定為一種純技術關係。而現實中人的努力程度具有「惰性」區間，是一個變量，它會因外部的不同刺激而表現出不同的勞動生產率。企業非物質配置低效率理論修正了效率這一觀念，並在此基礎上重新構造了廠商理論，充實了傳統的新古典經濟學的理論。

而就其實踐意義而言，則體現在另外兩個方面：

①我國企業在創業的過程中普遍存在企業非物質配置低效率現象，尋求企業非物質配置低效率的解決途徑有著重大的現實意義。

由於創業企業普遍存在企業非物質配置低效率現象，特別是國有企業的持續創業，該問題更嚴重。西方國家的經濟、文化和政治背景與我國不同，我們不能照搬西方國家的解決模式，而是要從實際出發，建立有中國特色的分析企業非物質配置低效率現象的理論模式與實際有效的規避對策，從而盡快提升各企業的創業效率和競爭力，確保各企業的可持續成長，繁榮我國經濟。因此，尋求我國企業創業過程中的企業非物質配置低效率解決途徑有著重大的現實意義。

②對企業非物質配置低效率產生因素的探析能拓展決策者的決策思維空間。

在對企業非物質配置低效率形成的因素探析中涉及組織中個體的心理與行為規律，人有選擇的理性，個人努力程度分散性的假定和個人行為具有惰性特徵的假定等。雖說這些分析是初步的，但因其視角新穎，從而能拓展決策者的決策思維空間，提升決策質量，改善創業企業非物質配置低效率。此外，本文對企業創業過程中的企業非物質配置低效率規避對策研究，還能為創業企業決策者提供可操作的對策。

1.2 國內外研究現狀與趨勢

1.2.1 企業非物質配置低效率研究現狀與趨勢

在國外，對企業非物質配置低效率理論的深入研究是從對新古典經濟學理論的批評、質疑中開始的。新古典經濟學理論認為，稀缺資源經市場已經進行了有效的配置，因而企業的目標就是在給定的投入和技術水平下，根據生產函數和成本函數進行生產，從而實現產量的極大化和單位成本的極小化。新古典經濟學理論的基本假定包括以下六個方面：

①企業與家庭、廠商和居民是新古典經濟學最基本的研究單位，沒有深入廠商和家族內部進行消費和生產的考察，把它們當成「黑匣子」。

②個人行為是理性的，即「極大化」是經濟主體一貫的行為準則。廠商追求利潤最大化，居民追求效用最大化，且其行為準則是邊際原則。

③企業內部各個主體的目的是一致的，即效用函數一致，不存在矛盾分歧。例如，企業內部有股東、董事會、總經理、中層管理人員和職工，新古典理論假定他們的目標都是一致的。但事實上與實際不符：股東可能單純追求投資回報的最大化，董事會一方面照顧股東的利益，另一方面要照顧員工的利益，而管理人員或者職工可能追求自身利益的最大化，個人的目標可能也是多樣的，這些都存在矛盾。

④勞動合同是完全的。即合同中規定了勞動雇傭關係的所有問題：工作時間、工作量、努力程度，等等。這一點在實際中也是不能做到的，比如合同中的「未盡事宜由雙方友好協商解決」其實容易引起合同雙方的扯皮，又如規定好工作時間，但是努力程度卻不可度量，無法考察。

⑤勞動者對外部環境是敏感的。由於人對外部環境的敏感性，企業可對不同的人設立不同的獎懲措施，以某種機制激勵他，而實際上，人對環境的感知在一定範圍是常量，並非環境因素改變量的嚴格函數。

⑥企業是一個函數 Q=Q（X1，X2，…，Xn），即給定一組要素，有產出以及最大化的產出，沒有任何對企業內部生產過程的細節性研究，其中的管理藝術、員工的感情等因素都被忽略了。這一點受到的來自 X—效率理論的挑戰是最致命的。

可見，新古典理論從一開始，就通過假設把企業內部出現非配置低效率的可能性排除了，但非配置低效率的存在卻是一個客觀事實。因為 20 世紀 50 年代以來，越來越多的實際資料被揭示出來，這些資料表明，企業並不是內部都有效率的，非配置低效率不僅存在，而且十分重要。比如，萊賓斯坦就看到以下一些與新古典理論描述的企業營運方式完全相違的事實：

①企業不是內部有效率的，即只要將工廠的內部組織做簡單的變動，廠商就能增加它們的產量。

②企業不是利潤極大化的，即廠商並不按邊際分析原理經營。

③存在著勞動和資本以外的某種東西在工業化國家的增長率中發揮重要作用。

這些與新古典理論完全相違的事實，說明了新古典經濟學理論與實際存在的非物質配置低效率現象並不一致，從而標誌著傳統的新古典理論陷入了危機。在這種背景下，以斯蒂格勒為代表的一部分經濟學家，試圖在堅持新古典理論基本原理和方法的前提下，對這一理論進行修改，以使傳統的分析框架也能解釋企業內部的低效率現象。而以萊賓斯坦為代表的另一部分經濟學家則試圖構建新的理論體系，以使經濟理論不僅能說明市場的配置效率，而且也能說明企業的非配置效率。於是，從對象、方法、理論直至結論，他們都提出了自己獨特的看法，從而形成了與新古典理論相對立的經濟理論體系——企業非物質配置低效率理論。

傳統企業非物質配置低效率理論提出之後，在經濟學界產生了很大的反響。萊賓斯坦 1966 年的著作和論文被大量引用，並引起了一些論戰和別人的後繼研究。美國經濟學家 Franz RS、Allen N.Berrer、Paul W.Bauer D.Frrier 和 David B.Hunphrey、Johan Stennek、M.Kabir Hassan 和 David R.Tufte 等紛紛從不同的視角研究和完善著企業非物質配置低效率理論。在國外，萊賓斯坦及企業非物質配置低效率理論的追隨者們從以下六個方面對新古典理論進行了質疑：

①新古典理論認為，代表性企業是生產者的恰當研究單位，代表性家庭是消費者的恰當研究單位。但是企業非物質配置低效率理論認為，有思想和行為的個人才是研究的基本。

②新古典理論認為，無論是生產者還是消費者，都是有理性的經濟人，他們的行為，都是要實現極大化的行為，比如，企業的行為是追求利潤極大化，家庭的行為是追求效用極大化。但企業非物質配置低效率理論認為，個人的行為既包含理性因素，又包含非理性因素。人並不總是表現出完全的理性，而是表現為有選擇的理性。

③新古典理論認為，在企業內部，雇員的行為就是為了使企業主的目標實現極大化，換言之，雇員沒有自己的與企業的目標和利益不一致甚至衝突的目標和利益。但企業非物質配置低效率理論認為，應該用非極大化假設代替極大化假設，因為現實生活中，不排除極大化假設，也必須承認，允許研究非極大化行為。實際情況是企業主與雇員的利益並不總是一致的，因而很難使企業目標實現利潤極大化。

④新古典理論認為，經濟人的行為肯定會對環境的變化做出充分的反應。但企業非物質配置低效率理論認為，人的行為並不總是對環境變化做出反應。這是因為人的行為有惰性特徵，人經常在「惰性區域」工作。

⑤新古典理論認為，企業主與雇員所定的勞動合同是完整的，這就是說，不僅對雇員的報酬是確定的，而且雇員的勞動時間和努力程度也是確定的。企業非物質配置低效率理論認為，勞動合同是不完整的，合同中雇用、購買

的是勞動時間，而不是勞動努力。雇員按照合同提供多少某種技能水平上的努力，有相當的自由處置權。

⑥新古典理論認為，雇員的努力程度是一個既定的常量。企業非物質配置低效率理論則認為，個人的努力程度不是一個機械決定的常量，而是任意決定的變量。

通過以上的分析我們可以看到，上述西方企業非物質配置低效率理論的質疑動搖了新古典主義理論。不僅如此，企業非物質配置低效率理論還就企業內部效率創立了自己的體系，並彌補和完善了新古典理論。但我們同時也可以看到，西方企業非物質配置低效率理論依然是一種新的理論，還需由「面」的研究擴充到「點」的研究，也同樣需要彌補和完善。

由於企業非物質配置低效率理論本身的理論價值和實踐價值，因而引起了我國一些理論工作者和實踐者的關注，他們紛紛傳播企業非物質配置低效率理論，並結合我國實際對企業非物質配置低效率問題進行研究。

華中師範大學心理學系王益明，從文化和人格層面兩個因素分析了企業非物質配置低效率的產生。他認為，文化和人格最易被研究者和實踐者所忽略，但二者卻是影響人的行為以至企業經濟效益的最深刻、最持久的因素層面，它們對激勵制度難以奈何的個人或集體中的非理性有較好的解釋和影響作用。李風聖、吳雲亭則從壟斷的視角，認為在高度集中和壟斷的企業以及其他大企業中普遍存在企業非物質配置低效率現象，並從如下四個方面解釋了企業非物質配置低效率產生的原因：①企業員工的效率與企業效率的矛盾；②人是影響企業效率的原因，③企業效率與兩權分離有關；④企業非物質配置低效率與訊息的企業管理傳輸損失有關。

還有許多理論工作者，則更多的是運用企業非物質配置低效率理論，如孫澤厚，他從企業非物質配置低效率理論研究了企業內部的激勵制度，認為健康的激勵制度和具有競爭性的激勵手段是企業走出企業非物質配置低效率的最好途徑。而裴紅衛，則運用企業非物質配置低效率理論分析了我國國企效率不高的成因，並提出從以下三個方面提高企業內部效率：①改革應高度重視企業內部企業管理配置效率的提高 . ②改革應高度重視行政壟斷的企業非物質配置低效率，並要重視評價政府管制的作用 . ③改革應高度重視規範政府行為，解除政府「裁判員」與「運動員」的雙重角色。鄧漢慧、張子剛、屈仁均等則從企業非物質配置低效率理論分析了我國企業內的團隊管理，認為由於勞動合同不完善，團隊成員努力水平可能背離團隊目標，導致努力熵的出現，惡化企業非物質配置低效率。

縱觀國內外的研究成果，發現人們對哈維·萊賓斯坦（H.Leibenstein）在《配置效率與「X 低效率」》中提到的「X 低效率」現象中 X 的產生機制的觀點不一，有的研究將 X 的產生歸於企業管理和動機，有的研究將 X 產生歸為非理性因素，還有的將企業非物質配置低效率成因分為外部因素和內部因素等，這些研究無疑已使「X」開始清晰，但是筆者認為，「X」的產生機制至今並未研究徹底。例如，本著作所論及的員工心理契約違背、人的認知偏差、人的情緒、職場壓力、價值網結構、新創企業價值網嵌入選擇等因素，也都影響著企業創業過程中的企業非物質配置低效率形成。

1.2.2 價值網企業研究現狀與趨勢

適者生存是近 200 年生物學研究的結論。這一結論告訴我們，造成生物物種演變的重要原因，是生物物種機體內部的特徵要適應外部環境的變化。企業也具有生物特徵，企業的生物特徵決定了企業也將因環境的作用而不斷演化，且同樣是「適者生存」。1985 年波特提出了企業價值鏈運營模式，無可否認，這一模式對企業提升綜合競爭力扮演著重要的角色，但是時至今日，企業價值鏈運營模式的環境已發生了深刻的變化，這種深刻的變化使得企業在市場交易和組織關係上面臨著一種新的環境因素，如第三代互聯網 Grid 叛術、個性化的 e 化顧客、「隨需應變」商務模式等，面 X 對這些新的環境因素，傳統的價值鏈模式具有以下明顯的侷限性：

①市場環境的複雜動蕩性與不完全可控性，使得任何預測工具和手段都無法準確預測產品市場與要素市場的真實供需，傳統企業價值鏈模式難以做到產品供需之間的真正匹配，顧客的個性化需求無法滿足；

②電子商務技術的普及與使用衝擊了產品市場和要素市場的銷售模式，衝擊了顧客的購物方式，影響了顧客的購物行為，傳統價值鏈模式下的營銷模式已不再適用；

③價值鏈運營模式只透過單一生產和配銷流程去提供產品和服務給所有顧客，顧客的個性化的價值主張難以滿足。同時，具有線性結構的價值鏈也缺乏對市場的快速反應能力。如此等等。

既然價值鏈在互聯網時代已具有明顯的運營侷限，而價值網是一個用來揚棄價值鏈的前沿理念，能消除或者弱化價值鏈的這種侷限性，因此研究企業價值網問題是互聯網時代提出的新課題，其研究具有重要的現實意義。

研究「企業價值網」問題具有重要的理論意義和實踐意義。其理論意義主要表現在：基於生物共生理論、耗散結構理論、演化博弈理論、超循環理論和非線性系統動力等理論來研究企業價值網問題，一方面能豐富現有的價值網理論，如對價值網演化的規律的揭示等；另一方面也能進一步拓展這些理論在經濟實踐活動中的應用空間，更好地為社會經濟的發展服務。

其實踐意義在於，一方面能為企業在網絡經濟中的競爭策略提供指導，使得企業從策略層次上認識到，企業之間的競爭已演變為其所屬的價值網的競爭，企業必須致力於構建基於價值網的競爭能力，如模組化能力、控制協調能力及關係管理能力。另一方面，能為企業價值網主體企業就如何促成價值網的共生演化提供決策方法論，提高決策的質量。

研究「企業價值網」問題，有利於克服企業價值網自身的侷限性。雷曼公司、三鹿奶粉等公司的教訓依然歷歷在目，傳統的價值鏈運營模式面臨著嚴峻的經營危機，企業之間的競爭也已演變為其所屬的價值網之間的競爭，企業必須致力於構建基於價值網的競爭能力，以促成價值網的共生演化，但價值網這一複雜系統自身存在脆弱性，再加上環境中的威脅以及企業自身的資源缺陷（包括物質資源、組織資源和人力資源）也無法完全消除等，在這些因素的共同約束下，企業價值網競爭能力應如何構建，又如何促成價值網「又好又快」地「共生演化」以達到最終促進產業經濟的發展，這些問題的解決有利於克服企業價值網自身的侷限性。總之，價值鏈有效運營的環境已經發生了很大的改變，研究價值網是互聯網時代提出的新要求，而價值網作為一種適合當今時代的有效運營模式，能極大地推動社會經濟的發展，因此，研究其企業價值網就顯得意義非常重大。

查閱相關的文獻可以看到，最先提出價值網概念的是 Mercer 顧問公司著名顧問 Adrian Slywotzky，他認為顧客個性化的需求在不斷增加，再加上國際互聯網的衝擊以及市場競爭的加劇，企業必須改變過去的事業設計方式，將傳統的供應鏈模式轉變為價值網模式，他的這一經營理念拓寬了企業高層決策的思維空間並引起了人們對價值網廣泛研究的熱潮。IBM 全球高級副總裁琳達·S. 桑福德認為，從價值鏈到價值網是商業模式發展的大趨勢，「不適應者」將被淘汰。除此以外，Katmnd Aramanp、WUsond T. 等從競爭和策略的角度研究了企業價值網自我核新能力提升的對策和方法，Bing Sheeg Teng'Kristian Moller Arto Rajala 等分別從生產運營的角度研究了企業價值網的生產運營轉型，Michael Egret、Marsha J. 等則分別從商務模式和顧客的角度研究了價值網，無可否認，他們都對價值網理論的研究做出了重要貢獻。

在國內，也有許多學者對價值網理論進行了研究，這些研究主要集中在價值網的內涵、特點及其構筑等方面的內容，如李垣、劉益、胡大立等認為，價值網是由利益相關者之間相互影響而形成的價值生成、分配、轉移和使用的關係和結構，是由效用體系、資源選擇、制度與規則、訊息聯繫、市場格局價值活動等基本要素構成的系統。徐玲、劉豔萍、周煊等則認為，價值網是一種新的業務模式，是電子商務時代幫助企業根據顧客需求提供優質產品及服務、減少經營成本的管理新方法，是對各種新興運作模式的提煉與深化，具有網絡經濟、規模經濟、風險對抗、黏滯效應和速度效應五種基本競爭優勢效應。卜華白、高陽認為，價值鏈在互聯網時代已具有明顯的運營侷限，價值網是一個用來揚棄價值鏈的新概念，他們在分析價值鏈侷限性的基礎上，提出了網絡交易環境下基於價值網改造價值鏈的概念模型，從而為企業在新的運營環境下快速提升服務速度，響應市場，以及快速提供個性化產品，增加顧客價值等方面的決策提供了理論依據。

但是，基於價值網的視角研究企業成長效率問題的文獻非常缺乏，而價值網理論是在價值鏈理論基礎上的深化，基於價值網的視角研究企業成長低效率的影響因素及其機理有利於拓寬企業決策者的決策空間，從而有利於企業的持續創業。

1.3 研究的思路、內容與主要創新

1.3.1 研究的思路

筆者之所以認為員工心理契約違背、認知偏差、個人 1 清緒、職場壓力、組織結構的選擇及環境的不確定性、企業價值網結構和企業創業價值網嵌入選擇及策略定位等因素也是企業非物質配置低效率產生的不同因素，是本著如下思路進行分析的：傳統新古典理論與實際存在的企業非物質配置低效率現象間的不一致性，說明了傳統新古典理論陷入了危機，而危機產生的主要原因是由於新古典學派把經濟學看作研究稀缺資源通過市場進行有效配置的學問，因此它主要關注市場的配置效率——帕累托效率及其實現條件，而完全疏漏了企業的內部效率——企業非物質配置低效率及其實現條件。因此，企業創業過程中低效率其實不僅有新古典學派所分析的資源配置失調帶來的損失，也還包括企業非物質配置低效率理論所分析的非資源配置失調帶來的企業非物質配置低效率。

如果說新古典學派所分析的資源配置失調是由壟斷和經濟的外部性等原因所引起，那麼，非資源配置失調帶來的企業非物質配置低效率的原因在哪？美國經濟學家萊賓斯坦認為，企業非物質配置低效率主要來自於人的動機和組織結構，並分別從個人與企業的博弈以及組織的層級結構進行了具體的分析。國內外的其他理論工作者和實踐工作者後繼研究認為，習俗、慣例、文化、非理性等也是企業非物質配置低效率的不同產生因素，這些無疑是正確的，是具有開創性的研究成果。

然而，企業非物質配置低效率是否只有這些因素呢？答案是否定的。筆者認為，新古典經濟學把企業看作「黑匣子」之所以偏離現實，是因為企業中的人不總是經濟人，其行為也不總是理性的。企業員工的努力程度就是個變數，而不像新古典經濟學所描述的那樣，是個常數。因此可以認為，企業非物質配置低效率產生的源中之源是人的行為低效率。由此就可以得出結論，在資源配置一定的條件下，凡是使人工作效率受損的因素，都是企業非物質配置低效率產生的因素。

沿著這一思路，筆者認為，除了萊賓斯坦及其擁戴者所分析的「因素」和「原因」以外，從動機講，人的心理契約違背會帶來企業非物質配置低效率。從企業組織結構講，企業組織結構的不完善也會帶來企業非物質配置低效率。不僅如此，人的認知偏差和職場壓力、網絡結構及其嵌入選擇也同樣會帶來企業非物質配置低效率。通篇著作是在這一思路下完成的。

1.3.2 主要研究內容

依據上述思路，本書所要研究的主要內容就是分析論證員工心理契約違背、人的認知偏差、人的情緒以及職場壓力、企業組織結構、政府管制等不同因素產生企業非物質配置低效率的原因及規避對策，這些主要內容是對過去相關研究的深化和擴充。

第 1 章主要是問題的提出與研究對象的界定，研究的理論意義與實踐意義，國內外企業非物質配置低效率、策略型新興企業、價值網企業等的研究現狀與趨勢，對研究的思路、內容和主要創新等方面做了總體上的宏觀介紹。

第 2 章主要是基礎理論分析，包括企業創業理論、企業價值網理論、企業效率理論、企業非物質資源配置低效率與物質資源配置低效率比較和經濟效益、環境效率與社會效率比較等方面，其目的是為分析企業非物質配置低效率的形成機理打下理論基礎。

第 3 章主要是創業者認知偏差和心理博弈誘發價值網企業創業績效損失問題研究。首先分析了訊息加工的一般原理和認知模式，然後分析了認知偏差產生的一般原理及其惡化企業非物質配置低效率的原因，並提出從三個方面規避創業企業非物質配置低效率：①在決策思想上，正視創業者認知偏差存在的客觀性，規避「思想誤區」，改善創業企業非物質配置低效率；②在決策樣本取樣上，慎防創業者決策時的取樣過度偏差，規避「樣本誤區」，改善創業企業非物質配置低效率；③在決策過程中，正視創業者的非理性行為，規避「人性誤區」，改善創業企業非物質配置低效率。最後，分析了心理博弈與創業企業非物質配置低效率的關係。

第 4 章主要是創業者情緒和心理資本誘發價值網企業創業績效損失問題研究。從經典 1 清緒理論、創業企業員工情緒激活的認知加工過程、創業企業員工情緒惡化企業非物質資源配置低效率原因和創業企業員工情緒惡化企業非物質資源配置低效率的規避等方面分析了情緒與企業非物質配置低效率之間的關係。同時，分析了員工和創業者的心理資本與企業非物質配置低效率的關係。

第 5 章主要是創業者心理契約違背與組織承諾企業非物質配置低效率問題研究。首先分析了員工心理契約的形成過程，然後分析了員工心理契約違背的行為悔 f 向及其產生企業非物質配置低效率的原因，最後提出要從以下四個方面對創業企業非物質配置低效率進行規避：①在思想上，必須認識到員工心理契約違背對企業的負面影響，堅持人本管理，規避「思想誤區」；②在員工管理上，必須明確員一企雙方的責任，減少低於員工期望事件的發生，規避「責任誤區」；③在管理決策上，必須明確員工不同群體在心理契約內容上的差異，減少盲目決策，規避「決策誤區」；④在事後行為上，必須採取補償措施，降低心理契約違背的負面影響，規避「成長誤區」。最後，分析了組織承諾與創業企業非物質配置低效率的關係。

第 6 章主要是創業者職場壓力與職業疲倦誘發價值網企業創業績效損失問題研究。包括職場壓力的概念與特徵、職場壓力的形成、職場壓力的控制與企業非物質資源配置低效率的規避、「職業錨」與企業非物質資源配置低效率規避及職場冷暴力的弱化與企業非物質資源配置低效率的規避等。從分析思路上看，本章是從當前經濟社會生活中所看到的一些職場壓力現象開始分析，認為適度的職場壓力是規避企業非物質配置低效率的保證，過度的職場壓力是員工企業非物質配置低效率產生的誘因，接著本文則從職場壓力的形成與控制兩個視角分析了二者產生企業非物質配置低效率的原因，並提出在遵循施緩配合下的適度原則、組織支持下的以人為本原則和個人努力下的學習成長原則的條件下，運用自我診療支持控制、組織支持和社會支持控制三方法，來保證企業內部的適度職壓，從而達到規避企業非物質配置低效率的目的。同時，分析了職業疲倦與創業企業低效率的關係。

第 7 章主要是創業企業價值網環境與策略定位誘發價值網企業創業績效損失問題研究。包括創業企業環境誘發企業非物質資源配置低效率的機理、企業創業策略定位誘發企業非物質資源配置低效率的機理、創業者策略管理團隊培育誘發的企業非物質資源配置低效率形成。

第 8 章主要是嵌入選擇與創業企業價值網結構誘發價值網企業創業績效損失問題研究。包括創業企業價值網嵌入選擇誘發低效率機理分析、創業企業價值網結構及特點、創業企業價值網結構選擇與企業非物質資源配置低效率、創業企業價值網科層結構與企業非物質資源配置低效率、創業企業價值網結構權力系統設計與企業非物質資源配置低效率、優化創業企業價值網結構，改善企業非物質資源配置低效率及創業企業嵌入選擇與價值網結構的匹配性誘發低效率機理分析，從而為企業相關決策提供了理論的依據和實際的操作對策。

第 9 章主要是案例分析，包括湘南國家級產業承接示范區成立背景及策略地位，並對湘南國家級產業承接示范區湘南開源智慧物流公司、特變電工衡陽變壓器有限公司、衡陽恆緣電工材料有限公司和湘能華磊光電股份有限公司等策略型新興價值網企業的個案進行分析，分析了其企業非物質配置低效率產生的各個因素，並提出了一系列的規避對策。

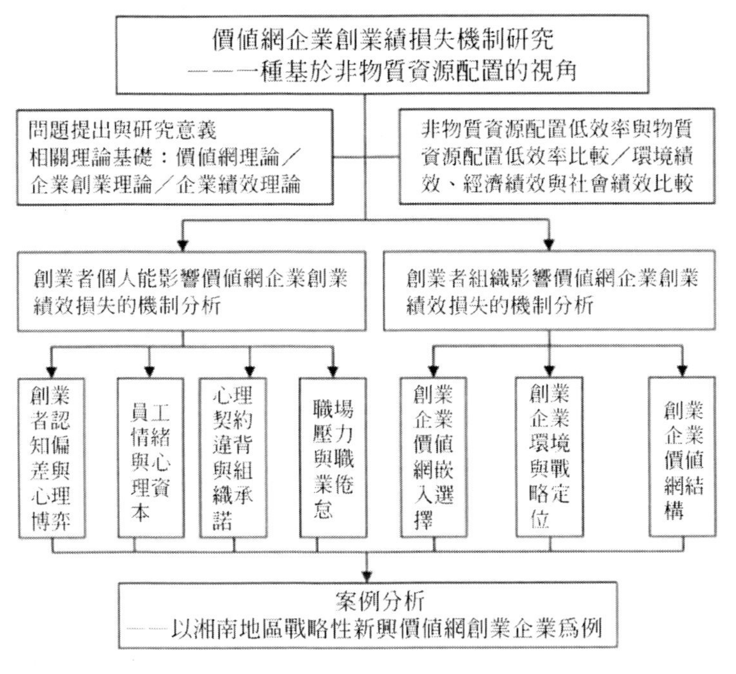

圖 1-1 研究思路圖

1.3.3 主要創新

本著作的創新主要表現在研究方法與研究內容兩個方面。

（1）研究方法的創新

對於企業效率的研究，有許多的研究方法，如成本分析法、供應鏈分析法等，這些主要體現在對物質配置效率的分析上，就本著作而言，主要側重分析的重點是企業非物質配置低效率問題，除了運用了哈維·萊賓斯坦（H.Leibenstein）的組織結構分析，還運用了社會網絡分析法、組織間關係分析法、個體；理分析和群體心理分析等，下面對這些分析方法進行具體的論述。

①社會網絡分析法。

社會網絡分析（Social Network Analysis，SNA）問題起源於物理學中的適應性網絡，是 20 世紀 70 年代以來在社會學、心理學、人類學、數學、通信科學等領域逐步發展起來的一個研究分支。作為一種研究社會結構的基本方法，社會網絡分析具有如下六個方面的基本原理：

第一，關係紐帶經常是不對稱地相互作用著的，在內容和強度上都有所不同 . 第二，關係紐帶間接或直接地把網絡成員連接在一起 . 故必須在更大的網絡結構背景中對其加以分析：

第三，社會紐帶結構產生了非隨機的網絡，因而形成了網絡群（network clusters）、網絡界限和交叉關聯；

第四，交叉關聯把網絡群以及個體聯繫在一起；

第五，不對稱的紐帶和複雜網絡使稀缺資源的分配不平等；

第六，網絡產生了以獲取稀缺資源為目的的合作和競爭行為。

社會網絡分析法從多個不同角度對社會網絡進行分析，包括中心性分析、凝聚子群分析、核心一邊緣結構分析以及結構對等性分析等，下面分別簡介如下：

中心性分析。個人或組織在其社會網絡中具有怎樣的權力，或者說居於怎樣的中心地位，是社會網絡分析者最早研究的內容之一。個體的中心度（Centrality）是測量不同個體處於網絡中心程度的重要社會網絡分析變量，其大小可以直接反映出該點在網絡中的重要性程度。一個網絡中有多少個行動者 / 節點，就有多少個個體的中心度。

除了計算網絡中個體的中心度外，還可以計算整個網絡的中心勢。中心勢與個體中心度刻畫個體特性有所不同，它刻畫的是整個網絡中各個點的差異性程度，一個網絡只有一個中心勢。根據計算方法的不同，中心度和中心勢都可以分為三種：點度中心度 / 點度中心勢，中間中心度 / 中間中心勢，接近中心度 / 接近中心勢。

凝聚子群分析。當網絡中某些行動者之間的關係特別緊密，以至於結合成一個次級團體時，這樣的團體在社會網絡分析中被稱為凝聚子群。分析網絡中存在多少個這樣的子群，子群內部成員之間的關係特點，子群之間的關係特點，一個子群的成員與另一個子群成員之間的關係特點等就是凝聚子群分析。由於凝聚子群成員之間的關係十分緊密，因此有的學者也將凝聚子群分析形象地稱為「小團體分析」。根據理論思想和計算方法的不同，凝聚子群存在不同類型的凝聚子群定義及分析方法。

核心一邊緣結構分析。核心一邊緣（Core-Periphery）結構分析的目的是研究社會網絡中那些節點處於核心地位，哪些節點處於邊緣地位。核心邊緣結構分析具有較廣的應用性，可用於分析精英網絡、科學引文關係網絡以及組織關係網絡等多種社會現象中的核心一邊緣結構。根據關係數據的類型（定類數據和定比數據），核心—邊緣結構有不同的形式。定類數據和定比數據是統計學中的基本概念，一般來說，定類數據是用類別來表示的，通常用數字表示這些類別，但是這些數值不能用來進行數學計算；而定比數據是用數值來表示的，可以用來進行數學計算。如果數據是定類數據，可以構建離散的核心一邊緣模型；如果數據是定比數據，可以構建連續的核心—邊緣模型。而離散的核心一邊緣模型根據核心成員和邊緣成員之間關係的有無及關係的緊密程度，又可分為核心一邊緣全關聯模型、核心—邊緣局部關聯模型和核心—邊緣關係缺失模型。

②組織間關係分析法。

組織間關係理論指在商業活動中，企業與其他組織之間重複性的相互作用和交易過程，以及一系列持續性社會聯繫的集合。「任何一個組織的經營活動都離不開與周圍環境的聯繫，它的生存與效率通常都依賴於和其他組織的關係。」因此，現代企業越來越重視與其他組織的關係及其管理，認識、分析、優化企業與其他組織之間的關係，是企業獲得所需的知識、資源，持續競爭優勢的先決條件和關鍵。

但由於關係內涵豐富，涉及經濟、文化、情感、心理和行為等各方面，目前沒有統一的關係定義。系統研究嵌入企業之中的組織間關係的內涵、特徵及其進化等基本問題，既是組織間關係研究的基礎，也是有效管理企業關係的前提。組織間關係理論共同點，包括相互作用、交易、社會聯繫、持續性和兩個組織以上。

第一，組織間關係實質上是合約聯繫。既有正式形式的合約聯繫，如正常的交易（供應商網絡、生產網絡）、策略聯盟（電信企業聯盟網絡）、合作研發（產學研合作網絡）等正式合約聯繫，也有非正式形式的合約聯繫，包括情感的（華人企業網絡）、血緣的（家族企業網絡）、文化的（日本企業網絡）和地域的（硅谷高新技術產業集群）等。

第二，組織間關係具有歷史的依賴性。也就是說，組織間關係與其原有的和未來的相互作用相聯繫，組織間相互作用就在於他們之間前後有聯繫，而且隨其持續的相互作用，相互依賴性會變得更大。

第三，組織間關係的構成具有多重性。從聯結結構上看，關係包括了多個不同的主體，它們相互聯結構成關係網絡 . 從經濟結構上看，執行不同活動的參與者之間在價值網中相互連結，相互作用，完成價值網絡活動，形成商業網絡 . 從社會結構看，不同組織的人員參與，有情感、認知、文化、語言等社會現象的聯結，構成一個社會網絡。

第四，組織間關係既有顯性表現，又有隱性表現。顯性表現為具有正式合約的交易關係，如供應合同、代銷合同、特許經營和委托研發等 . 隱性表現體現為情感、文化、友誼、親緣、地域等關係，如企業家之間的個人關係、家族關係、老鄉關係等，而且這些隱性關係具有不可模仿性、路徑依賴性和有價值性，是策略性資源的體現。

第五，組織間關係是一個持續性的過程。沒有關係的持續性，網絡就失去了區別於市場的特徵，時間是一個關係性因素，與組織間關係有關的過去和將來的關係，影響著現在的關係狀態。過程性意味著，一個有效關係的培養需要時間，關係在時間上是連續存在的。關係是網絡的基本單位，關係的作用就在於建立長期持續性的聯繫。特別對於隱性關係，如情感、友誼、信任等關係，更是需要時間的考驗。

③個體心理分析與群體心理分析。

個體心理（Individual Psychology）是指處在組織管理過程中的個人心理活動，個體心理及其活動是管理心理學研究的內容之一。通過對個體；

理研究，可以了解和把握在管理活動中個體行為原因，進一步預測和控制個體的行為，充分挖掘個體的潛能，激發個體工作積極性，使個體心理和行為符合管理目標，實現管理科學化。

個性心理是顯示人們個別差異的一類心理現象。由於各個人的先天因素不同，生活條件不同，所受的教育影響不同，所從事的實踐活動不同，因此這些心理過程在每一個人身上產生時又總是帶有個人特徵；這樣就形成了每個人的興趣、能力、氣質、性格的不同。譬如，個人的興趣廣泛性，興趣的中心、廣度和興趣的穩定性不同；各人的觀察力、注意力、記憶力、想像力、思考力不同；有的能力高，有的能力低；各人的情感體驗的深淺度，表現的強弱，克服困難的決心和毅力的大小也不同。所有這些都是個性的不同特點。人的心理現象中的興趣、能力、氣質和性格，稱為個性的心理特徵。

心理現象的各個方面並不是孤立的，而是彼此互相聯繫著。不僅在認識、情感、意志過程之間，而且在個性心理特徵和心理過程之間也密切聯繫。沒有心理過程，個性心理特徵就無由形成。同時，已經形成的個性心理特徵又制約著心理過程，在心理過程中表現出來。例如，具有不同興趣和能力的人，對同一曲歌，同一幅畫，同一齣戲的評價和欣賞水平是不同的；一個具有先人後己、助人為樂性格特徵的人，往往表現出堅強的意志行動。

事實上，既沒有不帶個性特徵的心理過程，也沒有不表現在心理過程中的個性特徵。二者是同一現象的兩個不同方面。我們要深入了解人的心理現象就必須分別地對這兩個方面加以研究，但在掌握一個人的心理全貌時，是兩方面結合起來進行考察的。

個體不只有其自然的，也有其心理的一面，即所謂的個體心理，它包括個體身上表現出來的一切心理現象和特點。同樣，一個群體也有其自然的一面（如群體規模等）和心理的一面。群體的許多特點，是通過群體共同或主導的心理悔 f 向表現出來的，如凝聚力、心理氣氛、士氣、態度傾向等。

個體心理的實質，是大腦對客觀世界的主觀反映。而群體心理則是普遍在其成員的頭腦中存在，反映群體社會狀況的共同或不同心理狀態與傾向。

由於群體成員的相互影響的存在，這種狀態與傾向已不簡單是個人的特徵，而是群體的特點。

群體心理與個體心理是密切關聯的。沒有個體心理，群體心理就沒有基礎。另一方面，個人作為群體的成員，其心理狀況必定會受到群體心理傾向的感染與影響。一個人心情不快時，歡樂的群體心理氣氛會使他受到感染，忘記煩惱。相反，如果群體有不良的心理氣氛，如不信任、猜忌，這些特徵也最終會投射到個人身上，成為個人的特點。

（2）研究內容的創新

從研究內容的結構上講，本著作分共九章，從理論分析到實證分析，其研究結構嚴密，內容自成一體。同時，本著作在梳理傳統的非物質資源配置效率理論的基礎上，對非物質資源配置效率問題進行了擴充，具體表現在以下三個方面：

第一，拓展了企業成長中的「效率問題」。就一般情況而言，研究企業創業成長的效率都是以「物質配置效率」為對象，而本研究則是以「非物質配置效率」為對象，從而拓展了企業成長中的「配置效率問題」。

第二，對傳統的非物質資源配置效率理論進行了擴充與完善，提出了新非物質資源配置效率理論，並以創業企業為對象對理論進行了具體的分析。與傳統的「非物質資源配置效率理論」相比，該理論認為，產生企業非物質資源配置低效率除了萊賓斯坦所列入的動機與組織結構兩個相關因素之外，還包括人的認知偏差與心理資本、職場壓力與職業疲倦、心理契約違背與心理博弈、員工情緒惡化與職業疲倦，以及對組織結構的擴充因素如組織嵌入選擇與策略定位及環境的不確定性等，同時，以創業企業為對象對各個因素如何影響企業低效率的機理進行了具體分析並提出了許多具體的弱化對策。這些內容構成了本著作的主要創新點。

第三，通過針對湘南國家級產業承接示范區湘南開源智慧物流公司、特變電工衡陽變壓器有限公司、衡陽恆緣電工材料有限公司和湘能華磊光電股份有限公司等策略型新興價值網企業所進行的個案研究，一方面是對理論研究所得結論進行了實證分析和檢驗，從而為我國策略性新興企業，特別是升級轉型的策略性新興企業發展提供了理論基礎和方法指導；另一方面，通過對這些具體的湘南國家級產業承接示范區的策略性新興企業實證研究，也進一步提升並擴充了企業效率理論，為企業效率理論注入了嶄新的血液。

第 2章 基礎理論分析

理論源於實踐，又反過來指導實踐，理論是人們認識事物的重要窗口。雖然在策略性新興背景下研究影響價值網企業成長低效率的非物質資源配置因素及其機理是一個嶄新的研究領域，至今沒有完整的理論體系和研究框架，但是已經存在的理論仍然能為本著作研究低效率問題提供很多有價值的指導和借鑑。本著作經過深入分析研究，認為企業創業理論、企業價值網理論、企業效率理論及企業非物質資源配置低效率與物質資源配置低效率比較和經濟效益、環境效率與社會效率比較等多學科交叉理論體系構成了研究企業成長低效率的理論基礎。

2.1 企業創業理論

創新與創業，是人類經濟社會發展的核心活動，也正日益成為經濟發展的動力。鼓勵創新與創業已成為世界各國競相實施的策略。但是，在我國近年的經濟發展過程中，一些製造領域由於自主創新能力差，已經陷入「引進—落後—再引進—再落後」的怪圈，這直接導致了這些行業存在大量的微利潤公司。而在傳統服務業，面對經濟全球化，其生存、發展也受到了嚴峻挑戰。這些經濟現象的發生，極重要的原因在於企業內部二次創業不能有效管理和實施。為此，借鑑西方發達國家建設創新型國家的成功經驗和研究成果，深入研究具有我國特色的創業管理理論，便具有重要意義。

創業（enterpreneurskip）是企業管理過程中高風險的創新活動，創業者通過創業行為，把資源引向新的用途，實現資源的新組合（林強和薑彥福等，2001）。為了更好地對創業進行研究，Davidsori 和 Wiklund 在 2000 年進行了大量的文獻綜述以後，將創業系統的分為五個不同的因素，即個人、創業團隊、企業、行業、社會（或地區）。也就是說，創業研究，通常選取上述五個因素中的一個來進行。當然，也有少數研究，是跨越兩個因素以上的。可以說，這五個因素，基本涵蓋了創業研究所涉及的範疇（Daviisson 和 Wiklund，2000）。在企業因素上研究創業，首先需要明確的是，並非所有企業都可以被認為是創業企業。根據前面的描述，我們對創業形成了基本的概念。通過企業是否具有創業行為，我們可以將企業分為創業型企業（enterpreneurial firm）和非創業型企業。新創企業的特點具有以下兩個特點：

首先，從成長期企業的角度來說，相對於成熟企業，新創企業往往缺乏足夠的聲譽來取信客戶或者供應商；同樣他們在初期往往難以達到規模經濟，而取得規模效應（Porter，1980）；他們很難立刻取得正現金流，從而在財務方面時常被動（Li，2001）；並且他們處於學習曲線中成本較高的階段（Porter，1998）。成熟企業的創業行為，通常可以擁有更多、更充足的資源作為支撐，而新創企業面對更多的不確定性，他們必須更注重機會識別，也更加強調變革與創新（林強和薑彥福等，2001）。

其次，我們從創業型企業的角度來說，相對於非創業型企業，新創企業更具有競爭野心，他們通過更早地行動，注重持續的產品創新，將技術發展、提供新產品和新服務作為關注的焦點，來參與競爭（Covin 和 Slevin，1991）。他們和非創業型企業有著完全不同的目標，在他們看來，企業應當更關注自身的成長而非短期的盈利（Slevin 和 Covin，1994）。新創企業願意承擔風險，他們比非創業型企業更靈活和富有激情，所以往往更具創新精神。

2.1.1 創業階段理論

（1）第一次創業——生存創業

以實物和能源為生產的主要要素，人類生活水平只是求生存；這種求生存的生活方式，以實物和能源的大量不可再生性的開採和利用為前提。人類已經發生和正在發生六次產業革命：畜牧業、農業、手工業、工業、訊息業、知識業。六次產業革命的過程說明了一個鐵的歷史規律：人類必然自發地從認識和利用物質資源開始，然後是能量，再是訊息，最後從訊息中提升和利用知識。因為，人類的認識總是從具體到抽象，並由此產生相應的實踐過程。這種以實物和能源為生產的主要要素，決定了人類生活水平只是求生存；而這種求生存的生活方式，必然以實物和能源的大量不可再生性的開採和利用為前提。這就造成了原始社會以自然和社會為中心同人的統一、奴隸和封建社會以自然和社會為中心同人的分裂、資本主義社會以人為中心同社會和自然的分裂。

（2）第二次創業——生態創業

對自然資源做內涵的有效開發，解決的是人類的可持續發展問題。只有訊息社會，訊息成為生產中的主導要素，人們才能逐步以最少的實物和能量的資源就能求生存。這時人們的生活方式不是求生存而是求生態——可持續發展。如果說，第一次創業，解決的是人類當前的生存問題，必然要對自然資源做掠奪式的「經營」，這時自然科學就是第一生產力，那麼第二次創業解決的是人類的可持續發展問題，必然要和自然和平共處，要求對自然資源做內涵的有效開發，這時人文科學（社會科學）、思維科學、哲學等知識的其他方面也就同時成了第一生產力。生態創業、可持續發展，是二次創業的出發點和落腳點。第一次創業，是由低層的經營活動向高層的經營活動轉移，第二次創業是用高層的經營活動統馭低層的經營活動。二次創業，就是以知識產業為龍頭，以對人類第一次創業的成果——傳統產業——按生態原則重塑改造為途徑，以人與環境的協同為基礎，以人類可持續發展為目標，以人的全面發展為歸宿。人類二次創業理論，突出了人在「社會—自然」統一系統五度空間中的主體地位，用人的主體性重新定位整合人所活動於其中的一切系統的各個要素之間的相互關係，使之符合人的全面發展、人類可持續發展的要求。知識運營學的五度空間方法，就是在知識經濟和經濟全球化時代，以人類二次創業理論和系統論的方法為指導，以主體性和科學性相統一為原則，吸收心理學以及近年獲得諾貝爾獎的行為經濟學、實驗經濟學的科學成果，建立起來的科學、規範、全新的經濟研究和建立經濟學體系的方法。

2.1.2 國際創業理論

傳統的國際化理論認為，企業首先在國內經營，然後通過一系列漸進階段逐步涉足國際市場。因而，國際商務通常被認為是由資源豐富的大型成熟企業主導的舞臺。然而，最近十幾年，隨著通信和交通技術的發展、經濟全球化趨勢的加強，越來越多的企業在成立之初、規模尚小，並不具備傳統跨國公司所擁有的資源和優勢的情況下就開展國際化經營，形成了國際創業的獨特現象，並引起了實業界和學術界強烈的興趣與關注。「國際創業（iltynational eytrepreneyrship）」一詞最早出現在 1988 年 Morroo 的《國際創業：新的成長機遇》一文中，引起了人們對國外市場上新創企業的注意。1989）通過實證研究對國內新創企業與國際新創企業進行了比較，揭示了國際新創企業的特徵，MCDogaZl 為國際創業研究的學術化奠定了理論基礎。在早期概念及實證的鋪墊之下，Oviatt 和 McDougall 於 1994 年在《國際商務研究雜誌》（Journal of International Business Studies）上發表的《國際新創企業理論》一文，是國際創業理論發展的重要里程碑。這篇論文對傳統的國際化階段模型提出了質疑，並通過相關理論和案例研究來解釋國際新創企業的形成機理，開創了國際創業研究的新天地。此後，國際創業研究得以迅速發展，研究成果頻頻出現在主流的管理學及其他社會科學期刊上，許多國際著名期刊都刊載過相關研究成果，並相繼推出過國際創業研究專輯。

20 世紀 90 年代初，在國際創業研究開始作為一個學術領域剛剛嶄露頭角時，一批學者（主要來自國際商務和創業學）就把目光投向了這個充滿希望和誘惑的新領域。隨著研究的逐步展開和深入，以及其他領域學者的加盟，國際創業在借鑑和吸收了心理學、社會學、經濟學、管理學、人類學和歷史學等領域的相關研究成果以後，得以拓展自己的理論視野和研究空間，並把研究對象從早期的國際新創企業拓展到成熟企業。新近的發展趨勢表明，吸收創業理論的有機營養，對以優勢利用為核心的傳統國際商務理論的「硬核」進行革命性改造，從優勢開發、全球資源整合及價值創造等視角來解釋企業國際化動機和行為的方法，已經得到廣泛的認同，並逐漸形成了國際創業的全新范式。

近年來，國外國際創業研究開始朝著體制化方向發展，其體制化的內容包括學術會議、出版發行渠道、教育培訓和資金來源等方面。1998 年，美國麥考吉爾大學舉辦了首屆國際創業國際研討會，此後一直定期舉辦；2003 年《國際創業雜誌》成為國際創業領域的重要發表園地；一些大學相繼成立了國際創業研究所或中心，並開設了國際創業課程；在考夫曼基金會（Kauffman Foondation）和策略管理學會（Strategic Management Society）的資助下，一批關於國際創業的論著與教科書相繼出版。經過十多年的發展，國際創業的研究者、學習者人數及相關著作文獻等均呈指數式增長，充分顯示了這一領域勃勃向上的生機和興旺發達的景象。

儘管學術界關於國際創業的研究呈現越來越熱烈的局面，但國際創業能否作為一個獨立的學術研究領域還沒有得到充分的確認，目前還缺少嚴密統一的理論模式來發展國際創業領域獨有的知識結構和內在體系，而獨有的知識結構和內在體系對於任何新興學術領域來說都是必不可少的。「國際創業」概念內涵的演進經歷了以下三個階段：

①提出階段。國際創業研究是從考察國際新創企業（international new ventures）開始的。在早期的研究中，等（1994）把國際創業視為新創企業利用國際資源或市場實現國際化成長的方式，強調的是初創或成長階段企業的迅速國 P 示化問題，其研究對象是國際新創企業或從創立開始就致力於國際商務活動的小企業。然而，以國際新創企業為研究對象來概括國際創業的內涵是不全面的。創業研究表明，創業活動不只發生在新創企業，很多成熟的大型跨國公司也在嘗試模擬新創企業的積極屬性，如靈活性、適應性，探索創新方法，進入新的領域和國際市場並開創新的事業。

②拓展階段。要想給國際創業下一個全面的定義，首先必須明確創業的含義。多數學者認為，創業具有「創新性、超前行動性和冒險性」的特徵。據此，國際創業學者在充分吸收創業理論的有益養料之基礎上，對國際創業的概念進行了修正，從早先關注國際新創企業發展到將人公司內部創業也包括在內，Birkinshaw 拓寬了國際創業的概念內涵。然而，這一修正僅僅是對創業行為特徵的描述，問題在於上述特徵並不是創業的全部因素。雖然已有不少學者圍繞創業特徵開展了實證研究並採用相關量表進行了測度，但往往並沒有深入剖析或說明在不同量表之間做出選擇的依據或標準，從而導致國際創業的研究結論趨於分散化，難以形成貫穿始終的理論主線和統一的研究框架，無法為企業實踐提供系統、全面的指導。

③深化階段。近年來，創業機會日益成為創業研究的主線，Shane 和 Venkatarman（2000）認為，創業研究應著重考察「什麼人通過何種方式去發現、評價和利用機會以創造未來商品和服務」。這樣界定創業的好處在於，不僅將公司創業包括進來，而且聚焦於機會，可以採用非均衡分析方法來描述特定的人對於一定環境下的商機表現出的創業彳質向，而不是找出所有環境下有別於他人的行為特徵，從而消除了關於創業因素的無休止爭論。當然，Shane 和 Venkatarman 把機會描述成「客觀現象」的觀點也遭到了一些學者的質疑，Baker 等（2005）認為創業機會具有主觀性和情境依賴性，機會不僅是發現（discovery）的，而且也是設定（enactment）的。Oviatt 和 DoiigalllW）在接受創業機會觀的基礎上，通過整合各種觀點，對國際創業做出了新的界定，把國際創業視為「發現、設定、評價、利用跨國界商機以創造未來的商品和服務」的過程。這一定義通過引入創業機會的概念巧妙地把國際商務和創業學的最新發展整合在了一起，進一步推動了國際商務與創業學的相互滲透與融合，並且豐富了國際創業的概念內涵。

國際創業研究的主要學術觀點：

①資源觀。以大型跨國公司為研究對象的傳統國際商務理論無法令人信服地解釋國際創業現象，而資源觀的引入使人們認識到新創企業也擁有獨特的資源優勢，這些資源優勢能夠強化並加快企業的國際擴張，其中企業家能力是國際創業資源基礎的一個重點。和 Barney（0000）認為企業家能力，如靈敏與靈活的決策能力、創造力、獨創性和遠見等，在本質上都是不可模仿的獨特資源一這些企業家能力成因不明、難以模仿。Westhead 等（2001）把影響國際創業的基礎資源分為一般人力資源、應對突發事件的財務資源、企業家的管理能力及企業家資歷與知識積累四種。實證研究表明，充足的資金與訊息、企業家的較長年紀以及擁有豐富的管理經驗和行業特有知識，對取得國際創業的成功產生顯著的影響。比較而言，條件優越的成熟企業不太熱衷於冒險，而條件相對不太優越的成長型企業則急於尋找資源、擴大市場，更悔 f 向於從事國際商務活動。一般人力資源、企業應對突發事件的財務資源與國際創業的關係不太明顯。Dougall 和 Oviatt（2003）運用 32 個國家 33 個行業 214 家企業的數據對國內創業和國際創業就創業團隊等方面的差異

進行了比較，發現國際創業團隊比國內創業團隊擁有更高層次的國際經歷和本行業的管理經驗。

②網絡觀。網絡觀認為，國際創業活動嵌入於企業家或企業所構建的國際社會網絡，國際社會網絡在以下三個方面影響國際創業行為：第一，識別和把握國際市場機會，例如通過客戶關係進入海外市場；第二，獲取國際創業所需的訊息和知識，特別是在初期階段，及時獲取決策所需的市場訊息能夠加快企業國際擴張的速度 . 第三，建立信任關係，與海外合作伙伴締結策略聯盟或實施其他形式的合作策略。Coviello 和 Munro（1995）在對新西蘭軟體企業國際創業活動進行了實證研究以後發現，這些企業往往通過網絡關係來捕捉和利用國外市場機會。Deo 等（2003）通過案例研究考察了網絡關係對國際創業過程的影響。在他們看來，國際創業過程就是通過網絡學習的過程。Oviatt 和 Dougall（2005）考察了網絡關係的三個因素（強度、規模和整體密度）對國際創業活動的影響，他們認為：第一，強關係只是網絡結構中的一個方面，弱關係由於其數量眾多而更利於獲取國際創業所需的訊息、知識和渠道。第二，國際社會網絡的規模越大，國際擴張所能涉及的國家或地區範圍就越大，擴張的速度也越快。第三，鬆散型關係網絡把相互獨立的結點連接起來』在訊息收集方面具有優勢；而緊密型關係網絡貝 IJ 通過網絡成員的頻繁互動，更有利於營造信任和互惠的氛圍。成功的國際創業活動有賴於各參與方的良性互動，因而緊密型國際關係網絡為國際創業活動提供了相對有效的支撐。

③組織學習觀。Autio 等（2000）提出了「學習的新穎優勢」（Lecirning advantage ot new-hess）概念。通過對芬蘭電子行業的考察，他們認為，成熟公司固有的惰性影響了它們在新環境中學習的積極性，而新創企業在新環境中的快速學習能力使得它們掌握了創造知識的優勢，這種優勢促進和支撐了新創企業的國際擴張。於是，從事國際商務活動不再僅僅被看做企業發展到一定階段的結果，而是形成競爭優勢的來源和實現價值創造的條件。這對傳統的國際商務理論是一種顛覆，因為傳統理論認為，利用東道國競爭對手所沒有的各種優勢（如所有權優勢、內部化優勢等）來克服在國外市場陌生環境下經營的不利因素，是企業實現跨國經營的根本動因。母公司「自上

而下」地給子公司提供知識，而子公司僅僅是被動地接受知識轉移。而從組織學習的角度來看，發揮海外子公司的創業精神有利於開發海外市場機會，增強適應當地環境的能力，並提高世界範圍內的學習和整合能力。於是，海外子公司在跨國公司網絡體系中不僅僅是被動的知識接受者，同時也是知識的創造者和貢獻者。海外子公司的創業行為，可以為整個跨國公司網絡產生和輸送新的知識，並通過企業的整合能力來對新獲取的知識進行整合，從而充分利用其現有的知識存量並將其拓展到新的市場。

④機會觀。最近誕生的機會學派強調從海外市場機會和企業家個人兩者結合的角度去考察國際創業。Dimitratosa 等（2005）認為，取得國際創業成功的關鍵在於敏銳地感知海外市場機會，並快速、有效地採取行動。他們還進一步指出國際創業研究應以「機會」為線索展開，著重探討以下問題：第一，機會發現。誰發現了什麼樣的機會，為什麼有的人能夠發現和利用這些機會，而其他人卻不能。第二，機會評估。為什麼會存在創造商品和服務的機會，什麼時候存在，如何存在，評估的標準是什麼。第三，機會開發。採取什麼樣的方式，何時、何地利用機會，為什麼要採取不同的行動模式。企業是通過企業家的眼光來審視和解釋環境的，企業家正是在觀察或審視技術進步、國內外市場動態、公司願景、策略邏輯、管理過程等環境因素的基礎上，來挖掘國際市場的商機和成長所需的資源，敏銳地捕捉機會並提出新穎的創意，從而進行國際創業決策的。國際創業是企業家警覺、先驗知識、信念、認知模式、價值取向和創造性思維等認知要素在國際範圍內的複雜心智過程，因而機會觀主張從心理與認知特性的角度來研究國際創業。

2.1.3 創業關鍵要素理論

作為社會科學的一個分支，創業理論需要有自己的概念框架和體系，以對社會中存在的創業現象進行解釋。國內外眾多學者對此提出了不同的觀點，下面對各種觀點做了簡要回顧。

創業理論的八大學派。林強等（2001）對國外創業理論進行梳理，將其分為八大學派風險」學派，「領導」學派，「創新」學派，「認知」學派，「社會」學派，「管理」學派，「策略」學派，「機會」學派，不同學派有不同的理論架構。Gartner（1985）提出的理論架構主要包括個人、組織、環境、創業過程等要素。William（1997）提出的理論架構主要包括人、機會、環境、風險與報酬等要素。Timmons（1999）提出的理論架構主要包括機會、創業團隊和資源等要素。同時認為由於機會的模糊、市場的不確定性、資本市場的風險以及外在環境的變遷等使創業過程充滿了風險。因此還要考慮創業家的領導、創造力、溝通能力等要素。Christian（2000）提出的理論架構主要包括創業家、新事業兩個要素。他認為創業管理的整個焦點應該放在創業家與新事業之間的互動。林強等（2001）認為創業研究的體系應該包括創新、風險、管理三個因素。

現有創業理論發展趨勢叢林化，孔茨把管理理論學派林立的情況比喻成「熱帶叢林」，並稱之為「管理理論叢林」。他認為，如果「管理理論叢林」繼續存在，將會使管理工作者和學習管理理論的初學者如同進入熱帶叢林中一樣，迷失方向而找不到出路。創業理論的八大學派和不同的理論架構有令創業理論走向叢林的趨勢。形成創業理論各個學派的原因，林強等認為是以往的學者大多都不是為了專門研究創業理論而研究創業，他們提出某些關於創業和創業者的見解，主要是為了進行研究和構建他自己理論體系的需要。對於不同理論構架出現的原因，有的學者認為在於不同的研究者對影響創業的各個因素的重要性的理解不同，儘管他們選取的構成理論框架的關鍵因素不同，但也基本把各自理解的非關鍵因素納入框架體系之中。

①「機會」與「風險」。機會是創業研究文獻中經常被提及的一個概念。Pee Druker（1964）提出創業家是使機會最大化的人。Stevevsog 等（1985）認為為新企業識別和選擇正確的機會是創業家最重要的能力。柯茲納（1973）認為市場獲利機會和警覺（Alftzness）是創新的兩個重要概念。創業研究中圍繞機會識別、機會開發的研究使機會成為創業理論體系中最重要的因素。Stevenson（1999）認為創業家是一位希望獲取所有的報酬，並將所有的風險轉嫁他人的人。Peterson 及 Albaum（1984）認為創業家是組織資源，管理並承擔企業交易風險的人。Brockhaus（1980）認為創業家是一位有願景、會利用機會、有強烈企圖心的人，願意擔負起一項新事業，組織經營團

隊，籌措所需資金，並承受全部或大部分風險的人。Nelson（1986）認為願意承擔風險是能否成為成功創業家的關鍵。

②「創新」與「管理」。熊彼特認為創業者是通過利用一種新發明，或者更一般地利用一種未經實驗的技術可能性，來生產新產品或用新方法來生產老產品；通過開闢原料供應的新來源或開闢產品的新銷路，和通過改組工業結構等手段來改良或徹底改革生產模式。Morris 等提出的創業三個因素也把創新作為因素之一。我國學者林強等（2001）也認為創業研究的體系應該包括創新。德魯克認為創業可以成為日常管理工作的一部分等人認為傳統管理和創業管理是可以相互替代的。張玉利等（2004）認為創業管理和傳統管理儘管存在很大差異，但可以相互促進，最終將呈現融合並形成新的管理理論的趨勢。

③「認知」與「理性成分」。Casson（1982）認為創業者是善於對稀缺資源的協調利用做出明智決斷的人。Morris 等提出的創業三個因素也把超前認知作為因素之一。卡森引入了「創業家判斷」這一概念。張玉利等（2003）認為企業家的創業活動通常被認定是非理性的行為，但研究發現創業活動具有明顯的理性成分。

④「策略」與「社會」。等（2001）認為創造企業財富是創業和策略管理共同的核心問題。Zahra 和 Dess（2001）認為不應該嚴格區分創業研究和策略管理。W00dward（1998）認為社會網絡在幫助創業者建立和發展企業時扮演了積極的角色。AlexanderArdchvili 等（2003）通過對文獻的梳理，認為社會網絡在機會識別和開發中發揮著重要作用。

⑤「領導」與「洞察力」。Jen Baptiste Say 認為創業者就是生產過程的協調者和領導者。Timmons（1999）認為由於創業過程充滿了風險，因此還要考慮創業家的領導能力。柯茲納認為洞察力是創新的重要概念。Alexandei Ardtchvili 等（2003）通過對文獻的梳理，認為洞察力在機會識別和開發中發揮著重要作用。

⑥「環境」。如前面所提到的，大多數學者在構建理論框架時都把環境作為重要的因素。

⑦「資源」與「訊息）認為創業者更像一個訊息中介。「個性特徵」AlexanderArdtchvili 等（2003）認為兩個個性特徵與成功的機會識別有聯繫，即樂觀和創造力。Stewart Wayne 等對創業家和小企業主、公司經理的心理特徵進行研究發現，創業家更具有成功動機、冒險傾向和創新偏好。Casson（1982）認為創業者是對稀缺資源加以協調利用的人。Timm0ns（1999）的理論架構也包括資源要素。

關於創業者的個性特徵問題，不同的學者有不同的觀點，如柯茲納（1973）認為創業者具備普通人沒有的能敏銳發現機會的警覺性，但創業者需要具備一定的天賦，而林強等（2001）認為創業者不需要很強的天賦，但需要具備一定的心理素質。特麗薩·M. 艾曼貝爾從創造人才特徵研究的總結中發現，下列特徵經常與創造性人才相聯繫，如自作主張、延遲獎賞、百折不撓、獨立判斷、容忍不同解釋、高度自主、沒有性別偏見、意願承擔風險、高水平自發地旨在出人頭地的工作。關於智力與創造性的關係，特麗薩·M. 艾曼貝爾的創造性的組成成分理論認為，智力是創造力的一種成分，它是必要的但不是充分的因素。也就是說，創造性活動需要某種最低限度的智力，因為智力與獲得有關領域的技能有關。創業作為一種包含了創造力的活動，其對創業者智力的要求是普通人都能達到的，因此，決定創業活動中創造力的因素就是非智力因素的其他個性特徵。正如特麗薩·M. 艾曼貝爾認為的，在關於創造性的討論中，人們常常沒有澄清「天賦」的含義，其實，天賦可以說是一種技能，即任何人都具有的天生能力傾向，把某種技能作為天賦考慮之後，普通人不會完全缺乏某種技能，但在一個天賦很高的人身上，高水平的技能將他或她很清楚地區別於普通人。由此可見，創業者與普通人相比，在某些個性特徵上應存在區別，同樣，在不同的創業者之間，其個性特徵也存在區別，具備高的「創業天賦」的人比其他人在創業活動中的表現可能是不同的。當然，天賦只是影響創業的因素之一，具備高的天賦並不必然有高的創業效率，但可以假設，在其他因素相同的情況下，天賦高的創業活動應比其他創業活動有不同的效率。

2.2 企業價值網理論

布蘭德伯格（Brandenburger）和納爾波夫（Nalebuff）提出的價值網（value net）管理模型解釋了所有商業活動參與者之間的關係。傳統公司利用供應商提供的材料生產產品並同其他生產商競爭以獲得顧客。但在價值網中，布蘭德伯格和納爾波夫介紹了商業活動中一個新的因素：互補者（complementora）——「指那些提供互補性產品而不是競爭性產品和服務的公司」。

價值網強調各種關係的對稱因素。例如，顧客和供應商都擁有其競爭者和互補者。一家公司的顧客通常擁有其他供應商，如果其他供應商使這家公司的產品、服務或顧客價值增加，那麼它就是該公司的互補者；反之，則是該公司的競爭者。同樣，一家公司的供應商也擁有其他顧客，這些顧客是其競爭者或互補者。如果他們使這個供應商為最初那家公司提供的產品（或服務）更昂貴，那麼他們就是競爭者；反之，則是互補者。與顧客相關的原則同樣適用於供應商，而與競爭者相關的原則也適用於互補者。

客戶、供應商、競爭者或互補者是一家公司扮演的多重角色，即同一家公司可以有多重身分。若要制定有效的策略，公司須理解每個角色扮演者的利益 Adam Brandenburger 和 Bang Nalebuff 提出的價值網概念，認為企業的發展進程受到以下四個核心組織成分的影響：顧客（Custemeri）、供應商（Suppliers）、競爭者（Competitors）和補充者（Complements），補充者是指那些能夠提高本企業產品或服務吸引力的產品或服務，它經常被用來描述 IT 企業，儘管補充者這一角色見於各個行業。軟體製造商總是希望硬體製造商（軟體的使用者）不要對軟體製造發生興趣，它們互為支持和依靠，為滿足另一種產品或服務的需要展開合作。

2.2.1 價值網模型與邁克爾·波特的五種產業競爭力管理模型的關係

邁克爾·波特的五種產業競爭力管理模型一般用來討論一個行業內五種參與者之間的競爭，而布蘭德伯格和納爾波夫為波特的管理模型帶來了第六種力量。雖然它並不比其他五種力量更重要，但也不應被忽視。價值網和五種產業競爭力管理模型的另一個區別是，波特強調價值的分割，而價值網既強調價值的分割，也強調價值的創造。價值分害 j 的最終結果是價值為零，誰是最終的贏家取決於參與競爭者的相對力量。價值網強調競爭和合作兩個方面。公司要與客戶、供應商及互補者共同合作創造出價值（雙贏的過程），同時它又要同顧客、供應商、互補者競爭以便獲得價值（贏輸的較量）。這種競爭和合作的結合被稱為合作競爭（Co-competition）。

2.2.2 價值網及其與傳統價值鏈的比較

價值網的概念是由 Mercer 顧問公司的 AdrianSlywotzky 在《利潤區》（Profit Zone）一書中首次提出的。他指出，由於顧客的需求增力口、國際互聯網的衝擊以及市場高度競爭，企業應改變事業設計，將傳統的供應鏈轉變為價值網。對價值網做進一步發展的是美國學者大衛·波維特，他在《價值網》（Value Nets）一書中指出，價值網是一種新業務模式，它將顧客日益提高的苛刻要求與靈活及有效率、低成本的製造相連接，採用數字訊息快速配送產品，避開了代價高昂的分銷層 . 將合作的提供商連接在一起，以便交付定制解決方案 . 將運營設計提升到策略水平，適應不斷發生的變化（大衛·波維特，2000）。價值網的本質是在專業化分工的生產服務模式下，通過一定的價值傳遞機制，在相應的治理框架下，由處於價值鏈上不同階段和相對固化的彼此具有某種專用資產的企業及相關利益體組合在一起，共同為顧客創造價值。產品或服務的價值是由每個價值網的成員創造並由價值網絡整合而成的，每一個網絡成員創造的價值都是最終價值的不可分割的一部分。因此，價值網是由利益相關者之間相互影響而形成的價值生成、分配、轉移和使用的關係及其結構。價值網潛在地為企業提供獲取訊息、資源、市場、技術以及通過學習得到規模和範圍經濟的可能性，並幫助企業實現策略目標。

價值網絡的思想打破了傳統價值鏈的線性思維和價值活動順序分離的機械模式，圍繞顧客價值重構原有價值鏈，使價值鏈各個環節以及各不同主體按照整體價值最優的原則相互銜接、融合以及動態互動，利益主體在關注自身價值的同時，更加關注價值網絡上各節點的聯繫，衝破價值鏈各環節的壁皇，提高網絡在主體之間相互作用及其對價值創造的推動作用。

2.2.3 價值網與價值鏈的比較

波特的價值鏈理論將企業價值活動看作線性的鏈條，企業和外部的聯繫被看作對的利益相關者之間的點對點的聯繫。價值網理論對上述理論進行了拓展和提升，認為價值網絡賦予了供應商、合作伙伴、顧客等利益群體對企業資源的進入權，企業價值網絡是通過網絡中不同層次和不同主體之間的互動關係而形成的多條價值鏈在多個環節上網狀的聯繫和交換關係。訊息和知識等可以沿多條路徑在網絡中流動。當多個參與人之間的交換關係存在上述交錯關聯時，由這些關係形成的網絡將產生網絡效應，處於每個網絡節點上的個體或組織可以從這種聚合作用中創造或者獲取更多的價值。從本質上講，價值鏈與價值網有諸多方面的區別：①價值鏈關注供應、生產的環節，目的是降低成本、提升效率；而價值網則關注的是如何為顧客創造更大的價值，並改善與供應商的合作關係。②價值鏈關注企業生產環節的效率提升；而價值網則關注整個網絡成員共同效率的提升。③價值鏈關注的是生產資料的流通；而價值網則關注價值網絡的訊息流通，通過知識的共享為網絡成員創造價值。④價值鏈僅僅把供應商看作供求的交易關係，公司與供應商的關係是對立性的，常常以供應商利益為代價，達到降低成本、提高利潤的目的；而價值網則把供應商看作經營一體化的合作伙伴，而且網絡的每一位成員對其整體的價值觀有高度的認同。⑤價值鏈是將顧客看成營銷對象，通過營銷手段向他們推銷產品，並開展售後服務；而價值網則把顧客作為企業經營的參與者，營銷成了價值網的一個部分，有效地降低營銷成本、強化與顧客的溝通方式的目的是他們與顧客一同創造價值。⑥價值鏈模式下，公司主要採用的是成本領先策略或產品差異化策略，通過達到行業最低成本或使產品或服務具有獨特性來獲取競爭優勢。由於傳統業務流程本身的侷限性，降低成本的傾向會在一定程度上減少顧客對產品或服務的要求，而追求高的產品或服務品質以實現差異化無疑會增加成本。所以，價值鏈模式下，很難做到低成本與高質量兼而得之。而價值網模式下，體現的是目標集聚策略。公司把策略目標鎖定在某個特定的狹窄市場，通過為這些顧客提供超級服務、方便的解決方案或個性化產品和服務使公司的產品突出出來。與此同時，價值網通過其優異的業務流程設計，使其每位成員均在自己的核；能力環境上進行低成本運作。因此，在價值網模式下，公司可以具有產品差異的同時達到成本領先。

2.3 企業資源理論

企業資源理論（The Resoucre-based Theory of the Firm，RBT）是策略管理研究領域的一個重要流派，其思想可追溯到 Chamberlin（1933）和 Robinsoo（1933）對企業專有資源重要性的認識。從其產生歷程看，該理論主要建立在 Penrose 企業成長理論的基礎上，後又經過 Wernerfelt（1984）、Grant（1991）、Barney（1986，1991）、Peraf（1993）等學者的不斷完善與發展，最終形成並產生越來越廣泛的影響。

企業資源理論把企業看成尋租者，企業策略管理的目的就是通過與眾不同的策略來建立持續競爭優勢，獲取經濟租金和超額利潤。與傳統的新古典經濟學把企業視為同質的不同，該理論認為企業是資源的集合體，企業由於資源稟賦的差異而呈現出異質性。企業的競爭優勢來源於企業擁有和控制的有價值的、稀缺的、難以模仿並不可替代的異質性資源。企業資源的異質性將長期存在，從而使得競爭優勢呈現可持續性。識別優勢資源並對之進行有效的開發、培育、提升和保護是策略管理的重要內容。

在資源的定義上，Wenerelt（1984）認為資源包括給定企業的任何強點或弱點，可被定義為半永久性附屬於企業的有形和無形資產。Sarnery（1991）則將企業資源看成是企業擁有的能夠提高其策略效果的所有資產、能力、組織流程、訊息、知識等，用傳統策略分析的話來說，企業資源是企業在實施其策略時可資利用的力量。可以發現，企業資源理論對資源的定義是相當廣泛的，外延非常之寬，在實證上很難對它進行操作化。這也使得在運用該理論來進行經驗分析時存在一定困難。

在競爭優勢的定義上，企業資源理論與結構學派稍有不同。結構學派將競爭優勢看成是企業能夠向顧客提供比競爭對手更多的價值，或是低價格，或是差異化。企業資源理論的倡導人 Barrey 則將企業競爭優勢看成是企業策略執行的結果。他認為，當企業執行某價值創造策略，而該策略沒有被任何當前或潛在競爭對手同時執行時，該企業就可謂擁有了競爭優勢。當該價值創造策略所帶來的利益不能被當前和潛在競爭者複製時，即謂持續競爭優勢（Barrey，1991）。很明顯，Barrey 認為企業競爭優勢來源於企業策略的獨特性，企業策略管理的目的也就是要追求獨一無二的策略，眾多企業採取同一策略只能使他們至多獲得競爭均勢。企業策略的獨特性只能建立於企業資源的獨特性之上，如果產業內的企業在資源上沒有差別，他們將能執行相同的策略，獲得相同的效果。因此，正是企業資源的異質性決定了他們策略的不同，從而使得某些企業能夠獲得競爭優勢。另一方面，競爭優勢還必須是可持續的認為，競爭優勢的可持續性取決於該優勢能否被競爭對手模仿。在競爭對手模仿該優勢的所有努力停止後，該優勢仍然能繼續存在，那麼該優勢就是可持續的。因此競爭優勢的可持續性表現的是優勢企業和劣勢企業之間的一種博弈均衡狀態。從這個意義上來說，企業資源理論中的競爭優勢是一個均衡概念。

資源論的基本思想是企業資源是企業競爭優勢的主要來源，同時，企業在一定資源的基礎上獲得企業競爭優勢的過程中，離不開「人」這個調節變量對資源的計劃、組織、控制、調配等，物質資源能夠發揮多大的效用完全取決於使用它的人，資源異質性的背後是人的異質性。據此，認為資源論的統一定義與分類可以從三個方面相結合來進行。首先，是從企業資源本身出發來定義與分類，並考慮到企業家在其中的作用；其次，是從企業資源與競爭優勢的關係來定義與劃分；再次，是從是否從屬於人的角度出發來定義與分類。從這三個因素對資源分類進行明晰的闡述。

資源理論認為，並不是所有的企業資源都能夠帶來競爭優勢，能夠產生競爭優勢的資源是企業擁有和控制的異質性資源和不可流動性資源，具備價值性、稀缺性、不可模仿性、不可替代性等。從企業與人的關係角度看，按照是否從屬於人，將企業資源分為從屬於人的資源和不從屬於人的資源。按照資源本身的形態劃分，有形資源和無形資源是普遍被接受的因素。

就資源分類框架而言，其內部各組成部分之間的關係包含以下三方面內容：

其一，從適配的視角出發，對企業資源本身的分類將資源分為有形資源、企業家資源與無形資源三類，包括了企業所有的資源。對它們的定義並沒有加上與競爭優勢有關或者是否從屬於人的約束，而且在不同的條件下無形資源、有形資源和企業家資源為企業所帶來的競爭優勢作用是不同的。其二，是否從屬於人是從「人」的角度出發來劃分企業的資源。一般來講，從屬於人的資源比不從屬於人的資源對企業更重要。其三，關鍵資源與非關鍵資源是基於企業資源與競爭優勢的關係來劃分的，並不是所有的有形資源、無形資源與企業家資源，從屬於人與不從屬於人的資源都能給企業帶來競爭優勢。能給企業帶來競爭優勢的是企業的關鍵性資源，反之就是非關鍵資源。是否是關鍵性資源並不是絕對的，企業資源在不同的條件下會呈現出不同的作用。

通過資源的形態、資源與競爭的關係及資源與人的關係三個因素，從適配的視角出發，考慮到企業家的主導作用，對企業內部資源進行重新分類。按企業資源本身的分類將資源分為有形資源、企業家資源與無形資源三類.從是否從屬於人是從「人」的角度出發來劃分，將企業的資源劃分為從屬於人的資源和不從屬於人的資源；從企業資源與競爭優勢的關係來劃分，將企業資源劃分為關鍵性資源與非關鍵性。

2.4 傳統企業非物質資源配置低效率理論

要深化和完善一種理論，必須先了解該理論的研究歷史和研究現狀，為此，本節將從總體上對企業非物質資源配置低效率理論研究進行綜述，內容包括企業非物質資源配置低效率理論的形成、發展與變革過程；企業非物質資源配置低效率存在新的經驗證據；傳統企業非物質資源配置低效率理論的假設、命題及核心概念；企業非物質資源配置低效率對產出和成本的影響以及傳統的企業非物質資源配置低效率理論的宏觀理論等方面，其目的是揭示傳統企業非物質資源配置低效率理論的成就與侷限，為後續的研究打下理論基礎。

2.4.1 傳統企業非物質資源配置低效率理論的發展過程

1966 年，萊賓斯坦在《美國經濟評論》雜誌上發表了一篇題為《配置效率與 X 低效率》的論文，文中把這種並非由資源配置失調而引起的低效率稱為企業非物質資源配置低效率，之所以把它稱為 X 低效率是因為他當時並不知道這種並非由資源配置引起的低效率的真正來源。到了 1976 年，他又出版了《超越經濟人》（Beyond Economic Man）一書，該書出版以後，引起了經濟學界的轟動，並標記著 X 低效率理論的基本形成。回顧企業非物質資源配置低效率理論的形成與發展過程，我們大致可以把它劃分為四個時期。

（1）萌芽階段（20 世紀 50 年代至 60 年代後期）

X（低）效率理論最早萌芽可追溯到 20 世紀 50 年代，當時的主要代表作是《消費需求理論中的跟潮、逆潮和凡勃侖效應》，該文揭示了消費過程中消費行為之間的相互關係。凡勃侖認為：有錢人總是希望用一種能夠顯示他們財富的方式進行消費，他們多傾向於「買貴」，一方面是因為有錢人在購買商品時會對價格因素考慮較少，而更多地去考慮商品的使用價值；另一方面是因為貴的商品與廉價的商品不同，除了具有較高的使用價值外，還顯示了一種炫耀性的消費社會等級效應。對有錢人來說，他們在購買商品時，特別注重商品的社會等級效應，因為在充滿金錢的文化中這種購買能顯示權勢、地位、榮譽和成功。不僅如此，凡勃侖還認為：較為貧困的人的消費方式也包含有浪費的、炫耀性的消費因素，因為他們對生活的看法是由占支配地位的有閒階級強加的。總之，「買貴」現象是因為「貴」的物品不僅產生內在的價值效用，同時還能產生外在的炫耀性消費效用，使其心理期望得到滿足。在這種情況下，商品的價格越高，需求可能就越高，而不是相反，這與現代經濟學的需求規律相矛盾，資源並沒有由市場機制下的需求規律而得到優化配置。很顯然，這種「買貴」是新古典經濟學理論所不能解釋的，它的出現意味著 X（低）效率理論的萌芽。

（2）產生階段（20 世紀 60 年代後期至 70 年代後期）

到了 1966 年，萊賓斯坦在《美國經濟評論》雜誌上發表了一篇題為《配置效率與企業非物質資源配置低效率》的論文，這篇論文是企業非物質資源配置低效率理論的奠基之作，它的發表意味著企業非物質資源配置低效率理論開始產生。萊賓斯坦在該論文中提出了企業非物質資源配置低效率的概念，並論述了企業非物質資源配置低效率的含義及其重要性，同時揭示了企業非物質資源配置低效率產生的原因，並且分析了企業非物質資源配置低效率對經濟增長的影響。其間還有些論文對企業非物質資源配置低效率的衡量、企業內部運行、通貨膨脹和企業非物質資源配置低效率對經濟增長的影響等重要問題做了論述，如《配置效率、企業非物質資源配置低效率和福利損失的衡量》、《組織的或摩擦的均衡、企業非物質資源配置低效率和更新率》等。

（3）形成階段（20 世紀 70 年代後期至 80 年代後期）

在 1976 年，萊賓斯坦又出版了《超越經濟人》（Beyond Economic Man）一書，該書系統論述了企業非物質資源配置低效率理論的研究方法和對象，同時指出該理論研究的基本單位是個人，並提出了系列的假定和命題，從而標記著企業非物質資源配置低效率理論的基本形成。還有其他的系列論文如《企業非物質資源配置低效率理論、常規企業家和欠發達國家剩餘生產能力的產生》、《企業非物質資源配置低效率、企業內部行為和增長》等，都首次提出了微微理論和微微經濟學的概念，從而使 X 理論擴展到經濟活動的整個領域，企業非物質資源配置低效率理論逐漸形成並日趨完善。

（4）發展階段（20 世紀 80 年代後期至今）

在 80 年代後期，萊賓斯坦的《萊賓斯坦論文集》及弗朗茨的《企業非物質資源配置低效率：理論、論據和應用》分別引入了心理學知識，發展了選擇理性理論和慣性區域理論，並運用大量實際材料進行充分論證，而謝林（Schdling，1960）、拉波波特（Rapoprt，1970）、斯科特（Scgitter，1981）、尼爾森和溫特（Nelsonand Winter，1982）以及薩格登（Sugden，1989）等經濟學家運用博弈論對習俗、慣例和常規的研究，表明慣例具有制約組織內部衝突的功能，能夠為解決囚徒困境問題提供較好的方法，它還是造成不同企業之間存在效率差異的基礎，從而為企業非物質資源配置低效率提供了更好的理論支持，從而使企業非物質資源配置低效率理論得到了很大的發展。

2.4.2 傳統企業非物質資源配置低效率理論的假設、命題與核心

（1）存在的經驗證據

一些經濟學家認為，壟斷給社會帶來的最大問題是配置的低效率，而萊賓斯坦則認為與企業非物質資源配置低效率相比，配置的低效率僅僅是一個小問題。然後，大多數人都沒怎麼意識到企業非物質資源配置低效率的問題有多嚴重，因為他們根本就沒有企業非物質資源配置低效率的概念。儘管企業非物質資源配置低效率看不見摸不著，但是卻有三個方面的經驗證據可證明它的存在：

第一類數據表明了有的企業儘管資源配置的方式相同，但效率卻完全不同。

在 20 世紀 60 年代，有這樣一個事實：有兩個設計大致相同的生產汽車的福特工廠，一個在英國，一個在原聯邦德國，資源配置的方式相同。但是，聯邦德國的福特工廠與英國的福特工廠相比，用少於 22% 的勞動力卻多生產了 50% 的汽車。既然二者的資源配置方式相同，那麼，引起英國福特工廠的低效率就不只是新古典經濟學家們通常所論及的資源配置失調。

第二類數據表明了企業並非內部有效率。

早在 19 世紀 50 年代，就有很多經濟學家估算出了能表明企業並非內部有效率的數據，如由壟斷力量所造成的福利損失不到美國國民生產總值（GNP）的千分之一，這說明了消除市場壟斷力量所能帶來的社會福利增量很小。對歐洲自由貿易區、關稅同盟、歐洲經濟共同體等數據的研究表明，減少甚至消除國際貿易壁皇，實現生產要素的再配置和專業化分工，由此所帶來的社會福利也很小。由此可見，僅僅通過改善市場配置效率所得到的社會福利改進微乎其微。

另外，一個國際權威機構通過對印度、緬甸、印尼、馬來西亞、泰國、巴基斯坦和以色列七個國家不同行業調查的報告結果告訴我們：只要簡單地改變一下一家工廠生產過程的實際組織，就可使勞動生產率有相當大的提高，單位勞動和資本的成本有相當大的下降。這些簡單的改變包括工廠布局的改變、員企合約的簽訂方式、職工工資支付的方法、工人的訓練和監督的改變以及組織結構的微調等。調查顯示，在這七個國家，簡單的改變使得他們的勞動生產率平均提高 75%，單位勞動和單位資本的成本就下降約 35%。這些資料表明，組織因素以及影響工人意願和能力等非物質因素是造成企業勞動生產率差異的重要決定因素，企業並非像新古典經濟學理論所假設的那樣內部有效率。

第三類數據是由索洛（Robert Soloo）、奧克魯斯特（Odd Aukrust）和尼塔莫（Olavi Mitomo）發表的一些宏觀經濟數據。

他們的研究結果表明傳統的勞動和資本投入的增加只能使產量有少量的提高，這說明還存在著一個對生產有重大影響的非傳統因素，即組織或技術因素，它們在幾個工業化國家的增長率中發揮著重要的作用。在我國，有資料表明各種所有制企業的效率從大到小順序為：私營企業、股份制企業、外商投資企業、其他企業、集體企業、港澳臺投資企業、國有企業，其中自然壟斷企業的非物質資源配置低效率表現得最為明顯。

（2）假設

任何理論都以一定的假設為前提，企業非物質資源配置低效率理論也不例外，它針對新古典理論的不足，提出了他們認為更實際、適用範圍更廣泛的七個假設：

①經濟學研究對象的恰當單位不應該是籠統的家庭和企業，而應該是構成它們的最小行為單位一個人。

新古典經濟學最基本的研究單位是廠商和居民，它沒有深入廠商和家庭內部進行消費和生產行為的考察，而是把它們當成一個有效率的「黑匣子」。技術或許可以直接購買，但技術創新的能力依賴於人；工作流程或許可以模仿，但工作之間的默契配合仍取決於人．企業理念或許可以灌輸，但不同企業文化間的融合更有待於人的轉變。所以，企業的生產經營活動不只是一種可以借助現代數學和物理方法所精確描述的技術決定關係，而是在一定程度上還取決於個人的心理和生理活動的過程，因為只有作為個體的人才有自己的思想和行為，用抽象的企業與家庭概念作為研究主體是不合適的，最終做決策的是個人，經濟學研究應該深入單個的消費者或企業工作人員，先從單個的人入手，再上升到企業，而不是先從企業入手並且只停留在企業，因此，企業非物質資源配置低效率理論認為，作為經濟學研究對象的恰當單位也就不應該是籠統的家庭和企業，而應該是構成它們的最小行為單位——個人。

②個人存在大量非理性決策。

由於實際條件的限制或存在畸形的偏好，個人很難嚴格按照理性原則追求效用的最大化，任何個人都具有雙重性，即個人的行為，一方面存在具有確定的標準，可以通過計算和注意細節，去努力追求極大化的行為傾向；另一方面又存在因各種條件限制或存在畸形偏好，很難按照嚴格的理性原員 IJ 去實現效用最大化的非理性決策行為傾向。

這兩種傾向的對立和並存，決定了新古典理論所謂的完全理性的經濟人只能是一種極端的和個別的情況，是某些人在某些時候的某種行為特徵，而不是所有的人在所有條件下採取的行為特徵。通常的情況應該是，個人只具有有選擇的理性，他只把一部分精力放在做出訊息充分的決策所必需的細節上，而讓更多的決策採取依賴於習俗、慣例、道德規範、標準程序和模仿的形式做出（這些形式明顯具有非極大化的特徵）。這就是說，個人的行為應該既包含理性因素，又包含非理性因素。因此 k，應該用非極大化假設來替代新古典經濟學的極大化假設。

③壓力和工作效率之間存在「倒 u」關係。

為了使人理解極大化和非極大化行為，企業非物質資源配置低效率論者利用並改寫了約克—道德遜定律（Yerks-Dodson Law）。這個法則在 1980 年由心理學家羅伯特·約克和約翰·道德遜提出的時候，揭示的是刺激強度與學習的關係。萊賓斯坦在他們 1983 年和 1985 年的兩篇著述中，將其借用來表現壓力和工作效率之間的關係：認為承受相對較高和較低壓力的個人，是不會努力對決策做仔細計算，不會盡可能做好工作的，只有在適度的壓力下，他們才能盡最大的努力，工作才可能最有效率。這個壓力，既可以由個人自身內部機制創造出來，例如，有的人比別人更傾向於按責任、義務和標準行事.也可以由外部環境通過企業內部人際關係（上司、同事）和市場競爭（或缺乏競爭）的效應形成，並且可以表現為不同的強度。這個概念新古典經濟理論並未採用（如圖 2-1 所示）。

④個人的努力程度是一個變量並具有惰性特徵。

新古典理論認為人與人之間都是相同的，只要外界環境因素不變化，個人努力程度就不會變化，並且還認為外界變化時，個人對刺激的反應（努力程度的變化程度）也是相同的。X 效率理論卻認為人與人不盡相同，他們不是機器，不是簡單的對刺激的反應器，個人的努力程度是一個變量。應該把個人的努力（體力和腦力的運用），看作個人對他自己精神或由外部環境確定的動機做出反應的結果，個人努力的構成，至少包含活動（A）、進度（P）、質量（Q）和時間模式（T）四種要素，即所謂的：PPQT 束。任何個人，對 APQT 束都有一定程度的自由選擇權。這種選擇，不僅根據成本和收益（新古典就強調這一點），而且，還要根據動機和認識系統（企業非物質資源配置低效率理論將經濟行為分析弓丨向它的心理學基礎）。因此，個人並不一定有足夠的動機按照極大化行為模式來思考問題，即使個人確實在按照偏好進行選擇，習慣也會對這些偏好和選擇做出調節，同時，個人即使有偏好，也不一定有能力或意願對所處環境的各種變化都能做出區分。所以，個人的努力程度不應該是一個機械決定的常量，而應該是一個任意決定的變量。

在感覺到激勵和刺激之前的區域稱為惰性區域，它大量存在。在惰性區域內，常規的激勵方法是失效的，因為在惰性區域中，人對外界環境變化根本上就不敏感。

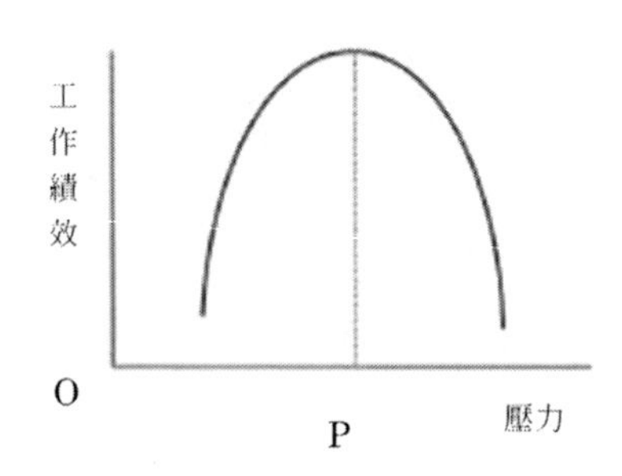

圖 2-1 壓力和工作效率之間存在「倒 U」關係

⑤生產過程不是一種機械過程。

生產過程不是一種機械過程，企業也不是一部將投人變為產出的高效轉換器，企業非物質資源配置低效率的實現要依賴企業全體成員的努力。在企業中，影響努力水平發生的主要因素包括上司、同事和傳統。通常，來自上司的壓力會使個人更加勤快地工作。而來自同事的壓力，卻可能產生三種不同的效應：第一，大家都在盡職盡力，你也要盡職盡力；第二，如果你想偷懶，你可以偷懶，但卻不可以太賣力，以免顯出別人不賣力；第三，盡你自己的職責，但不可以太努力，免得使別人顯得不努力。而傳統的影響，則主要表現在一個企業的企業文化，例如長期形成的集體工作規範等，它會使得集體表現出「一致」的努力程度。

⑥勞動合同是不完善的。

勞動合同不完善，管理機制是有缺陷的。企業需要勞動者的勞動努力，合同卻只能規定勞動時間，容易帶來致命的「死摳合同，消極怠工」的問題。企業內部管理機構的設置也不容易解決勞動合同不完善的問題。在雇傭合同中，因為企業直接購買的是勞動時間，而不是作為人為投人最重要因素的勞動努力，但生產使用的卻是勞動努力。按照合同，雇員的實際努力程度，還必須取決於企業的激勵機制。通過激勵機制和壓力來影響動機，動機影響努力，努力影響成本，從而提高企業非物質資源配置低效率，或者降低企業非物質資源西 g 置低效率。勞動投入不同於其他投入，是企業非物質資源配置低效率理論的一條重要立論依據。

⑦個人目的與利益的分裂性。

把企業看成一個分子，內部的股東會、董事會、工會等都是原子，這些主體之間經常存在行為目標不一致，企業需要將其整合起來，就像物理學中加上電壓使電子都向一個方向流動一樣。例如常見的委托一代理問題：股東會是委托人，董事會是代理人；董事會是委托人，總經理又是代理人；……在每一對委托一代理關係中，代理人都能代替委托人行使一定的權力，但是二者又存在明顯的目標分歧。例如，企業內部有股東、董事會、總經理、中層管理人員和職工，新古典理論假定他們的目標都是一致的，這其實與實際不符合：股東可能單純追求投資回報的最大化，董事會一方面照要顧股東的利益，另一方面要照顧員工的利益，而管理人員或者職工可能追求自身利益的最大化（個人的目標可能也是多樣的，比如工資、經歷或者技術等），這些都存在矛盾。

（3）命題

從以上企業非物質資源配置低效率理論的假設可以推斷出企業非物質資源配置低效率理論的七個命題：

第一，經濟學的研究對象必須深入個人。

經濟學的研究必須深入個人，而不能簡單停留在企業和居民這個層次上，必須探討人的主觀能動性。在這點上和新制度經濟學很相似，強調設置激勵和約束機制，讓企業內部的人發揮最大的作用。

第二，員工個人壓力決定員工個人努力水平。

壓力則取決於四個方面的因素：

①上司的壓力。這是非常重要的壓力，有降級、開除的威脅；

②同事的壓力。有「大家都很努力，我不認真工作就和大家格格不入」的積極壓力，讓原本不認真工作的人成為積極工作的員工；也有「別人都不好好干，我的努力會凸顯別人的不努力，也是格格不入，也使我被孤立起來」

的消極壓力，這與人不願意冒頭，不願意被孤立的想法是吻合的，在很多企業中存在；

③自我加的壓力。出自個人的責任心和良心，例如覺得要對得起工資，要對得起單位的興衰；

④傳統與習慣的壓力。例如中國人從小被教育的勤勞、善良、勇敢，以及「做事要盡力」的信條，能極大地影響一個人的努力程度。

這四個因素有可能互相矛盾，例如自我的壓力是正面、積極的，而單位環境的壓力是消極的，這容易讓人覺得無所適從，取決於最後什麼壓力占上風。

個體無論是承受過高的壓力還是過低的壓力都不利於工作效率的提高，只有適度的壓力才會提高工作效率。壓力有內外之分，內部壓力來自員工之內心，其產生需要管理者幫助樹立挑戰性的目標，當一個目標達成後，新的目標又產生了，個體在追求目標的過程中，實現自我價值與組織目標；外部壓力來自外部環境與組織，企業可以通過外部刺激使員工的需要不斷變化，使員工對需要滿足的動機始終處於激活狀態。無論是表揚還是批評、獎勵還是懲罰，都構成對員工的外部壓力。當然，外部壓力可以轉化為內部壓力，員工工作效率最終還是由內部壓力決定的。臺塑集團的王永慶就是通過不斷給員工施加壓力，不斷提出新目標，避免員工行為進入惰性狀態，從而使臺塑集團不斷進步的。

第三，企業內部存在資源配置效率和 X 效率。

新古典經濟學認為生產函數 Q=Q（X+1，X2，…，Xn）決定了所謂的投入產出效用，在完全競爭市場結構中，能實現資源配置的最優狀態，但是現實的企業不是「黑匣子」，其內部還存在明顯的 X 效率。

企業內部的企業非物質資源酉 d 置低效率有兩種方式來衡量：

方法一：通過考察同一個企業其理論產出和實際產出的差異來衡量

假設給定一組要素投入 XX2，…，Xn，那麼其產量可由 Q=Q（Xl，X2，……，Xn）得出，但其實際產出總是會小於最大產出 Q，從而證實企業內部存在低效率，這就是企業非物質資源配置低效率。

方法二：通過考察兩個不同企業的實際產出差異來衡量

選定兩個大體上差不多的企業，投入一樣，但是其產出卻不相同，例如工廠一是 Q1=Q1（X1，X2，…，Xn），工廠二是 Q2=Q2（X1，X2，…，Xn），如果是 Ql ＜ Q2，則是工廠一存在企業非物質資源配置低效率；如果是 Q2<Q1，則是工廠二存在企業非物質資源配置低效率，但如果 Q2=Ql，則運用方法一。

第四，員工是企業的第一要素。

企業要達到目標，就必須調動全體員工的積極性，使他們共同努力，因為企業的生產不純粹是技術性問題，還涉及員工目標的整合問題，只有把員工中各種非正式組織的目標整合起來，企業才能實現自己的目標。同時企業也不是一個簡單的轉換器，企業內部複雜性是由人的思維複雜性決定的。

第五，企業和雇員的目的與利益是分裂的。

企業內決定勞動程度的所有變量，並不是由企業主全部控制，而是一部分由雇員控制，一部分由企業主控制，同時，企業和雇員的目的與利益是分裂的，因此，企業生產效率的決定問題就成了一個典型的決策論問題。萊賓斯坦用囚犯的兩難困境來描述這個問題：企業和雇員都有三種策略可供選擇，其中，企業的極大化策略是使提供給雇員的工作條件和工資極小化，而同時又試圖使能從雇員那裡得到的東西達到極大。雇員的極大化策略是盡可能小地付出努力，但卻要照拿工資。採取這種策略的每個雇員都以為，他是免費搭車，他個人的偷懶不會使企業遭受損失從而引起注意，所以也不會使他的個人利益）如收入和崗位）受到影響。可是，如果雙方都採取極大化策略的話，就會導致囚徒的兩難困境——一個生產效率低下，報酬和工作條件可憐的企業。另一方面，企業可以採取完全是為了職工利益（不管職工表現如何）的黃金法則策略，或者，雇員也可以採取為企業最大利益工作（不管企業如何對待他們）的黃金法則策略，但是，除非雙方同時採取這種策略，不然，採取這種策略的任何一方都會感到自己由於對方未採取這種策略而陷入「不公平」的境地。最後，如果雙方都採取選擇同業集體標準的策略，企業按習慣提供工作條件，雇員按習慣提供工作努力，不合習慣的一方或者調整自己的行為，或者另謀他就以維持這種合作，那麼，這種同業集體標準解也能使雙方的付出和收入相等，因此，這種合作解優於其他所有的非合作解。

第六，在現實世界中，最優化行為是例外，非最優化行為才是通例。因為選擇性理性說明人在各方面可以選擇在什麼程度上理性地行事，這暗示著他往往不堪忍受最優化行為的努力而背離最優化。一般在家庭中就沒有實現效用最大化，廠商一般也不企圖實現利潤最大化。

第七，由於存在努力的相機抉擇，所以並不存在獨立於廠商環境和人的動機的生產函數，傳統經濟學中表明投入和產出之間存在的單一關係的生產函數是不成立的。由於人的努力是任意可變的，結果投入成本（如勞動）增加的百分比與產出成本增加的百分比之間並無因果決定式的聯繫，如果生產者因產品價格上升、客觀壓力下降而放鬆努力，導致努力熵上升和企業非物質資源配置低效率時，產品成本不僅可能不下降，甚至還可能上升。

總結起來，經濟學必須研究資源配置和人的主觀能動性的發揮。企業非物質資源配置低效率理論對傳統新古典理論的批判不是簡單的枝節上的批判，而是從根本上的動搖和批判，並最終建立了自己的一套觀點。

傳統企業非物質資源配置低效率理論的核心有以下幾個方面：

（1）組織個人努力、惰性區域與企業非物質資源配置低效率的關係

①勞動與其他要素的區別。

勞動與其他要素的區別特點，是企業存在企業非物質資源配置低效率的本質性根源，也是企業非物質資源配置低效率和物質資源配置低效率相區別的重要基礎。勞動與其他要素的區別主要體現在以下三個方面：

第一，勞動是人的勞動能力的使用，既包括體力勞動也包括腦力勞動，是簡單勞動和複雜勞動的結合，簡單的手工工作和複雜的高科技工作有很大

的差別，因此勞動屬性具有很大的複雜性，也正是這種複雜性使得勞動要素的報酬難以準確衡量，從而就可能引發勞動的積極性問題。

第二，對勞動者既要正確管理又要正確授權，這也是區別於對待其他要素的重要方面。對勞動者管理的方法不科學，如死摳規章制度，或者人為造成的分配不公問題等，都會挫傷勞動的積極性，所以要賦予勞動者相當的靈活性；但如果管理太鬆，有可能造成渙散和不好管理，無論哪種情況出現，都會形成企業非物質資源配置低效率。

第三，雇主雇傭的是勞動時間，使用的卻是勞動的努力，而努力這個變量是難以觀測和衡量的，這就大大增加了管理的難度。對於勞動者而言，自己的努力程度要受到與自己有關的許多變量的影響，不是雇主能完全掌握的，這就為形成企業非物質資源配置低效率提供了前提基礎。

②勞動者對環境變化的認知。

這裡的環境是指影響企業目標實現的各種因素。根據環境對企業活動發生影響的方式和程度，可以將環境分為兩大類：直接環境和間接環境。所謂直接環境又稱微觀環境。是指與企業緊密相連，直接影響企業為目標市場顧客服務能力和效率的各種參與者。所謂間接環境又稱宏觀環境，是指那些作用於直接環境，並因而造成環境機會或環境威脅的主要社會力量。在勞動者對環境變化的認知的問題上，下面兩種情況可能會引起企業非物質資源配置低效率：

第一，勞動者對環境的認知滯後於「成本—收益」決策比較。

人與動物一樣，都要在一定約束條件下比較成本與收益，但人和動物的行為都會受動機和神經系統對外界的直觀反應能力的影響，而比較成本和收益需要時間，需要神經系統來感知和完成，因此，在一定時候可能由於反應不及而違背成本收益的原則從而引起企業非物質資源配置低效率。

第二，環境變化致使決策難以與環境相匹配。

不同的環境下會有不同的決策，每一種決策都應該考慮環境的變化，環境變化，則決策也要變化。但人們對環境變化的感知能力是有限的，大量的變化沒有被感知到，因此所做的決策一般並非當時環境下的最優選擇。然而新古典經濟學則無視這一點，認為環境變了，決策就一定相應改變，決策一定是最優的，人對環境變遷的反應是足夠靈敏的。在這一問題上，企業非物質資源配置低效率理論則認為，環境改變時，相當於工作的 APQT 束發生了改變，只有具體進行這項工作的勞動者才能立刻感知，而制訂 APQT 的企業卻不能迅速感知，所以存在決策偏差是必然的。這種決策的偏差會使導致企業非物質資源酉 d 置低效率的出現。

（2）個人努力的 APQT 束

① APQT 束的內容。

企業非物質資源酉 d 置低效率理論認為，個人努力是個變數，其努力程度由 APTQ 來決定。

第一，：A-actibiity（活動）：指勞動者工作的具體活動內容，如打字、複印，或者軟體設計等，這一特定的活動決定了以什麼方式來完成它。

第二，P-pace（節奏）：指勞動者對工作進度快慢的選擇，這種選擇決定於個人的具體態度，影響著勞動者的努力程度，例如是邊干邊歇還是連續工作再連續休息，等等。

第三，Q-quality（工作質量）：指勞動者對工作任務完成的好壞，它與勞動者個人的注意力和精神集中程度密切相關，也影響著個人的努力程度。

第四，T-time（工作時間）：即在什麼樣的時間內完成一項特定工作，它與個人的工作習慣和企業的相關要求密切相關從而影響個人的努力程度。

②個人努力程度函數。

個人努力 e=e（A，P，Q，T）。輸入一組 APTQ 束，得到一個個人努力水平 e。

第一，由企業決定 APQT 束存在缺陷。

企業必須具備大量的訊息和知識，且選擇、搜尋的成本高。每一特定工作的 APQT 束都要設定出來，要考慮的因素很多，所要的訊息量大，知識面廣，複雜勞動的質量要求等也很難設定。

企業不能充分利用員工積累的知識、經驗，會造成人力資源浪費。當所有的工作特徵和要求都被嚴格規定出來了，員工可以完全按規定工作，死摳規章，消極怠工，就失去了靈活性和創造力。

很難確定企業中由誰來具體選擇 APQT 束並進行監督。如果單純由上級決定，再層層往上決定，沒有效率，並且確定後監督者又很難被監督，監督成本也很大。

第二，由員工決定 APQT 束放權應適度。因為過度放權，可能造成個人決策的效率低下，成本大，產出卻少。但是又不能小視個人的靈活性和創造力在問題解決中的重大作用。這個分寸的掌握是極其關鍵的。

③惰性區域。

第一，個人滿意函數。

給定一個努力水平，對應一個滿意程度，因此個人滿意函數）工資、成績、利潤等可度量的指標）的表達式可設為 S=S（e），其中 e 為努力程度，其大小由 e=e（A，P，Q，T）決定，是指每一個 APPT 束對應一個努力程度，每一個努力程度又對應一個滿意水平，其具體變化規律如圖 2-2 所示。

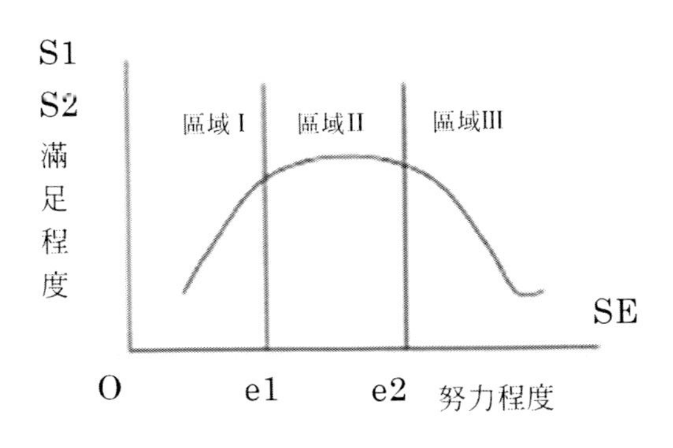

圖 2-2 個人滿意函數的惰性區域分布圖

第二，惰性區域的分布。

在個人努力和滿意度之間的函數關係存在一個惰性區域。人的行為並非會對環境的變化做出充分的反應，而是做出有選擇性的反應，人是有惰性的，並且在個人職業生涯發展過程中客觀存在著惰性區域，在其惰性區域內，人對環境的變化不再做出反應，為了提高企業效率，使企業效益最大化，就應該讓所有員工在任何時候都不進入惰性區域。

從圖上可以看出，在區域 I 內，最開始，隨著努力水平的增加，滿意程度以遞增的速度上升，應該讓努力水平盡可能的大；接著進人區域 II，隨著努力水平的增加，滿意程度以遞減的速度上升，甚至開始下降，這時的 APQT 束對於勞動者來說無所謂，付出的努力程度也是可大可小；在區域III 中，隨著努力水平的增加，滿意程度已經是在下降了，存在大量的無效努力，一定是減少努力程度。這樣，現相對的「平頂」的區域 II 稱為惰性區域。

從惰性區域（e）的分布來看，可知均衡點不唯一，可能在 ee[e1，e2] 中間的任意一個點，此時 S'（e）≈ 0。相比較的，當時，s（e）≥ 0，員工將選擇適當的 APTQ 束，使 e 增加，提高滿意度；當 e ∈（e2，∞）時，s'（e）≥ 0，員工將選擇適當的 APTQ 束，使 e 減少，提高滿意度。

第三，惰性區域的特點。

從圖 2-2 惰性區域的分布圖及其經濟意義方面看，惰性區域具有以下特點：

惰性區域以外的努力水平都是非均衡努力水平，只能在惰性區域內尋找均衡；由於個人總是非完全理性的，很難選擇正好最大化滿足函數 S 的努力水平，而只是選擇一個努力範圍 e ∈ [e1，e2]；第三，惰性區域內的努力水平，對應的滿意度難以被有效區分；第四，人一旦進人惰性區域後，通常會抵制對其努力水平的改變；第五，在惰性區域內，個人對自己努力程度的選擇是靈活的。

總而言之，在惰性區域裡往往能達到一定的穩定狀態。通過自我對 APQT 束的選擇，能合理選擇努力程度 e：在區域 I 裡，勞動者會提高努力程度；在區域III裡，會減少努力程度；而在惰性區域內，則抵制對努力程度的改變（尤其是增加）。

2.4.3 傳統企業非物質資源配置低效率的主要理論

首先介紹企業非物質資源配置低效率對企業效率的影響——以產出曲線和成本曲線為例。

（1）企業非物質資源配置低效率對產出曲線的影響

企業非物質資源配置低效率對產出曲線的影響，可以從圖形表達和數學表達兩個方面來分析：

①圖形表達。

在圖 2-3 中，如果考察單一要素投入（勞動 L）時的產量 Q 的變化規律，那麼，由於企業非物質資源配置低效率的存在，應每一種投人水平的產量是一個區間，即當 L=L1i 時，實際產量 Q 一定介於最大值為 Q- 和最小值為 Qmin 之間。

在圖 2-4 中，如何考察給定兩個要素（K 和 L）的投人，那麼由於企業非物質資源配置低效率的存在，每一對 K 和 L 值對應的產量是一個區間，則等產量曲線有很多條，構成一個產量區間。

②數學表達。

給定一組投入向量 X=X（X1，X2，…，Xn），得到最大產出為 QmaX=Q（X1，x2，…，Xn），最小產出為 Qmin−Q（X1，X2，…，X2），則實際產出為 Q ∈ [Qmia，Qmax]。即在存在企業非物質資源配置低效率的情況下，產量不像在新古典理論中那樣是確定的，而是一個在一定範圍內的可變數。

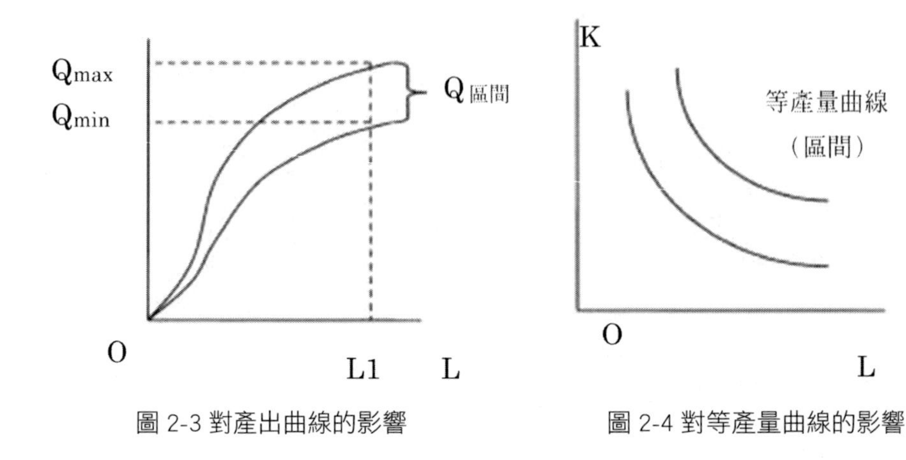

圖 2-3 對產出曲線的影響　　圖 2-4 對等產量曲線的影響

(2) 企業非物質資源配置低效率對成本的影響。

企業非物質資源配置低效率對成本曲線的影響，同樣可以從圖形表達和數學表達兩個方面來分析：

①圖形表達。

由於企業非物質資源配置低效率的存在，企業將很難達到理論意義下的最小成本。從圖 2-5 來看，由於企業非物質資源配置低效率的存在，總成本線高於最低成本線，總成本隨機落入有兩條總成本曲線夾成的帶狀區域中。而從圖 2-6 表示的平均成本來看，由於企業非物質資源配置低效率的存在，平均成本也將會高於最低的平均成本，則：

任一產量水平對應的平均成本也是帶狀區域中的某點。那麼，究竟是多小，則取決於個體的努力程度。

②數學表達。

設短期企業的總成本函數為 C=C（Q）+C0，其時最小成本為 Cmin，由於企業非物質資源配置低效率的存在，總成本會多出一部分△ C，從而使成本變成了 C=C（Q）+C0+ △ C，其時最大成本為 Cmax，一定有 CmaX ＞ Cmin，則實際的總成本 C 一定是落在區間 [Cmin，Cmax] 內。

同理，由於平均成本 AC=C/Q 則 =Cmin/Q，ACmax=Cmax/Q，則實際平均成本 AC ∈ [ACmin，AC'max]，即在存在企業非物質資源配置低效率的情況下，平均成本也在帶狀區域內。

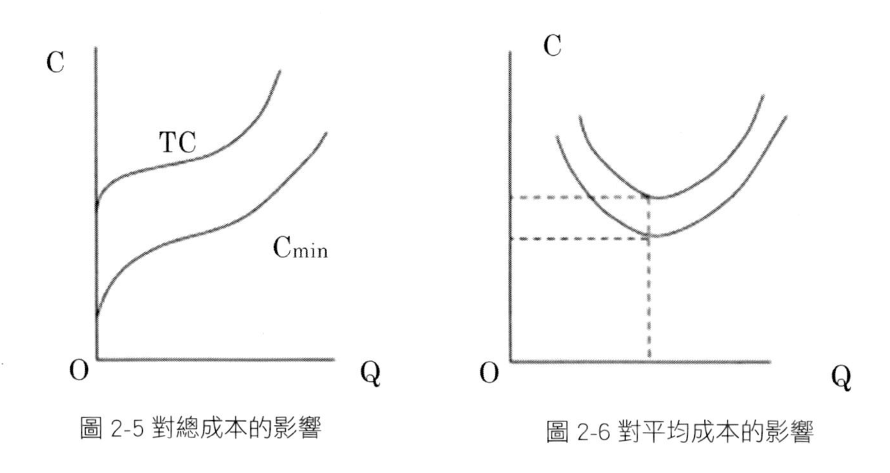

圖 2-5 對總成本的影響

圖 2-6 對平均成本的影響

接下來再介紹傳統企業非物質資源配置低效率理論的消費理論。

（1）目標商品和目標支出

新古典學派的效用理論認為，消費商品會帶來效用，但是消費每增加的最後一個商品所帶來的邊際效用是逐減的，其趨勢從消費的第一個微小單位就會開始出現，而萊賓斯坦則認為，現實中存在與邊際效用逐減假說不一致的情形，例如藥品存在著使它有效發揮作用的最低數量要求，藥品的邊際效用沒有達到這個最小「目標」數量之前為零，超過該數量則為正，即數量達到目標水平。現實生活水平中具有最低目標數量要求的商品很多，萊賓斯坦把這類商品稱為目標商品，與其對應的支出稱為目標支出，這類商品的特點在於其效用函數是邊際效用遞增的部分。對於目標商品和目標支出來說，傳統的新古典消費價格理論不能解釋。

（2）家庭消費存在企業非物質資源配置低效率現象

萊賓斯坦認為，一個人在消費過程中所獲得的效用，可分為四種效用：自己消費的效用，同情效用、非功能效用和懊喪效用。

自己消費的效用是指從花費在自己身上的預算部分中獲得的效用，同情效用是指花費在他人身上的收入轉移所獲得的效用，非功能效用是指個人從商品的競相購買而不是從商品的功能使用中所獲得的效用，而懊喪效用是指個人由於未能購買到目標商品而產生的（負的）邊際效用。

在家庭收入分配過程中，如果分配方案的改變使得放棄收入的家庭成員的同情效用大於將收入用於其他用途的效用損失，而獲得轉移收入的家庭成員自己消費的效用大於同情效用，那麼家庭收入分配就能導致帕累托改進，從而增加家庭總效用。如果不管如何改變的家庭收入分配都不能導致總效用的增加，那麼這種分配就是帕累托最優分配。然而由於各成員在收入分配上存在矛盾和衝突，在各家庭內部實際採用的收入分配方案往往不是最優的，從而總存在帕累托改進，致使家庭內部總存在企業非物質資源配置低效率消費的現象。

（3）需求曲線是一條有一定厚度的寬帶而非一條直線

新古典學派理論認為，在其他條件不變時，商品的價格與需求量成正比，即需求曲線是一條直線。而企業非物質資源配置低效率理論認為，根據消費需求動機的不同，消費需求可劃分為功能的需求和非功能的需求兩大類。功能的需求是指由商品的內在品質所產生的那部分商品，非功能需求是指由外部消費行為引起的消費需求，包括跟潮效應、逆潮效應和凡勃倫效應。所謂跟潮效應，是指消費者對商品的需求因其他人也在消費同樣的商品而增加了，所謂凡勃倫效應，是指消費者對商品的需求因其標價較高而不是較低而增加。企業非物質資源配置低效率理論認為，商品的需求函數，只有在綜合考慮了上述種種效應之後才能確定。同時由於消費者的消費行為具有一定的慣性，這就意味著在價格變動的一定範圍內，消費者對商品的購買量不會有明顯的變化，這樣一來，商品的需求曲線是一條有一定厚度的寬帶而非一條直線。

最後介紹一下傳統企業非物質資源配置低效率理論的宏觀理論。

（1）傳統企業非物質資源配置低效率理論的經濟增長理論

①經濟增長的源泉。

傳統的經濟增長理論認為，經濟增長是由資本、勞動的增加所推動，但在 20 世紀 50 年代後期，這種理論難以解釋經濟增長的源泉，索洛把傳統理論聯繫實際解釋的經濟增長部分歸結為技術進步的作用，認為經濟增長是由資本、勞動和技術進步共同推動的。但是企業非物質資源配置低效率理論認為，經濟增長是各企業內部企業非物質資源 Hd 置低效率改善的結果，關於這一點，該理論建立了一個標準增長的模型，從而說明了企業非物質資源配置低效率程度與經濟增長率之間的關係。可見，企業非物質資源配置低效率程度的提高是經濟增長的一個重要源泉。

②技術擴展機制。

傳統理論認為，新技術革新對所有企業都同樣可獲，而企業非物質資源配置低效率理論則認為，一項新技術之所以傳到一個企業，是因為該企業成功地採用了新技術革新的企業的示范作用，但是慣性區域概念表明，外部環境的變化並不總是對企業的行為產生影響。他認為企業非物質資源酉 d 置低效率與經濟增長率正相關，因此，妨礙企業非物質資源配置低效率的因素也就是阻礙經濟增長的因素，他提到的因素主要有以下兩個：

第一，壟斷程度的提高。壟斷程度的提高意味著來自競爭者的壓力減少，而競爭壓力的減少又會削弱企業成員提高效率的動力。

第二，通貨膨脹的加劇。在通貨膨脹環境下，企業提高價格時其他企業也提高價格的可能性要比物價穩定時多得多，因為此時企業提高價格的風險大大降低了。其結果，對提高努力效率的壓力將會減輕，從而阻礙經濟的增長。

(2) 傳統企業非物質資源配置低效率的通貨膨脹理論

現行的通貨膨脹理論把通貨膨脹看作「過多的貨幣追逐既定數量的商品」的結果，但萊賓斯坦認為，這一觀點既沒有解釋特定的絕對價格是怎樣決定的，也沒有從微觀角度考察貨幣的需求，他認為通貨膨脹是由一些衝擊引起的，這些？中擊導致企業採用基於常規行為的決策規則，提高絕對價格，當絕對價格被提高時，信貸需求會增加，信貸需求增加又會導致銀行體系增加信貸供給，這樣反覆推動就可能引發通貨膨脹。

他還認為，假設出現了一系列使經濟行為人的成本或價格提高的某些外部衝擊，如進口成本上升、貨幣貶值、稅收增加、生產率下降等，那麼，一些賣主便會提高市場價格，其結果導致了其他賣主蒙受損失，這些在弱市場上蒙受損失的賣主試圖在強市場上彌補損失，這就使得一般物價水平呈上升趨勢，並導致生產率部分損失和成本上升，而這又會導致物價水平更大幅度地上漲，從而導致價格進一步上升，最終誘發通貨膨脹。

2.4.4 傳統企業非物質資源配置低效率理論的成就與侷限

（1）傳統企業非物質資源配置低效率理論的成就

傳統企業非物質資源配置低效率理論由 Harry Leibenstein 於 20 世紀 60 年代發表，標誌著經濟學又向現實的經濟生活邁進了一大步，是一個重大的變革，它至少取得了以下三方面的成就：

①進一步完善和發展了新古典經濟學的最優化廠商理論。

作為非最大化的廠商理論，它從一個角度填補了新古典經濟學的空白，進一步完善和發展了新古典經濟學的最優化廠商理論。新古典理論假設，廠商總是在既定投入和技術水平下實現產量極大化和單位成本極小化，因此這個理論從一建立開始，就通過假設把出現企業非物質資源配置低效率的可能性排除掉了。

實際上，傳統企業非物質資源配置低效率理論至少在廠商行為理論（生產理論）方面有了重大突破，不再像新古典理論那樣把廠商的行為看成不可描述的「黑匣子」，從而使其理論更加接近現實。

同時，傳統企業非物質資源配置低效率理論的提出，引出了人們對傳統的經濟學理性主義方法論的反思與批判，從而動搖了經濟學理論的基礎。傳統經濟理論的理性經濟人假設，既是解釋人類經濟行為的一把鑰匙，也是經濟學體系最基本的假設，從而為經濟學理論大廈的建立做出了重要的貢獻，這點必須是要肯定的。

但是，隨著西方經濟學方法論的發展，其主流學派的一些代表人物把這種理性研究范式加以泛化和曲解，而單純注重經濟理性邏輯演繹，僅把理性經濟人高度抽象為數學符號並視為唯一、用最大化原則來衡量經濟人的一切行為的方法，最終使經濟理論距離實際越來越遠。相反，企業非物質資源 Sd 置低效率理論是以經驗為根據來解釋現實經濟問題，其結論更為合理。

因此，企業非物質資源配置低效率理論的提出使經濟學理論從書齋真正走向了現實，那種單純追求最優的方法在理論上可能有道理，但在解決實際問題上往往無能為力。從 20 世紀 60 年代以後，很多經濟學家開始深入考察和研究企業的實際運作，並取得了更有實際意義的研究成果。

②把微觀經濟學的研究從企業、居民深入到了個人的層次，從而產生了微微經濟學。

個體決策者的決策非理性決定了經濟學的行為研究不能只侷限在廠商、居民或者政府和國外的層次，而應該深入到微觀個人，X 效率理論正是基於這樣一種理論要求而提出，如選擇理性理論、「全權委托」偏好理論和個人均衡理論等。

選擇理性理論通過對個人雙重個性的考察，指出個人既不是完全理性的，也不是完全無理性的，而是具有選擇理性的，個人選擇理性的程度取決於個人所處的外部環境。

「全權委托」偏好理論通過對個人行為的分析，揭示了個人心理上的「全權委托」偏好，即個人寧願做出自己的選擇並承擔這一選擇的後果，而不願接受他人的選擇及其後果。

個人努力均衡理論則通過對個人努力決定問題的分析，揭示了個人行為的慣性特徵，即在一定範圍內，外部環境的變化不會 X 對個人行為產生明顯的影響。

這些理論從不同的角度揭示了個人心理和行為特徵，為進一步考察企業、家庭乃至國民經濟的行為提供了理論準備，是傳統企業非物質資源配置低效率理論的理論基礎。除此之外，對企業非物質資源配置低效率成因的分析中涉及在組織中個體的心理與行為規律，如人的有選擇的理性、個人努力程度分散性的假定、個人行為具有惰性特徵的假定、企業與職工間兩難決策的假定等。儘管這些假設是初步的，但也可成為研究企業中傳統企業非物質資源配置低效率現象的出發點，進一步探索其中的規律，尋求對策將是很重要的研究課題。

③企業非物質資源配置低效率理論客觀上在逐步形成一個重要的經濟學派，是獨立的，有別於其他學派。

傳統新古典理論與實際存在的企業非物質資源配置低效率現象的不一致性，標誌著傳統新古典理論陷入了危機，這導致了西方經濟學向兩個不同的方向發展。一個方向是以斯蒂格勒（Stigler）、波斯納（Posner）、塔洛克（Tullock、等人為代表的經濟學家，他們通過修改某些假設（如將利潤最大化修改為效用最大化）或引入新的分析環節（如尋租、產權、交易費用等），力求使傳統新古典分析框架也能解釋未被利用的非配置低效率現象。另一個方向是以萊賓斯坦（Leibenstein）為代表的經濟學家！他們也認為基本假設不現實的新古典理論必須重新構造，以使經濟理論不僅能說明市場的配置效率，而且也能說明企業的非配置效率。

從以上三個方面來看，企業非物質資源配置低效率理論不僅有其理論基礎，而且也有其重大的現實意義，它告訴人們不要只在純數學理論中探討，還要在現實生活中的各種現象之中去探討。

（2）對傳統企業非物質資源配置低效率理論的質疑方面

雖說傳統企業非物質資源西 d 置低效率理論的出現進一步完善和發展了新古典經濟學的最優化廠商理論，並把微觀經濟學的研究從企業、居民深入到了個人的層次，產生了微微經濟學，最終形成了一個重要的獨立經濟學派，但是，作為一個新的學派，肯定有來自不同方面的質疑：

①有人提出，傳統企業非物質資源配置低效率理論所提出的「由於企業內部存在出工不出力等偷懶情況是對產出的損失」觀點是不對的，他們認為閒暇也是一種「產出」，因為閒暇改善了員工的「精神」福利，因此，員工得到多餘的休息，在工作中享受的閒暇就彌補了傳統意義下「產出」的損失。

②有人提出，新古典理論中所有的最優決策都是在既定的條件下給出的，是有意義的。他們認為，不是因為人是非理性的，而是因為有約束條件，從而導致決策偏離最優，因此，最優理論仍然沒有過時，它所得到的是有條件的最優。

③有人提出，只要資本市場是完善的，則通過資本市場的兼並、接管，就可以使企業非物質資源配置低效率逐步消失。例如，企業非物質資源配置低效率嚴重的企業，偏離最大產出，價值下降，但在完善的資本市場上，這樣的企業將面臨被收購的壓力，正是這種壓力迫使企業不斷地去改善企業非物質資源配置低效率，從而使得企業價值得以上升，傳統企業非物質資源配置低效率逐步消失。

④產權理論認為，因為交易成本不為零，產權不清晰，導致勞動合同不完善、執行成本不為零等問題，最終造成傳統企業非物質資源配置低效率而偏離最大產出，所以傳統企業非物質資源配置低效率理論提出的問題只是交易成本不為零導致的現象，都能在產權理論中得到解決。

雖然以上的質疑看似都有一定的道理，但是如果去仔細思考，就會發現其觀點依然沒有超脫新古典理論的範疇，沒有看到人的工作彈性很大，且只具有有限理性。同時，萊賓斯基在 1966 年提出傳統企業非物質資源配置低效率理論以及其他幾位經濟學家對這個理論的發展始終具有重大的理論意義，如《一般企業非物質資源配置低效率理論與經濟發展》、《超越經濟人：微觀經濟學的新基礎》、《配置效率與企業非物質資源配置低效率》等著作都在經濟學歷史上佔有重要的地位。當然，鑒於西方國家的經濟與文化、政治背景與我國不同，我們不應該照搬這一理論來分析自己國家存在的低效率現象，而是要從實際出發，建立有中國特色的分析企業非物質資源配置低效率現象的理論、模式與實際有效的對策。

為了更加清晰傳統的企業非物質資源配置低效率理論，必須區分一下企業物質資源配置低效率與企業非物質資源配置低效率的不同。如是我們對如下內容進行分析：市場配置低效率與企業非物質資源配置低效率之間的關係，其主要內容包括市場配置低效率與企業非物質資源配置低效率、市場配置低效率的內涵、市場配置低效率產生的根源、市場配置低效率與企業非物質資源配置低效率的區別、次優理論與企業非物質資源配置低效率等。通過對這些相關知識的論述，其主要目的是清晰市場配置低效率與企業非物質資源配置低效率之間的區別，從而能更好地理解企業非物質資源配置低效率形成因素而避免不混淆市場配置低效率形成因素。

（1）企業物質資源配置低效率的內涵與產生根源

①企業物質資源配置低效率的內涵。

從微觀層次上看，資源配置效率是指由市場機制所形成的效率。資源配置效率理論認為：企業只要根據生產函數和成本函數進行生產，那麼在一定技術水平和目標成本的情況下，通過生產要素最優配置，就可以實現產量最大化或是在目標產量一定的情況下，通過生產要素最優配置實現成本的最小化，即實現了企業效率的帕累托最優，否則，企業就處於市場配置的低效率。

很顯然，資源配置低效率是與資源配置帕累托效率相應的一個概念。資源配置帕累托效率是指能夠使得社會效率達到最大，從而實現帕累托最優的資源配置效率，而我們知道，要使社會效率達到最大，一個必要的條件是：所有資源的邊際社會收益與邊際社會成本都要相等。如果在某個地方，資源的邊際社會收益大於邊際社會成本，則意味著，在該處配置的資源太少，應當增加。因為在這種情況下，增加一單位資源使社會增加的收益要大於使社會增加的成本。反之，如果在某個地方，資源的邊際社會成本大於邊際社會收益，則意味著，在該處配置的資源過多，應當減少。因為在這種情況下，減少一單位資源使社會減少的成本要大於使社會減少的收益。由此可見，只有在邊際社會收益和邊際社會成本恰好相等時，資源配置才能夠達到最優狀態。

然而，就一般來說，市場機制本身至多只能保證資源配置的邊際私人收益和邊際私人成本相等，而無法保證邊際社會收益和邊際社會成本相等。市場經濟本身還存在著各種各樣的「不完全性」，如壟斷、外部性、不完全訊息等，正是這些「不完全性」造成了經濟活動的邊際社會成本和邊際社會收益不相一致，造成潛在的互利交換和生產不能得到實現，造成市場機制的失靈，從而導致市場配置低效率。由此，我們可以認為，所謂資源配置的低效率，就是指在一定技術水平和目標成本的情況下，通過生產要素的配置，企業沒有實現企業效率的帕累托最優，這種效率狀態稱為資源配置的低效率。

在理論上，資源的配置效率可以從宏觀經濟、企業和個人三個層面體現出來。資源配置的宏觀效率是指全社會範圍內實現了的資源配置效率。資源配置的企業效率是指在特定的經濟環境與條件下，資源在企業內得到利用，實現利潤目標的資源配置狀態。資源配置的個人效率是指在給定時間總量不變的條件下，個人如何對時間進行利用，在工作努力與閒暇之間的配置狀態。

X 效率理論和許多經驗研究表明，宏觀上的資源的有效配置並不等於企業產出的最大化，企業內生產資源的有效配置並不等於利潤的最大化。這是因為宏觀資源配置的有效性只要求資源在地域、部門或群體之間的合理分配，而不要求利用資源生產產出的最大化，微觀上生產資源合理組合的成本最小化只要求彳 艮據要素價格以最小成本配置資源，而不要求利用資源生產過程中實現規模經濟和技術水平的充分發揮，不要求按產出價格合理配置資源以實現產出收益的最大化。事實上，經營管理水平、生產技術水平和勞動者積極性的發揮都是影響產出的重要因素。但是，這些因素或具有動態的特徵，或具有不穩定性，這使得最大產出具有不確定性。這就說明，資源的配置效率並不能保證產出效率的最大化，而如何通過改變約束條件實現最大化產出，是 X 效率理論下一步要研究的重要課題。

②企業物質資源配置低效率產生根源。

資源配置低效率產生的根源主要表現在壟斷、外部影響、公共物品、不完全訊息等幾個方面，下面就其產生資源配置低效率的原因分析如下：

第一，壟斷是低效率的重要根源之一，對其可以先分析某代表性的壟斷廠商的利潤最大化點是否同時也是最優生產點。

在圖 2-7 中，橫坐標表示產量 q，縱坐標表示價格 P。曲線 D 和 MR 分別為該廠商的需求曲線和邊際收益曲線。

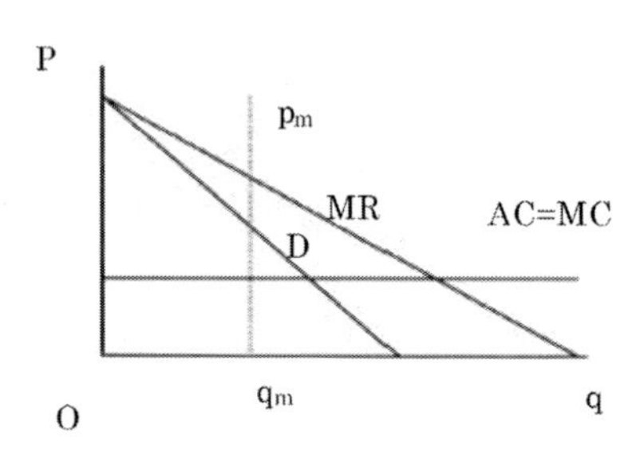

圖 2-7 壟斷產生低效率的原因

假定平均成本和邊際成本相等且固定不變，它們由圖中水平直線 AC=MC 表示。壟斷廠商的利潤最大化原則是邊際成本等於邊際收益。因此，壟斷廠商的利潤最大化產量為 qm。在該產量水平上，壟斷價格為 Pm。顯然，這個價格高於邊際成本。既然價格高於邊際成本，那麼上述壟斷廠商的利潤最大化狀況並沒有達到帕累托最優狀態。在利潤最大化產量 qm 上，價格 Pm 高於邊際成本 MC，這表明，消費者願意為增加額外一單位產量所支付的數量超過了生產該單位產量所引起的成本。因此，存在帕累托改進的餘地，某代表性的壟斷廠商的利潤最大化點不是同時也是最優生產點，從而說明在利潤最大化點上生產存在生產低效率。

其實，壟斷企業不僅會造成配置低效率，而且會造成企業組織缺乏動力、有機會不利用的低效率。由於壟斷企業可以通過控制價格，無須成本極小化就能實現可以接受的利潤水平，所以，如果雇員有任意決定努力水平自由的話，壟斷力量就使他們與任何降低成本的壓力隔絕。只要壟斷企業有滿意化的利潤約束，那就沒有理由認為成本極小化是它的典型行為。只有完全競爭的市場，才會經過價格機制，對企業產生不降低成本和價格就要從行業中淘汰出去的壓力，從而增加企業成員的危機感、責任感和成就感，克服惰性，提高努力水平。壟斷的產生有三個方面的原因：

一是資源壟斷。如果某種資源是生產某種產品所必需的，而這種資源又被一個生產者所獨占，則這個生產者也就擁有了生產那種產品的壟斷地位。這意味著該生產者可以通過控制價格而獲取利潤，從而使市場機制失靈，導致低效率。

二是自然壟斷。自然壟斷指的就是這樣一種產業，即因生產的規模經濟特別顯著，長期平均成本線隨產量不斷下降；或者雖然此產業的規模經濟並不顯著，廠商的長期平均成本線先下降後上升，但因社會上對此產品需求太小，以致市場需求線與廠商的長期平均成本線相交在該線的下降階段，由此形成壟斷。

壟斷的第三個原因是政府壟斷。在所有的壟斷當中，最引人注意的也是最容易引起不滿的就是這種由政府製造出來的壟斷，但隨著我國市場體系的完善，這種壟斷已越來越小。

壟斷之所以要避免，在於它會造成低效率，使社會福利減小。

首先，壟斷利潤本身意味著低效率。因為有壟斷利潤存在，說明在這個行業裡，資源配置得太少，產量生產得太少。很多人願意進入這個行業進行生產，可是由於壟斷而進不來。如果取消壟斷，則會有更多的人參加進來競爭，則價格就會下降，壟斷利潤就會消失，產量也會增加。

其次，壟斷利潤的存在，造成壟斷企業的不思進取，從而造成低效率。這是因為壟斷企業可以通過控制價格，無須參加市場的競爭就能實現可以接受的利潤水平。

最後，壟斷導致尋租行為的產生。尋租是個人或利益集團的非生產性尋利活動。當政府介入市場，創造並維持各種壟斷特權時，尋求額外收益的個人或利益集團便圍繞著壟斷權力展開尋租活動，或者鼓勵政府建立壟斷特權，或者取代別人的壟斷特權，或者維持取得的壟斷特權。

在尋租市場上，尋租者往往不止一個，單個尋租者的尋租代價只是整個尋租活動的經濟損失的一個部分。整個尋租活動的全部經濟損失等於所有單個尋租者尋租活動的代價的總和。而且，這個總和還將隨著尋租市場競爭程度的不斷加強而不斷增大，顯而易見，整個尋租活動的經濟損失要遠遠超過傳統壟斷理論中的「純損」三角形。

在沒有政府市場準入管制的市場結構中，如果自然壟斷行業中存在租金，如企業由於擁有某種資源，開發出某種新產品，或者採用某項新技術，其在最初獲得經濟租金，這必然吸引著潛在的進入者，導致供給增加，價格下降，生產者的經濟租金逐步減少，直到消失。企業在競爭市場上尋求經濟租金的行為是一種生產行為，增加了產量，增進了社會福利和消費者剩餘。

在政府介入的市場，對自然壟斷進行市場準入管制的條件下，情況發生了變化。對自然壟斷的市場準入管制創造了壟斷特權，壟斷特權可保證壟斷者獲得壟斷租金。能否取得壟斷租金關鍵在於能否取得進入資格，政府是決定者。因此，圍繞壟斷權力必然展開各種針對政府或政府官員的遊說活動，甚至賄賂行為。不增加任何有效產出的尋租活動在一個交易費用不可能為零的社會中是要耗費經濟資源的，尋租競爭會導致尋租成本的不斷上升和壟斷租金的減少，最終使壟斷租金全部轉化為尋租成本，尋租降低社會福利，從而導致資源配置低效率。

第二，外部影響。所謂外部影響，是指某個人的一項活動給其他人的福利造成了好的或壞的影響，但卻並沒有得到相應的報酬或者給予相應的處罰。各種形式的外部影響的存在造成了一個嚴重的後果：完全競爭條件下的資源配置將偏離帕累托最優狀態。換言之，即使假定整個經濟仍然是完全競爭的，但由於存在著外部影響，整個經濟的資源配置也不能達到帕累托最優狀態，從而存在資源配置低效率，其具體原因分析如下。

一是外部經濟不能達到帕累托最優狀態。假定某個人採取某項行動的私人利益為 Up，該行動所產生的社會利益為 Us。由於存在外部經濟，故私人利益小於社會利益：$Up<Us$，如果這個人採取該行動所遭受的私人成本 Cp 大於私人利益而小於社會利益，即有 $Vp<Cp<Vs$，則這個人顯然不會採取這

項行動。儘管從社會的角度看，該行動是有利的。顯而易見，在這種情況下，帕累托最優狀態沒有得到實現，還存在帕累托改進的餘地。如果這個人採取這項行動，則他所受損失部分為（Cp-Vp），社會上其他人由此而得到的好處為（Vs-Vp）。由於（Vs-Vp）大於（Cp-Vp），故可以從社會上其他人所得到的好處中拿出一部分來補償行動者的損失。結果是使社會上的一些人的狀況變好而沒有任何人的狀況變壞，經濟狀態不能達到帕累托最優狀態。一般而言，在存在外部經濟的情況下，私人活動的水平常常要低於社會所要求的最優水平。

而是外部不經濟不能達到帕累托最優狀態。假定某個人採取某項活動的私人成本和社會成本分別為 Cp 和 Cs。由於存在外部不經濟，故私人成本小於社會成本：$Cp<Cs$。如果這個人採取該行動所得到的私人利益 Vp 大於其私人成本而小於社會性成本。即有 $Cp<Vp<Cs$，則這個人顯然會採取該行動。儘管從社會的觀點看，該行動是不利的，顯而易見，在這種情況下，帕累托最優狀態也沒有得到實現，也存在帕累托改進的餘地。如果這個人不採取這項行動，則他放棄的好處即損失為（Vp-Cp），但社會上其他人由此而避免的損失卻為（Cs-Cp）。（Cs-Cp）大於（Vp-Cp），故經濟狀態不能達到帕累托最優狀態。

糾正由於外部影響而造成的資源配置有如下幾個辦法：

一是使用稅收和補貼。對造成外部不經濟的企業，國家可以征稅，其稅收的數量應該等於該企業給社會其他成員造成的損失，從而使該企業的私人成本恰好等於社會成本。無論是何種情況，只要政府採取措施使得私人成本和私人利益與相應的社會成本和社會利益相等，則資源的配置便可以達到最優。

二是通過企業合並。例如，一個企業的生產影響到另外一個企業。如果這種影響是正的（外部經濟），則第一個企業的生產就會低於社會最優水平；反之，如果這種影響是負的（外部不經濟），則第一個企業的生產就會超過社會最優水平。但是，如果把這兩個企業合並為一個企業，則此時的外部影響就「消失」了，即被「內部化」了。合並後的單個企業為了自己的利益將使自己的生產確定在其邊際成本等於邊際收益的水平上。由於此時不存在外部影響，故合並企業的成本和收益就等於社會的成本和收益，於是資源配置達到了最優。

三是「明確財產權」。在許多情況下，外部影響的存在之所以導致資源酉 d 置失當，是因為財產權不明確。所謂財產權，是通過法律界定和維護的人們對財產的權利。它描述了個人或企業使用其財產的方式。如果這種財產權是完全確定的並得到充分的保障，外部影響就可能不會發生。

第三，公共物品。不具備消費的競爭性的商品叫作公共物品，公共物品是與私人物品相應的概念。它們的劃分一般根據兩個基本屬性：非競爭性消費，指一個人的消費並不減少它對其他使用者的供應；非排他性，指使用者不可能或者很難被排斥在對該物品的消費之外。如果某公共物品同時還不具備排他性，即無法排除一些人「不支付便消費」，則稱之為純公共物品。否則稱為非純公共物品。

私人物品是那種可得數量將隨任何人對其消費的增加而減少的物品。它在消費上具有兩個特點。第一是競爭性：如果某人已消費了某種商品，則其他人就不能再消費這種商品；第二是排他性：只有購買了商品的人才能消費該商品。實際上，市場機制只有在具備上述兩個特點的私人物品的場合才真正起作用，才有效率。

在公共物品的場合，市場之所以失靈，是因為很難得到對公共物品的需求的訊息。首先，單個消費者通常並不很清楚自己對公共物品的偏好程度；其次，即使單個消費者了解自己對公共物品的偏好程度，他們也不會如實地說出來。為了少支付價格或不支付價格，消費者會低報或隱瞞自己對公共物品的偏好。他們在想用公用物品時都想當「免費乘車者」，即不支付成本就得到利益。由於單個消費者對公共物品的偏好不會自動顯示出來，故我們無法由此來推斷出對公共物品的需求並進而確定公共物品的最優數量。

儘管我們在實際上難以通過公共物品的供求分析來確定它的最優數量，但卻可以有把握地說，市場本身提供的公共物品通常將低於最優數量，即市場機制分配給公共物品生產的資源常常會不足。

第四，不完全訊息。

訊息不對稱指訊息在相互對應的經濟個體之間呈不均勻、不對稱的分布狀態，即有些參與人擁有的訊息多一些，有些參與人擁有的訊息少一些。2001 年諾貝爾經濟學獎獲得者喬治·阿克洛夫、邁克爾·斯賓塞和約瑟夫·斯蒂格利茨皆因對訊息不對稱理論的貢獻而獲此殊榮。

訊息不對稱理論通常根據非對稱訊息發生的時間進行劃分，把非對稱訊息發生在當事人簽約之前的稱為事前非對稱，研究事前訊息不對稱的理論稱為逆向選擇模型。

把非對稱訊息發生在當事人簽約之後的稱為事後非對稱，研究事後訊息不對稱的理論稱為道德風險模型。其表現為簽約之後有違背合同、不守諾言、造假、偷懶、偷工減料等的可能，這就是道德風險效應。

表 2-1 訊息不對稱理論基本框架

非對稱資訊內容 / 非對稱資訊內容發生時間	隱藏資訊	隱藏行爲
事前資訊不對稱	隱藏資訊的逆向選擇	隱藏行爲的逆向選擇
事後資訊不對稱	隱藏資訊的道德風險	隱藏行爲的道德風險

在訊息不對稱的情況下，會出現兩類問題：逆向選擇和道德風險。逆向選擇是指由於訊息不對稱，當事人可能會選擇次品而優等品被逐出市場。如舊車市場，買主不知道汽車的實際質量，但賣主知道。質量好的舊車往往難以售出而被逐出市場，這就是逆向選擇問題。所謂道德風險，是指由於訊息不對稱，保險公司不可能完全監控投保人，投保人的行為在購買保險之後會發生改變。如購買了汽車保險之後，就不再認真檢查汽車是否鎖好；在購買了火險之後，不再注意防火等。

為了解決逆向選擇問題，斯彭斯等人提出了信號傳遞理論，即通過某種信號顯示代理人的實際訊息，並使委托人相信。如在舊車市場上，賣主通過提供某種擔保，保證在一段時間內汽車發生故障承擔修理費用。對於質量較差的汽車賣主而言，他顯然不敢提供這種擔保，這樣就可以將汽車的質量區分開來。在勞動力市場上，雇主在不能夠確定應徵者的真實素質高低時，文憑或工作經驗就是一種信號，畢業於著名高校的優秀學生相對比較容易找到工作就反映了這一點。

對道德風險問題，主要的解決辦法是設計使代理人和委托人的目標一致的機制，例如給代理人提供某種獎勵。對於公司中的經理和股東而言，為了使經理與股東的利益一致，讓經理持有公司的一部分股票，他努力工作實現自身紅利最大化的同時，也就實現了股東的收益最大化。對於雇員，採用獎金、提成等手段，他們在追求自身利益的時候也就實現了公司的利益最大化。

在產品市場上，其訊息不對稱表現為：在產品的質量、性能、生產工藝、成本等方面，賣方（廠商）處於訊息優勢，而買方（消費者）則處於訊息劣勢，因而對產品難以準確估價。這種訊息不對稱可能導致的結果是：不斷提高產品質量的廠商因成本提高造成價格上升，消費者的需求降低，而失去市場；而以次充好、偷工減料的廠商因成本低佔有價格優勢，在訊息不對稱的情況下可能贏得市場，這就會出現經濟學中所講的「格雷欣法則」，即「劣品驅逐良品」現象。產品市場上的這種訊息不對稱，造成市場上假冒偽劣產品增多，消費者擔驚受怕，這是產品市場上商家的信用缺失。結果會導致需求不旺，產品市場萎縮，這就是「逆向選擇」效應。

產品市場上的訊息不對稱還表現為：在買方（消費者）的支付能力和信用訊息方面，賣方（廠商）處於訊息劣勢，而買方（消費者）處於訊息優勢。於是在交易活動中，買方在賒銷、延期支付等交易方式中可能有機可乘，逾期不付，使廠商更喜歡一手交錢、一手交貨或以貨易貨的原始交易方式。這是產品市場上由於訊息不對稱造成的買方的信用缺失。其最終結果是大大提高交易成本，導致市場交易行動減少，市場萎靡不振，甚至波及個人消費信貸的發展。據分析，在發達市場經濟國家中，企業間逾期應收帳款發生額約占貿易總額的 0.25%—0.5%，而在我國這一比例高達 5% 以上。目前，發達國家的信用結算可達 90% 以上，而我國的現匯支付則高達 80%。

企業物質資源配置低效率、次優理論與企業非物質資源配置低效率的區別。

前面分析了資源配置低效率產生的主要原因，但是為了揭示企業非物質資源配置低效率產生的主要原因，這裡就必須先分析一下資源配置低效率與企業非物質資源配置低效率的區別。對於這二者的區別，可以從以下三方面進行：

①前提假定和研究角度的差異。

第一，對企業效率分析比較典型的理論有傳統新古典理論和企業非物質資源配置低效率理論，後者是對前者的批評、發展和補充。

企業非物質資源配置低效率理論對企業效率的分析是企業效率經濟分析的一次飛躍，因為它把人的行為分析引入經濟分析，而且對新古典理論把企業看作「黑箱」假設進行了更為合理的修訂。

新古典理論假設，廠商是根據生產函數和成本函數進行生產，也就是廠商總是在既定投入和技術水平下實現產量極大化和單位成本極小化。投入產出關係，總是與企業組織中每個人的決策行為無關的純技術關係。這就把企業組織內部由於人的決策行為和努力程度而可能導致的低效率的情況忽略了。

企業非物質資源配置低效率理論把組織效率同配置效率分割開來，以個人工作（努力）選擇的心理和行為為基礎來研究企業組織的低效率，認為企業組織不僅存在配置效率的問題，而且存在組織（低）效率的問題。

企業非物質資源配置低效率理論認為新古典理論的若干假設是不符合實際的，假設也應該是可以直接能夠觀察到的，而且盡可能要切合實際。

企業非物質資源配置低效率理論主要通過三，存來分析個人行為特徵與心理狀態：一是通過對個人雙重個性的考察，指出個人既不是完全理性的，也不是完全無理性的，而是具有選擇理性的，個人選擇理性的程度取決於個人所處的外部環境；二是個人寧願做出自己的選擇並承擔這一選擇的後果，而不願接受他人的選擇及其後果；三是在一定範圍內，外部環境的變化不會對個人行為產生明顯的影響。

企業非物質資源酉 d 置低效率理論的出現推翻了傳統經濟學的效用最大化行為理論，也就是說帕累托最優的三個條件之中的生產效率最高假設是一種臆想。從而，市場的帕累托最優模型在企業非物質資源酉 d 置低效率條件下是一種無法接近的神話。

第二，對效率問題研究的角度不同。

根據對目前文獻的考察，一般說來，人們對效率問題的研究有三個角度，即投入產出效率、資源配置效率與 X 效率。

角度一是投入產出效率。投入產出效率是從投入產出的角度來度量資源配置的有效程度，是經濟活動中投入與產出的比率。該比率越大，投入產出效率越高，反之則越低。換言之，投入一定時，產量越大，效率越高；產出越小，效率越低。或者說，產出一定時，投入越小，效率越高；投入越大，效率越低。投入產出效率計算簡單，度量準確，易於操作，因此在實際經濟生活中運用廣泛。

角度二是資源配置效率。資源配置效率是從資源的選擇與配置的角度來度量資源配置的有效程度。在經濟資源稀缺的情形下，既定的資源用來生產什麼，生產多少，為誰生產，如何生產等不同的選擇會產生不同的配置效率。資源配置效率沒有統一的度量標準，無法量化，只能定性描述。如果改變資源配置方式，能使社會的福利或總效用水平提高，則改變後的資源配置效率大於改變前的資源配置效率，這種情況被稱為資源配置的帕累托改進。當有限的社會經濟資源的配置不斷優化，企業的福利或總效用達到最大時，資源配置就達到了最優。這種情況則叫作資源配置的帕累托最優。此時，任何一種其他方式的資源配置都會降低社會的福利或效用水平，從而降低資源配置的效率。資源配置效率由於難以量化而受到很大的侷限，只能通過比較兩種不同的資源配置方式來定性描述其配置的有效程度，因此只具有理論上的意義。

角度三是企業非物質資源配置低效率。企業非物質資源配置低效率則是從個人動機和組織結構的角度來度量資源配置的有效程度。新古典理論把組織效率（或組織低效率）忽略掉，即假設企業組織內部有固定的效率，把企業組織看成是一個有固定效率的「黑匣子」。X 效率理論把組織效率同配置效率分割開來，以個人工作（努力）選擇的心理和行為為基礎來研究企業組織的低效率，認為企業組織不僅存在配置效率的問題，而且存在組織（低）效率的問題。上述三種效率既有聯繫，又有區別。投入產出效率是衡量標準，可以綜合反映一個企業內部資源配置有效程度和 X 效率的狀況，而資源配置效率和 X 效率的大小又決定著一個企業的投入產出效率。X 效率是一種非資源配置效率，是由人為因素和組織機構的協調等因素產生的。資源的優化配置難以解決 X 效率問題，而 X 效率的提高或降低也無法影響資源配置效率。

②損失程度的差異。

根據企業非物質資源配置低效率理論，低配置效率相對於企業非物質資源配置低效率而言只是一個小問題。資源配置的低效率所引起的社會福利損失主要體現在兩個方面：壟斷和國際貿易保護，但二者影響較小。1954 年，哈伯格（Harberger）估計，由於壟斷力量造成的福利損失不到美國國民生產總值（GNP）的千分之一。隨後出現的其他估計也說明了消除市場壟斷力量帶來的社會福利很小。另外，通過對歐洲自由貿易區、關稅同盟、歐洲經濟共同體等經驗數據的研究，發現減少甚至消除國際貿易壁皇，實現生產要素的再配置和專業化分工，由此所帶來的社會福利也很小。恰如萊賓斯坦所指出的，雖說壟斷或關稅引起（淨）產量和價格的扭曲，或許某些產量和價格可能還會非常扭曲，然而總的來說，扭曲不可能很大。因此，僅僅通過改善資源配置效率所得到的福利是微乎其微的。

據萊賓斯坦估算，歐美國家企業非物質資源配置低效率帶來的損失不會低於國民生產總值的 5%，而壟斷與關稅等不完全競爭因素所引起總的資源配置低效率帶來的損失不足國民生產總值的 1%。目前有的美國經濟學家甚至認為「美國任一時刻企業非物質資源配置低效率的數值可能達到國民生產淨值的 20%-40%，企業非物質資源配置低效率在發展中國家可能更大」。可見，二者造成損失的程度不一樣。

③次優理論。

次優理論是針對資源配置低效率而提出的一種理論。市場體制的「看不見的手」的原理，被一些人看成是實現資源配置的最佳方式，認為以利己為行為動機的完全競爭的市場經濟將會導致帕累托最優，從而能自動消除資源配置低效率。

所謂帕累托最優是指資源分配的一種狀態，在不使任何人境況變壞的情況下，而不可能再使某些人的處境變好。其實帕累托最優有一個隱含的前提，那就是這種狀態並不是真正的最優，而只是維持現狀至上的代名詞。只有當定義中的前後兩個人處在同樣境況水平上的時候，帕累托最優才是最優。

而帕累托改進是指一種變化，在沒有使任何人境況變壞的前提下，使得至少一個人變得更好。一方面，帕累托最優是指沒有進行帕累托改進的餘地的狀態；另一方面，帕累托改進是達到帕累托最優的路徑和方法。

這就是說，如果每個消費者都為了自身的效用最大化，每個生產者都追求最大利潤，那麼在完全競爭的經濟中，他們不僅能做到，而且還會不自覺地使社會達到資源配置的最優狀態。

在經濟學理論中，要達到帕累托最優時，必須同時滿足以下三個條件：

交換最優：即使再交易，個人也不能從中得到更大的利益。此時對任意兩個消費者，任意兩種商品的邊際替代率是相同的，且兩個消費者的效用同時得到最大化。

生產最優：這個經濟體必須在自己的生產可能性邊界上。此時對任意兩個生產不同產品的生產者，需要投入的兩種生產要素的邊際技術替代率是相同的，且兩個消費者的產量同時得到最大化。

產品混合最優：經濟體產出產品的組合必須反映消費者的偏好。此時任意兩種商品之間的邊際替代率必須與任何生產者在這兩種商品之間的邊際產品轉換率相同。

然而，現實經濟中很難滿足完全競爭理論模型的假設。前面所述的壟斷、外部效用、公共品等因素都會導致市場失靈，政府政策很難使整個社會經濟福利接近於帕累托最有狀態。

次優理論認為：如果在一般均衡體系中存在著一些情況，使得帕累托最優的某個前提假設遭到破壞，那麼即使其他所有帕累托最優條件得到滿足，結果也不會是最優的。換句話說，假設帕累托最優所要求的一系列條件中有某些條件沒有得到滿足，那麼，帕累托最優狀態只有在清除了所有這些得不到滿足的條件之後才能到。

假設達到帕累托最優狀態需要滿足三個假設，如果這些假設條件至少有一個不能滿足，即被破壞掉了，那麼，滿足全部剩下來的兩個條件而得到的次優狀態，未必比滿足剩下來的兩個條件中一部分（如滿足一個或兩個）而得到的次優狀態更接近於條件都得到滿足的帕累托最優狀態。

按照次優理論，微觀經濟政策實施造成的滿足多條件的狀態並不能比滿足較少條件的狀態更接近於帕累托最優狀態。給定一定的約束條件，社會不一定追求生產的有效性，次優點不一定是有效率的點。如果某一市場不能正常運轉，那麼政府對其他市場的不干預政策不再是最優選擇；如果某種產品的生產能產生除生產者剩餘以外的邊際社會收益，那麼征收關稅就能夠使社會福利得到改善。比如幼稚產業保護政策的原因是生產者剩餘不能正確衡量成本與收益。這是因為國內市場由於結構性失業、專有資產，新興行業的技術外溢等因素沒有發揮應有的功能。

2.5 經濟效率、環境效率與社會效率比較

除了新古典經濟學、企業非物質資源配置低效率理論以外，新制度經濟學、企業能力理論和新經濟社會學對企業經濟效率都有自己特定的理解，依次提出了「交易效率」、「核心能力效率」和「適應性效率」三個不同的效率範疇。

2.5.1 經濟效率

(1) 新制度經濟學的「交易效率」

新制度經濟學認為，企業是一組特殊交易合約的履行機制，其交易合約的不完整性程度決定了交易效率的損失的大小。在這系列的交易合約中，人力生產要素和非人力生產要素間相互交易合約是企業形成的基礎，但企業和企業合約並不完全相同。企業就是以實施企業合約為目的而進行運轉的，企業是「由要素所有者簽訂的一組不完備的要素使用權交易合約的履行過程」。企業合約作為由成千上萬合約構成的合約集，其有效實施既有各子合約在時間上的依次聯動，又有各子合約在空間上的同步協調。因此，對企業一個更為全面的概括應是一組關於非人力資本和人力資本交易的特殊合約的履行機制。

由於人力資本要素具有可計量性差、與所有者的不可分離性以及自身價值的內在穩定性低等特徵，無疑將人力資本作為獨立要素進行交易要付出很高的交易費用，從而產生交易效率的損失。沒有人力資本與非人力資本間的交易，就沒有人力資本與非人力資本間的有效結合，就不會有「生產」，人力資本也就無從將自身的價值附載於有形的產品之上。將難以度量的人力資本納入交易，而這種交易實施的結果就是生產功能的發揮，就會創造出更多更新的交易。

企業與市場間的「替代」是指以在企業內的要素交易替代在市場內的要素交易 . 以在市場內的產品交易替代在企業內的產品交易。顯然，企業效率（其實就是指以人力資本要素為核；的要素交易效率）無論多差，都不可能以市場交易取代企業交易的方式來獲得改善。企業效率的提高只能是從改善企業內部治理結構、強化企業內部管理、優化企業業務流程以及企業間的兼並重組等方面下功夫 . 而市場效率也不能以企業交易取代市場交易的方式而應通過健全市場規則、優化市場制度、完善市場設施來獲得提高。

新制度企業理論的核心概念是「交易成本」，因此又被稱為「交易成本企業理論」。在「正交易成本」的前提下，新制度企業理論將企業看作「一種治理結構（一種組織構造）」，企業和市場是備選的兩種治理模式。威廉姆森明確地表示：交易成本經濟學堅持認為，經濟組織的主要目的和效果在於節約交易成本。在這一邏輯下，企業將傾向於擴張直到在企業內部組織一筆額外交易的成本等於通過在公開市場上完成同一筆交易的成本或在另一個企業中組織同樣的交易的成本為止"由此匕可見，本質上新制度企業理論將企業看作一種相比市場和其他企業而言更加節約交易成本的制度安排。因此，企業效率的基本內涵也就相應被理解為交易成本的節約。這就是企業的「交易效率」。

(2) 企業能力理論的「核心能力效率」

企業能力理論認為，企業作為一種能力體系，其核心競爭力是由企業生產函數的持續優化和在剩餘創造過程中的報酬遞增效應而形成，同時，它與企業自身所擁有資源的價值、稀缺性和模仿能力等因素有關。

在企業治理方面，企業能力理論認為，企業治理主要是一個以剩餘權利配置為主要內容的微觀制度安排與企業效率的關係問題：不同的制度安排對應著不同的企業利益相關者均衡格局，進而對應著不同的激勵效果，對應著不同的生產函數，從而對應著不同的異質性核心競爭力，這些異質性核心競爭力產生企業的「核心能力效率」。企業能力確保以自己的特定方式更有效地處理運營中出現的各種問題。企業能力可能分別地屬於企業內的不同經濟行為人，但其更突出地表現為企業組織的整體性資產或者資源。

在企業的目標上，企業能力理論認為企業的目標在於通過其所擁有的特殊能力資源來贏得市場競爭中的優勢地位，從而獲取超額利潤或經濟租金的最大化，而這一目標的實現依賴其核）能力的形成，這是因為，企業能力主要是指一種隱性「知識」，它與企業的無數「小決策」密切相關，是難以模仿的，這樣在企業裡面就最終形成了某種「異質性」的核心能力，這一核心能力同時也就是企業的核；競爭力，企業由此獲得了市場上相對於其他企業的競爭優勢並可以長期獲得正利潤，從而產生了一種「效率」，這種「效率」就是企業能力理論的「核心能力效率」。

（3）新經濟社會學論的「適應性效率」

新經濟社會學企業理論認為，企業演進是效率追求與制度環境選擇的統一，只有企業的制度安排適應制度環境時，企業才有效率，因此，由於各國的制度環境不同，企業制度本身也就必然是「異質性」的且不可模仿。企業在追求效率時，會增加制度環境中的新約束條件，這樣企業的效率也就不再是原來的那種「最優效率」而變為現實中的「次優效率」，這種「次優效率」在特定制度環境約束下是最優的，因此而被稱為「適應性效率」。

與配置性效率只考察靜態的短期的經濟效益不同，「適應性效率」考察的是長期經濟效益的制度結構如何適應經濟的變動而調整的問題，反映的是與時間進程中的經濟變化相適應的制度變遷效率，因此，適應性效率也可以理解為是指制度安排只有與其制度環境高度契合才有的一種效率。

適應性效率的最顯著表現，是現代各國公司治理模式的多樣化與其同樣顯著經濟效益的並存。新經濟社會學的「嵌入」和「社會建構」理論是對上述現象的敏銳發現和精辟概括』他們認為：

①從制度整體主義視角出發，經濟組織、經濟制度和經濟生活其實是「嵌入」於社會網絡當中的，企業制度必然要「適應」制度環境。

②從制度個體主義視角出發，認為現實企業當中的行為人並非是純粹意義上的經濟人，而是理性被「社會化」了的經濟人。於是，在經濟人參與博弈所達成的動態均衡中，不僅會有純粹經濟因素的考慮，其他非經濟性質的考量也會在最終的企業合約或制度安排中沉澱下來，企業制度要「適應」制度環境的這種內在機理的要求。

（4）三種不同企業效率的區別與聯繫

①新制度企業理論的交易效率觀把制度結構這一因素引入了企業生產函數，從而揭示了企業制度作為交易關係規制結構所發揮的節約交易成本的功能，但是由於過分強調企業與市場之間的區分，從而忽視了企業之間的動態競爭優勢之間的不同。

②企業能力理論揭示了新制度企業理論的缺陷並對企業動態競爭優勢的來源進行了考察，但其「核心能力」的最終結論卻混淆了企業的生產屬性和交易屬性，而企業的核心能力效率最終仍要通過企業的交易屬性和制度框架來進行解釋，因為作為一種「默會性」知識的核心能力其實就是一種「潛規則或制度，社會成員只有通過遵守規則才能彌補理性的不足，這樣不僅可以盡可能減少不確定性世界中決策的失誤，而且還可以達到高度的激勵與約束的兼容，更重要的是它把企業各利益相關者結為一體，同時對外構筑起了越來越高的學習成本門檻，從而保證了對其他企業的長期競爭優勢和對正利潤的獲取。因此，從某種意義上看，企業核心能力效率在本質上可歸結為制度效率。

③以上二種企業效率還存在一個共同的缺陷，就是缺乏對企業制度與其制度環境之間契合關係的考察，新經濟社會學的「嵌入」和「社會建構」理論彌補了這一缺陷，提出了次優的適應性效率，從而最終揭示出了現實世界中的企業效率。

根據以上分析，可得如下啟示：

第一，企業效率首先是一種制度效率。

考察發現，新古典經濟學將企業效率歸結為市場配置資源的效率，還沒有將真正意義上的企業及其效率納入研究的視野。從新制度經濟學開始，企業生產獲得了「制度結構」從而真正發現了企業本身。新制度經濟學將企業效率歸結為企業制度的交易成本的節約功能；對企業能力理論的反思發現企業制度還具有激勵功能；新經濟社會學對經濟學的批判使我們了解現實的企業效率其實都是面臨制度環境變量約束下的適應性效率。最終我們發現，企業效率是資源配置效率和制度效率的綜合，企業制度效率對於資源配置效率起著重大的能動作用，在一定意義上可以說，企業效率首先是一種制度效率。

第二，企業制度效率具有雙重內容。

新制度經濟學企業理論是現代企業理論的主流，但其侷限於新古典經濟學的框架以及企業一市場兩分法的視角，因而僅僅發現了企業制度作為交易關係規制結構的節約交易成本的功能。企業能力理論及其反思發現企業制度還具有培育和塑造企業核心能力亦即核心競爭力的激勵功能。這是對企業制度功能的一種拓展。這揭示出，企業對核心能力和核心競爭力的尋求必須首先從優化企業制度安排方面考慮。

第三，企業制度效率是一種「適應性效率」，企業制度具有「非普適性」。

新經濟社會學的考察表明，現實企業都只能獲得適應性效率，其根源在於企業制度對於制度環境的嵌入以及社會建構性質。這預示著，不存在某種帶有普適性的企業制度安排，任何國家為了提升企業效率都必須充分考慮到其自身制度環境必然對企業制度的影響。

2.5.2 環境效率

（1）企業環境效率的內涵

企業環境效率是指企業經營活動中由於環境保護和治理環境汙染取得的成績和效果。企業環境效率評價是企業環境管理的核心問題之一，但至目前尚未建立起科學實用的評價體系，在一定程度上影響了企業實施環境管理的積極性。本文對主成份分析法和環境杠桿評價法在企業環境效率評價中的應用問題做了些探討。IS014001 環境管理體系對環境效率的定義為：一個組織基於環境方針、目標和指標，控制其環境因素所取得的可測量的環境管理系統成效。這裡，環境因素是指一個組織的活動、產品或服務能與環境發生相互作用的要素；環境管理系統成效則意味著組織通過加強環境管理而取得的綜合效率。

（2）企業環境效率的內容

企業的環境效率應該體現在兩個方面：第一個方面是從財務角度來講的，即企業發生的與環境有關的問題導致的財務影響，亦即在環境方面的主觀努力而導致的財務業績。環境財務效率是一個類似於利潤的概念，它是環境收入和環境支出之間的差額。一般而言，無論從事何種與環境有關的活動，勢必導致某種支出。同時，企業積極參與保護和改善生態環境也有可能會直接或間接產生某種經濟收益。如環保產品導致的稅收減免，因通過了環保認證而成功打入某個市場，從而擴大了銷售額，還包括因達到某種環保指標而免於遭受法規懲處的或經濟制裁的機會收益。收益抵除支出，就是環境財務效率。

第二個方面是站在環境質量角度來講的，即企業的主觀努力對生態環境的保護和改善做出貢獻或者生態環境造成損害所形成的環境質量效率。環境質量效率則包括環境法規的執行情況、生態環境保護和改善情況以及生態環境損失情況等。此外』環境質量效率還可以包括環境審計報告、未來展望等部分。事實上，凡是與企業的環境質量有關的、具備重要性特徵的事項都可以列入環境質量效率的體系中來，可以靈活採用量化的或者非量化的方式來披露。

（3）企業環境效率的特點

企業環境效率具有外部性、無形性和長期性等特徵。

①外部性。

所謂外部性是指某個微觀單位的經濟活動對其外部所產生的影響，包括有利的影響（外部經濟）和不利的影響（外部不經濟）。

②無形性。

企業環境效率的無形性具有兩方面的含義：一是企業經營活動的環境效果難以用貨幣形式確切計量，現有市場價格不能完全反映其效益；二是企業活動的環境收益或損害往往間接地體現於生產、投資、銷售等各個環節，無法直觀或單獨表述，產生的影響在空間範圍上也很難有效界定。如企業環境汙染產生的噪聲等。

③長期性。

企業環境效率的產生，是企業對環境施以影響與作用的結果，耗時較長，甚至在可預見的將來會一直持續下去，這就決定了企業環境效率具有長期性特徵，如企業治理環境的效益、企業環境管理目標的實現程度等。

(4) 企業環境效率評價

企業環境效率評價是對企業原有效率評價體系的補充，是將環境因素納入企業效率評價體系，將其外部性予以內部化，對無形性和長期性進行科學界定與計量，從而建立起科學實用的評價制度，促進企業生產經營與環境的協調發展，進而提升企業的綜合競爭力和持續發展能力。

環境效率評價是對個人、團體或組織是否實現環境目標的評價，旨在以持續的方式向管理當局提供相關和可驗證的訊息，以確定企業的環境效率是否符合組織的管理當局所制定的標準的內部過程和管理工具。

管理者可以利用效率評價訊息制定策略目標，制定和修正策略的實施計劃，按照計劃的完成程度對員工進行獎勵和激勵以引導員工的行為，從而使企業的環境策略得以貫徹實施。

環境效率評價還可以幫助了解企業的環境效率，提供有意義的環境報告；確定重要的環境影響和目標、指標的量化；追蹤環境活動和方案的相關成本和收入；揭示企業環境管理的重點及企業的環境風險；提供部門間進行業績比較的訊息；為組織內不同團體和個人提供激勵機制，並提供投資評價的參考指標。

(5) 環境效率的評價指標

環境效率評價指標將企業各種環境數據綜合起來，以便更好地控制和追蹤環境效率的改進，實施標竿管理和進行報告。對支持環境管理體系，提高材料使用效率！實施物流管理，尋找成本節約的機會等也很有作用。

①環境效率評價指標的分類。

按照不同的標準，環境效率評價指標有不同的分類。從性質上分，環境效率評價指標分為絕對指標、相對指標、指數指標、加總指標和加權指標。絕對指標是以絕對數作為指標；相對指標是一個指標和另一個指標的比值，如單位產品能耗等 . 指數指標是將數據與特定標準相對比而計算出來的，它通常為百分數，如廢棄物回收比；加總指標是將從不同渠道取得的同類數據，以總計的形式反映 . 加權指標是將數據乘以根據其重要性確定的乘數。

不少國際性機構對環境效率評價指標都做過相當程度的研究。其中有代表性的是 IS014031 的環境效率評價體系標準 IS0 的環境效率評價體系標準可以分為兩類三種：環境狀況指標（ECIs）和環境效率指標（EPIs），環境效率指標又包括經營效率指標（0PI）和管理效率指標（MPIs），其主要的指標如下：經營效率指標包括材料、能源支持企業經營的服務、廠場設施、供應和送貨、產品、組織提供的服務、廢物、排放物、向土地或水的排放、其他排放，等等。

管理效率指標包括環保方案和政策的實施、對法規的遵守、財務業績和與社區的聯繫等方面。管理效率指標反映企業管理當局影響組織環境效率所做出的努力的訊息，包括組織不同層面上的監測、人員、計劃活動和程序等。而經營效率指標反映組織經營活動的環境效率訊息，各個企業都可以使用該指標，可以作為環境效率評價的基礎。

②在選用環境效率評價指標時，應當考慮的幾個方面：

第一，行業特點和法律要求。環境效率評價指標的選擇，需要參考環境管理系統的發展狀況和應用環境效率評價指標的目的。在以遵守法規為目的的階段，指標的選擇主要考慮環境風險管理和環境負債的訊息，以能源的消耗、汙染物的排放、違法的次數、罰款等指標為主。在建立了環境管理體系的第二階段，以環境管理系統的效率為主要計量內容。而在環境管理與企業策略管理全面融合的階段，則以綜合性的環境效率評價指標為主，考慮環境效率與財務效率的綜合，考慮壽命周期的全過程的指標。

第二，企業組織結構。企業不同層級的環境效率評價指標是不一樣的。企業需要把策略性的環境效率評價指標沿著組織結構等級自上而下，層層分解，落實到人。在較低的層級，環境效率指標應較為具體，而越到企業高層，效率指標就更加綜合和抽象。

第三，訊息成本。指標的生成需要大量數據的收集。有些數據可以直接從生產經營記錄中獲得，此時訊息成本較低；有些則需要專門技術手段進行監測，需要專門的加工處理。如果加工處理的成本過高，以至於超過了該指標所能帶來的好處，則該訊息的獲得就是不經濟的。環境訊息不宜太多，也不宜太少，應按實際需要科學安排。

據 Thomas Jonsson 介紹，諾基亞環境保護工作的一個重要的出發點和落腳點便是基於對整個產品生命周期的考慮，在產品整個生命周期減少對環境的負面影響。具體而言，一個產品從誕生到消亡經歷了研發、原材料採購、生產製造、最終產品、產品使用和最終廢棄等多個過程。諾基亞在所有的環節都要考慮環境保護，以減小產品對環境的負面影響。Tomas Jonssoo 的一句話語詮釋出諾基亞對環保的不懈追求不環保的產品不是質量好的產品。」諾基亞為自己的電子垃圾回收設立了一套全球共用的方式，在芬蘭總部有一班專家專門來審核諾基亞的全球電子廢棄物處理商。過去，諾基亞在中國回收來的電子垃圾會被交付一家新加坡回收商專門處理，現在則由兩家中國回收商負責處理，重新降解，得到的塑料顆粒和金屬將被作為原材料重新使用到新的產品製造過程中。從電子垃圾回收得來的經驗正在對諾基亞方方面面的環保舉措發生著影響，諾基亞在北京星網工業園建立了手機製造工廠，以其為龍頭在 75 公頃的範圍內，集合了從充電電池到手機外殼在內的近 20 家手機零部件供應商和服務提供商。諾基亞提出，將這些企業作為一個整體來進行廢水廢氣和電子廢棄物的處理，在提高效率的同時，也發揮了各個企業的長處。「現在，已經有 13 家企業加入了由諾基亞牽頭組成的委員會，而這種模式也受到了北京市工業促進局的肯定。」Thomas Jonsson 介紹。環保也要本地化。如果你最近去過中國移動的營業廳或者諾基亞的手機維修中心，你可能會發現一個綠色的「廢舊手機回收箱」。每逢周末，還會有人在人群中宣傳箱子的用途、為什麼要回收手機以及隨便丟棄的壞處。那些將廢舊手機投入綠箱子的人，就會被贈予一枚小小的徽章。這就是由諾基亞發起組織的「綠箱子環保計劃」，周末出現的「義務宣傳員」則多半是諾基亞的志願者員工。我國的電子垃圾回收工作在手機行業首先取得了突破，而諾基亞在其中扮演了關鍵角色。重視國情是諾基亞企業公民活動的特色，比如說在巴西著重保護熱帶雨林，在德國強調的是青少年；理健康。在中國，回收廢舊手機以及手機電池則成為活動的中心。早在 2002 年 6 月，諾基亞就曾經發起過「綠色回收大行動」，在我國 100 個城市的 200 餘個手機維修中心和客戶服務中心以及諾基亞在北京、蘇州、東莞的生產基地統一設置專用回收箱，專門回收廢舊手機、配件及廢手機電池。「在回收廢舊手機這個領域，發展中國家裡諾基亞在中國做得最好，在巴西，我們還只能回收手機運輸物流中使用的木箱。」諾基亞（中國）投資有限公司副總裁蕭潔雲介紹說：「諾基亞有四大價值觀：客戶滿意、相互尊重、追求成功、不斷創新。這就意味著，我們不僅僅看重經濟上的業績，也看重究竟為社會做了多少事情。」據悉，經濟責任、環保責任、社會責任，是諾基亞公司對所有員工的考核指標，上至公司老總，下至普通員工。在環境方面，諾基亞相信通過負責任的行為，公司都可以為可持續發展貢獻力量並為經濟增長奠定堅實的基礎。諾基亞堅信在我們所有的業務領域支持可持續發展是公司長期成功的重要因素，同時也是諾基亞在移動通信產業處於領先位置的關鍵，諾基亞的目標是在可持續發展的產品和服務中成為領頭羊。

2.5.3 社會效率

關於企業社會效率（Corporate Social Performance，CSP），20 世紀 70 年代初，在社會議題管理領域，特別是在企業應當承擔何種社會責任的討論中，兩派觀點針鋒相對。一方是獲得諾貝爾獎的美國著名經濟學家密爾頓·費裡德曼，他代表了經濟學的傳統觀點，即認為企業的唯一責任是為股東創造利潤；而另一方，在沿襲霍華德·博文於 1953 年在《企業家的社會責任》中所提出的「企業應該自願地承擔社會責任」的觀點後，學術界和企業界開始接受這種超出經濟責任外的社會責任意識。

對企業進行綜合評價時，通常要求企業能同時兼顧經濟效率和社會效率。目前我國對企業經濟效率評價方面的研究比較成熟，但對企業社會效率評價的研究基本上是一片空白。對於如何評價企業社會效率的指標體系、方法和模型，我國理論界缺少研究，這在一定程度上影響了我們對企業效率的全面、系統、公正的評價。近年來國外對企業評價的研究已經越來越多地集中到企業社會效率評價領域。本文在分析國外企業社會效率評價模式基礎上，結合主要公司治理原則，試圖探討適合我國國情的企業社會效率評價模式。

（1）企業社會效率評價理論研究的進展

企業社會效率評價的早期研究主要從企業如何處理社會問題和承擔社會責任兩個方面來評價企業的社會效率。例如加拿大企業皇家調查委員會關於企業社會效率的實證研究，在該研究中普瑞斯頓認為應按照企業處理社會問題的四個方面進行評價：對問題的認識、分析和計劃、政策制定、執行實施。卡羅爾把企業面臨的社會問題定義為銷售服務、環境保護、雇用歧視，並從這三個方面建立了三維立體評價模型，同時把企業社會敏感性定義為企業履行社會責任和解決社會問題的過程。沃提克和寇克蘭把企業社會責任定義為經濟責任、法律責任、道德責任、其他責任，認為應從這四個方面搜集數據對社會效率進行評價。

西方理論界針對企業社會效率相纟 後提出了各種不同的利益相關者評價模型，其中影響最大的是美國學者索尼菲爾德的外部利益相關者評價模式和加拿大學者克拉克森的模式。相比之下，國內在企業社會效率評價方面的研究尚在起步。薑喜榮、馬風光等從企業的社會性角度對企業的社會責任進行了界定。與企業社會效率評價有關聯的研究有：劉文鵬提出的非財務性業績評價系統；趙雯從企業是生產組織並且是生產關係的載體出發，認為企業評價應以滿足各不相同的利益集團的要求與期望；中國企業聯合課題組提出的企業競爭力指標體系在一定程度上擴大了評價主體的範圍。

（2）社會效率中的利益相關者

利益相關者理論日漸盛行後，理論界對企業社會效率應由利益相關者來評價達成了共識。利益相關者這一概念最早由伊戈爾·安索夫在他的《公司策略》一書中首次提及。在弗瑞曼的《策略管理——利益相關者方式》出版後，「利益相關者」、「利益相關者管理」、「利益相關者理論」等術語在很多地方得到了廣泛的運用，但卻很少透析其確切的含義。米切爾等人將利益+目關者歸納定義為三個層次：第一層次，泛指所有受公司經營活動影響或者影響公司經營活動的自然人或社會團體。第二層次，專指那些與公司有直接關係的自然人或社會團體，這樣排除了政府、社會團體等。第三層次，特指在公司下了「賭注」，其利益與公司利益緊密相關的自然人或社會團體。這些概念從不同角度揭示了利益相關者的含義。我們認為，可以將利益相關者分為直接利益相關者和間接利益相關者，直接利益相關者如布萊爾所說，是那些對公司投入了專用性資產而這些資產又在企業中處於風險狀態的自然人或法人，沒有他們的參與，公司就不能作為一個經營主體存在下去，如股東、經營者、職工、債權人、客戶、供應商等 . 間接利益相關者指雖然不與公司發生直接商事關係，但客觀上影響公司或受到公司影響，公司必須對其承擔一定社會責任的利益主體，如社區、政府、社會團體、新聞媒介等。

國內外都有一些對利益相關者的確定。《公司治理原則》認為：「公司治理框架應當確認利益相關者的法定權利，並鼓勵公司與利益相關者在創造財富、就業機會和維持財務健全的方面進行合作」，同時賦予了利益相關者權利受到侵害時的求償權，以及相應的知情權和參與公司治理的權力。英國規定：「公司必須發展與成功有關的關係，這取決於公司的業務性質，但一般包括雇員、客戶、供應商、貸款人、社區和政府，只有通過發展和保持與這些利益相關者的關係，董事才能承擔起對股東的法律義務和成功地謀求長期的股東價值。」《美國商業圓桌會議公司治理聲明》認為：「對公司而言，善待員工、向消費者提供優質服務、鼓勵供應商長期合作、償還債務並擁有良好的社會責任聲譽都是股東長期利益所在……為了股東的長期利益運營公司，管理層和董事必須考慮公司其他利益相關者的利益。」《韓國公司治理最佳實務準則》更是對利益相關者權利的保護、利益相關者參與公司監督管理做出了細緻、明確的規定。日本、英聯邦國家的公司治理原則也對利益相關者利益有不同程度的關注。

在充分借鑑國內外主要公司治理原則的基礎上，中國證監會在年初出臺了《上市公司治理準則》（以下簡稱《準則》）。《準則》一開始就給予了利益相關者足夠的重視，在第 6 章專門規定了公司治理中的利益相關者問題。從利益相關者範圍來講，《準則》主要包括銀行等主要債權人、職工、消費者、供應商和社區等；從賦予利益相關者的主要權利來看，包括求償權、債權人和職工的知情權以及適當的參與權；從典型做法來看，主要是公司與主要債權人的訊息溝通，職工與董事會、監事會和經理人員的直接溝通與交流等。應該說，《準則》對利益相關者在公司治理中的地位、作用和權利等方面做了框架性的規範，從制度上為中國上市公司治理中利益相關者的利益保護奠定了基礎。

(3) 企業社會效率評價的模式

索尼菲爾德認為，企業社會效率評價應是企業為了完善自己的管理特別是利益相關者管理，讓外部利益相關者對自身的社會效率進行評價，應更多地考慮企業的利益相關者管理的社會影響（社會敏感性），如是否合法地進行生產經營，是否導致嚴重汙染，是否正確對待少數民族員工，是否恰當處理社區關係，是否正確處理顧客問題等。這樣不僅可以使企業清楚自己的社會效率在同行業中的位置，知道企業資源應重點分配給哪些利益相關者，還能促進企業經理與利益相關者的溝通。

克拉克森認為企業不是政府或慈善機構，只需要處理利益相關者問題，不需要處理社會問題。而且我們很難準確界定企業社會責任、社會敏感性的確切含義，以及社會責任與社會問題的區別，因此對企業社會效率的評價模式不應建立在概念上，而應該以企業利益相關者管理框架為基礎建立評價模式。他認為利益相關者是指在企業的過去、現在、未來的活動中具有或要求所有權、權益、權利等的個人或集團。他把利益相關者分為主要利益相關者和次要利益相關者。主要利益相關者是指一旦沒有他們企業就無法正常運行的利益相關者。典型的主要利益相關者包括股東、投資機構、職工、顧客、供應商和政府。次要利益相關者是指可以影響企業也可以被企業影響的群體，但他們不介入企業的事務。根據這個定義，典型的次要利益相關者包括媒體、社會團體、民族組織、宗教組織和一些非營利組織，等等。

第 3 章 認知偏差與心理博弈誘發價值網企業創業績效損失機理研究

從本章開始，將對價值網創業企業非物質資源配置低效率的形成因素進行逐漸分析。本章主要從形成價值網創業企業非物質資源配置低效率的認知偏差因素和心理博弈的視角進行。從分析邏輯上講，本章首先分析了訊息加工的一般原理和認知模式，然後分析了認知偏差產生的一般原理及其惡化價值網創業企業非物質資源配置低效率的原因，並提出從三個方面規避價值網創業企業非物質資源配置低效率，從而為企業的相關決策提供理論依據。

3.1 訊息加工的一般原理和認知模式

認知偏差是指人們根據一定表現的現象或虛假的訊息而對他人做出判斷，從而出現判斷失誤或判斷本身與判斷對象的真實情況不相符合。社會認知偏差（Social cognitive bias）是指，在社會認知過程中，認知者和被認知者總是處在相互影響和相互作用的狀態。因此，在認知他人、形成有關他人的印象的過程中，由於認知主體與認知客體及環境因素的作用，社會認知往往會發生這樣或那樣的偏差。為了更好地分析認知偏差，下面先分析一下訊息加工的一般原理和認知模式。

3.1.1 訊息加工的一般原理

現代認知心理學實驗已經證明，對訊息的認知加工會受到自身多種心理因素的制約和激勵，而這些心理因素又會引起個體出現各種認知偏差，進而誘發個體出現判斷和決策偏差。因此，在從個體感知訊息→處理訊息→產生決策→實施行為的整個主體客體認知鏈條中，認知偏差居於中心地位。但是，個體之間的心理偏差並不具有相互獨立性，個體之間會基於心理傳染或羊群行為而導致決策者群體出現集體性認知偏差，進而導致集體決策者群體預期出現系統性偏差以致集體無意識行為。

達爾文式的進化心理學認為，人類的認知過程具有適應性，既是在行為人所面對的選擇是以可視的形式出現且其發生的可能性便於數學機率進行表述的情況下，認知偏差也只會相對減少，而不會消失。而認知心理學則認為，行為主體的任何決策過程都服從訊息加工的一般原理並遵從特定的認知模式。

訊息加工的一般原理認為，訊息力口工系統都是通過操縱符號（如語言、標記、記號等）來實現其功能的，其構成主要包括感受器、效應器、記憶和加工器。在訊息加工系統中，符號的功能是代表、標誌或指明外部世界的事物。

感受器接收外界訊息，效應器做出反應。訊息加工系統都以符號結構來標誌其輸入和輸出，記憶可以貯存和提取符號結構。訊息加工系統的上述功能也可概括為輸入、輸出、貯存、複製、建立各結構的條件性遷移。

Norman 則認為，認知系統是服務於調節系統的，而情緒處於這兩種系統之間，成為它們相互作用的橋梁。他進一步提出，調節系統是處於主導地位的，認知系統是調節系統對智力因素的需要而不斷增長的結果，只有當認知方面達到一定的質量以後，它才有自己的獨立存在並具有自我功能和目的。依據這些設想，Noman 提出了一個以調節系統為主體的人的訊息系統的結構。

人的訊息加工系統人（決策者）的訊息加工系統與通常的訊息系統的結構是有很大區別的。訊息的輸入和輸出是直接與調節系統相連的，而且調節系統占據主導地位。但 Norman 認為應當重新考慮人的訊息加工的作用機制，而現有理論將會因此發生重大變化。儘管理論上存在著爭論，但以上學說卻比較集中地體現出訊息加工觀點的特色。將這種觀點應用於心理學，自然會得出一些重要的心理學結論。心理學應當研究行為的內部機制，即研究意識或內部心理活動。從這些結論可以看出，認知心理學的實質就在於它主張研究認知活動本身的結構和過程，並且把這些心理過程看作訊息加工過程。

3.1.2 皮亞傑認知模式

認知心理學理論在解釋行為時強調中心過程（如態度、觀念和期望），而不像行為主義一樣強調邊緣因素（如刺激和反應）。按照皮亞傑觀點，行為主義關於外界刺激（s）和反應（r）的著名公式的最大缺陷就是沒有表示出人在認識過程中的能動作用。他指出：一個刺激要引起某一特定的反應，主體及其機體就必須有反應刺激的能力，因此首先關心的應該是這種能力。皮亞傑把上述公式進行了修改，修改後的公式表明，當外部刺激作用於機體時，機體並不是消極地接受這一刺激，而是首先利用自己現有的格局將這一刺激進行過濾改造，使之變為組織所吸收的形式。刺激如此被同化，就是客體作用於機體，機體改造客體的結果。皮亞傑的認知學習圖較為清晰地表述了這種觀點。

外界環境（包括直接環境和社會文化環境）通過人（決策者）的感覺器官作用於人（決策者）的認知結構，從而形成知覺。人（決策者）所知覺到的事物通過兩個彼此相關的過程同化（將客體引入認知結構或行為模式）與順應（主體調整認知結構或行為模式以適應環境）同外界互動並取得內外平衡。

3.2 認知偏差存在的實證認知心理學實驗

3.2.1 從眾實驗

心理學家阿希做了一個從眾的經典實驗。在這個實驗中，只有一個人是真正的被實驗者，他面臨著來自其他幾個人的壓力。想像你參加了實驗組，任務是對線條的長短進行區分，七個人組成一個小組，大家圍坐在桌子旁，你排在第六位。研究者要求每個小組成員報告三條線中哪一條與標準線一樣長。你前面的五個人與你期待的回答一樣：第二條線與標準線一樣長，這個答案不是很明顯嗎？第二組線也很好判斷。怎麼，你感覺乏味了吧！

但是，在下一組實驗中，儘管答案還是那麼明顯，但是第一個人給出了錯誤答案，比如說第一條線與標準線一樣長。當第二個人給出同樣的答案後，你突然會坐直身子，再次檢查那線的長度。第三、第四、第五人也給出了同樣的錯誤答案，你開始懷疑到底是你瞎了還是他們瞎了。當輪到你的時候，你會怎樣報告呢？「什麼是正確答案，我現在不肯定？」「正確答案到底是小組成員說的那條線還是我自己的眼睛看到的那條線呢？」

這就是著名的阿希實驗，這個實驗告訴我們，我們總是傾向於跟隨大多數人的想法或態度，以證明我們並不是孤立的，而是存在於一個群體之中。

你和你的同事也可以試驗一下，下班後，五個人同時抬頭看天空，並不停地討論著什麼，不一會兒，相信就有好多好奇的同事像你們一樣，抬頭看天，雖然他們並沒有看到什麼！

3.2.2 社會刻闆效應

社會上對於某一類事物產生的一種比較固定的看法，也是一種比較概括而籠統的看法。

「物以類聚，人以群分」，這是有一定道理的。作為我們學生，生活在同一個區域、有著相同家庭背景的往往容易產生共同點，如果我們的學習情況、生活環境、文化程度大致相同，我們就會具有更多的相同點：愛好、興趣、觀點、態度，等等。

在日常生活中，有些刻闆效應與地區、職業、年齡等方面有關。例如，一般人認為法國人浪漫、美國人現實、中國人踏實，老人弱不禁風、山東人直爽而且能夠吃苦、湖南人能夠吃辣、東北人能夠喝酒，等等。

有時候，我們的刻闆印象影響著我們的判斷，甚至會欺騙我們的思維，導致我們不能客觀地評價他人。例如，某學生給人的印象可能是比較愛攻擊別人，當他與別人鬧矛盾或發生爭執時，我們通常都會認為是該學生的錯誤，而忽略了客觀地調查事情發生的原因。

因此，我們在生活和學習中既要合理地運用刻闆效應，同時也不能讓刻闆印象蒙蔽了我們的眼睛！

例如，美國大學生中存在的刻闆印象：英國人有紳士風度、聰明、因循守舊、愛傳統、保守；黑人愛好音樂、無憂無慮、迷信無知、懶惰；日本人聰明、勤勞、有進取心、機靈、狡猾。中國臺灣大學生中存在的刻闆印象：美國人民主、天真、樂觀、友善、熱情；日本人善於模仿、進取、尚武、有野心；法國人愛好藝術、輕率、熱情、開朗；蘇聯人唯物、勤勞、狡猾、有野心和殘酷。

3.2.3 虛假同感偏差

我們通常都會相信，我們的愛好與大多數人是一樣的。如果你喜歡玩電腦遊戲，那麼就有可能高估喜歡電腦遊戲的人數。你也通常會高估給自己喜歡的同學投票的人數，高估自己在群體中的威信與領導能力，等等。你的這種高估與你的行為及態度有相同特點的人數的傾向性就叫作「虛假同感偏差」。有些因素會影響你的這種虛假同感偏差強度：①當外部的歸因強於內部歸因時；②當前的行為或事件對某人非常重要時；③當你對自己的觀點非常確定或堅信時；④當你的地位或正常生活和學習受到某種威脅時；⑤當涉及某種積極的品質或個性時；⑥當你將其他人看成與自己是相似時。

3.2.4 監獄角色模擬實驗

為了研究人及環境因素對個體的影響程度，心理學家津巴多（1972）設計了一個模擬監獄的實驗，實驗地點設在斯坦福大學心理系的地下室中，參加者是男性志願者。他們中的一半隨機指派為「看守」，另一半指派為「犯人」，實驗者發給他們制服和哨子，並訓練他們推行一套「監獄」的規則。剩下的另一半扮演「犯人」角色，他們穿上品質低劣的囚衣，並被關在牢房內。所有的參加者包括實驗者，僅花了一天時間就完全進入了實驗。看守們開始變得十分粗魯，充滿敵意，他們還想出多種對付犯人的酷刑和體罰方法。犯人們垮了下來，要麼變得無動於衷，要麼開始了積極的反抗。用津巴多的話來說，在那裡「現實和錯覺之間產生了混淆，角色扮演與自我認同也產生了混淆」。儘管實驗原先設計要進行兩周，但它不得不提前停止。「因為我們所看到的一切令人膽戰心驚。大多數人的確變成了『犯人』和『看守』，不再能夠清楚地區分角色扮演還是真正的自我。」

這個頗受爭議的模擬實驗表明，一個簡單假設的角色可以很快進入個人的社會現實中，他們從中獲得自我認同，無法從他們扮演的角色中清楚自己的真實身分。

3.3 創業者認知偏差產生機理與企業非物質資源配置低效率的改善

現代認知心理學認為，認知過程就是訊息加工過程。那麼在這一過程中，人類究竟是理性的還是感性的？不同學者有著不同的觀點。功利主義哲學家邊沁（J-Beetham）和社會心理學家凱利（H.H.Kelly）認為，人是理性的。但是我們知道，理性思考至少需要兩個前提：第一，思考者擁有完整的準確訊息；第二，思考者擁有加工完整的準確訊息的資源。

然而，環境變化的複雜性、動態性和不確定性，以及人的能力、精力有限，致使上述兩個條件在現實中很難完全具備，因此人們在認知過程中就很難進行完全意義上的理性思考，而是會盡力尋找思考捷徑，採用把複雜問題簡化的策略。這種簡化策略對簡單決策可能是有效的，但對較為複雜的決策則更可能是無效的，因為這種簡化會產生難以避免的偏差，甚至錯誤，從而導致行為效率的損失。很顯然，這種低效率不是來自資源的配置的損失，而是來自人的認知偏差，所以在這種決策下的行為也就不可避免地會惡化企業非物質資源配置低效率。

所謂認知偏差是指人們根據一定表現的現象或虛假的訊息而對他人作出判斷，從而出現判斷失誤或判斷本身與判斷對象的真實情況不相符合的一種現象，依據利用樣本的方式不同可劃分為啟發式偏差和框定偏差。

3.3.1 創業者啟發式偏差的產生機理

一般說來，人們解決問題的策略建立在算法和啟發法兩種最基本的方法基礎上。算法是一種憑藉一般規則解決問題的方法，它能精確地指明解題的步驟，是建立在理性基礎上的。而啟發法則是一種憑藉經驗解決問題的方法，是建立在非理性的感性基礎上的。雖然算法或許能保證問題一定得到解決，但它不能取代啟發法，因為有的問題根本沒有自己的算法，即使某些問題有自己的算法也可能因耗時耗能太多而未實際應用。因此，更多的決策特別是較複雜的決策，運用的都是啟發法。這種方法所得出的推理結果，可能是正確的，但更多情形是有偏差的，甚至是錯誤的。當錯誤的結論以心理偏差的形式表現出來時，稱之為啟發式偏差。這種偏差使得任何智力正常、教養良好的人都一貫地做著錯誤的判斷和決策，使得企業非物質資源配置低效率被惡化。

啟發法又依據人們受啟發法的樣本特徵不同而被劃分為三種：代表性啟發法、可得性啟發法及錨定調整啟發法。

(1) 代表性啟發法

Kahneman、Slovic 和 Tversky 認為，人們在不確定條件下，會關注一個事物與另一個事物的相似性，並以其來推斷它們間的相互關係。認知心理學家把這種推斷過程稱為代表性啟發法，它是指人們傾向於根據樣本是否能代表（或類似）總體來判斷其出現的機率。人們運用代表性啟發判斷問題時存在這樣的認知傾向：喜歡把事物分為典型的幾個類別，然後，在對事件進行機率估計時，過分強調這種典型類別的重要性，而不顧有關其他潛在的可能性的證據。在處理簡單決策時，這種推斷上的捷徑是有效的。然而在進行較為複雜的決策時，這種推斷有時可能會產生嚴重的認知偏差，導致企業效率的損失，其具體表現主要在以下兩方面。

①對樣本規模不敏感。

Gigerenzer 發現，人們在做決策時有一套心理捷徑，沿著這一「捷徑」而把決策建立在一組單一而合理的理由之上。例如，假如要你在兩個你聽說過的卻知之甚少的企業中選擇哪個較大，你可能會考慮某條線索，如「這兩個企業在大城市嗎」，如果一個在，你會假定這個企業較大。這種判定很顯然是非理性的。人們在現實決策中經常「忽略樣本的大小」，這樣決策的結論就建立在一個較少的證據基礎上，很容易引起決策偏差，導致企業低效率，惡化企業非物質資源配置低效率。對於創業者而言，在選擇供應商或者銷售商時，也可能對他們的規模不敏感。

②對偶然性的誤解。

對偶然性的誤解會產生「賭徒謬誤」，即對於那些具有確定機率的機會，人們會錯誤地受到當前經歷的啟發而給予錯誤的判斷。例如，拋一個相同的硬幣連續出現 5 次正面後，下一次會出現什麼？很多人會回答反面，因為太久沒有出現反面了 . 也有的人會回答正面，因為前面總是出現正面意味著正面出現的機會大。其實，兩種解釋都不對，投擲硬幣的過程是沒有記憶的，第 6 次出現正面的機率仍然是 50%。很顯然，這種對偶然性的誤解也會導致創業者的決策偏差，引起創業企業低效率，惡化企業非物質資源酉 d 置低效率問題。

（2）可得性啟發法

可得性啟發法是指人們傾向於根據一個客體或事件在知覺或記憶中的可得性程度來評估其出現的相對頻率，容易知覺到的或回想起的被判定為更常出現。對於這種建立在可得性程度上的預測，可能會導致以下認知偏差，惡化組織企業非物質資源配置低效率問題。

①由於例子的可獲取性而導致的偏差。

認知心理學認為，取樣並非完全處於個體的認知控制之下，而是在很大程度上還要受到環境中訊息分布的影響。而我們知道環境中某些證據比其他證據更易於獲得，因此判斷者實際上很難做到完全隨機取樣。而任何缺乏代表性的或有偏好的取樣都可能造成創業者在判斷時出現認知偏差，引起決策低效率，惡化企業非物質資源配置低效率問題。

②意象偏差。

在我們通常的決策中，「意象」扮演著一個重要的角色。例如，一次冒險性探險的風險』是通過想像探險的裝備無法解決的偶然性來進行評估的，如果困難很容易被生動地描述出來！或者說，獲得困難訊息的可得性大，那麼探險看起來危險較大，但如果困難不容易描述，那麼，風險就可能在總體上被低估。創業企業項目決策的風險決策也一樣。因此，在創業企業的決策中，意象也可能會引起創業者的決策偏差，損害企業的創業成長效率。

(3) 啟發式簡化

典型的啟發式簡化可以細分為注意力、記憶力和悠閒處理效應，狹窄性取景、心理帳戶，典型性試探法及信念校正一合並效應等幾種。

①注意力、記憶力和悠閒處理效應。

根據注意力、記憶力和悠閒處理效應，一般的決策者只有有限的注意力、記憶力和訊息加工能力，這就迫使決策者只能對可利用訊息中的一部分訊息進行集中性分析，而那些無意識的聯想也常常會導致決策者產生對訊息的傾向性選擇，從而誘發偏差。Gilovich 研究發現，利用口頭方式傳達主題訊息會引發訊息的接收者做出一些影響其判斷的聯想，而這種聯想又會導致「顯著性效應」和「有效性效應」，即如果一個訊息具有吸引決策者的注意力並引發決策者對回憶產生聯想的特徵，那麼它就具有顯著性效應。而決策者也總是把容易回憶起來的事件判斷為極普通的情況來進行對待，因為非常普通的事件總是被重複地注意和報導，決策者更容易回憶起它們來，此時就產生有效性效應。無論是顯著性效應，還是有效性效應，決策者都會出現認知偏差。作為創業者，他們在做決策時，也存在無意識的聯想現象，從而導致創業者產生對訊息的傾向性選擇而誘發偏差，致使企業創業過程中出現成長效率的損失。

②狹窄性取景、心理帳戶。

狹窄性取景、心理帳戶也是一種典型的啟發式簡化造成的認知偏差。

「狹窄性取景」是指決策者分析問題時所具有的思維隔離、角度狹窄的一種悔 f 向，而在認知能力有限的條件下，這種情況很容易發生。當決策者對相異的問題進行區分時，會採用不同標準形式對不同的決策問題進行邏輯識別，而這種邏輯識別會使決策者的選擇帶有極大的「取景性效應」，因為對特定參照標準的優化性選擇及對某種結果的心理偏好可以大大節約思考，但認知偏差也因其而生。作為創業者也會對產品、市場等的選擇帶有「取景性效應」而導致認知偏差，致使企業創業過程中出現成長效率的損失。

「心理帳戶」是指決策者趨向於將不同的收益或損失劃分在不同的心理間隔性帳戶上，並依據不同的心理帳戶進行決策。利用心理帳戶原理，也可用來解釋「貨幣覆蓋效應」，即如果賭博者在前一次賭博中贏了，他將非常願意進行再一次博弈，因為他認為在這一次賭博中他將會有與前一次賭博同樣的好運氣，儘管事實上前後兩次賭博的贏輸機率相等且毫不相關。而且，賭博者即使在這次賭博中把上回賭博贏來的錢都輸光，因輸錢帶來的不愉快也會被前一次賭博贏錢帶來的快感所抵消。那麼，之於這種「心理帳戶」現象，創業者如果沒有對創業過程中的風險決策進行仔細辨別，勢必會致使企業出現成長效率的損失。

③典型性試探法。

典型性試探法表示決策者對某種真實機率的估計是建立在他們對此事件與典型性事件相似程度的觀察基礎上的。儘管依據貝葉斯定理能夠得出各種結果的先驗機率，但依據典型性試探法進行判斷的人們，對服從大數定律的大機率事件往往賦予較低的權重一「基率低估」，而對於服從小數定律的小機率事件卻會賦予更多的權重。典型性效應在 Camerer 的市場實驗中曾經被證實。

一般地認為一個樣本應該與總體保持相似性是正確的，這點尤其適用於無偏的相互獨立的大樣本。但典型性試探法引起的認知誤差會導致：

第一，人們減少對大樣本估計有效性的信賴而更多地重視到小樣本的估計有效性，這種求助主觀的思維方法可能導致金融市場上的反應過度或反應不足；

第二，「賭博者謬論」現象。持有賭博者謬論的賭博者相信，在一個獨立的樣本中，最近發生的結果不會發生在下一次，即「炮彈不會連續落在同一個地方」。Clotfelter 和 Cook 研究發現，買彩票的人們在選號時大多不會選擇別人在近期已經中過獎的號碼。

第三，「趨勢追逐」現象。也就是指人們總是認為各種趨勢的出現具有系統性原因，統計學家將其稱為聚集性幻覺，即人們常常將隨機出現的簇群性巧合認知成一種因果規律。

第四，信念校正一合並效應。信念校正一合並效應屬於一種保守主義導致的認知偏差。依據 Edwards 對決策者「保守主義」的分析，在合適的環境下，決策者並不會像理性的貝葉斯主義者那樣在面對新情況時及時調整他們的先驗信念，而往往會低估新情況的重要性，並且這種新情況對決策越有用，實際感性做出的校正和理性應當做出的校正之間的差距就越大。Griffiin 和 Tversky 將信念校正—合並效應解釋為對訊息信號的反應不足和反應過度，即對訊息信號強度過度信賴的結果或對訊息信號權重缺乏信賴的結果。Grether、Payne、Beman 和 Johnsog 分析發現，不同的實驗背景會引發被實驗者對同一訊息產生相異的反應過度或反應不足，而這些都會引起認知偏差。

同樣，創業者對市場機遇出現的真實機率估計同樣是建立在他們對此事件與典型性事件相似程度的觀察基礎上的，可能導致在產品市場上的決策反應過度或反應不足，也可能導致信念校正一合並效應，其結果都會致使企業在創業過程中出現成長效率的損失。

（4）錨定調整啟發法

在判斷過程中，人們會對最初得到的訊息產生錨定效應，從而制約對事件的估計。錨定導致的偏差有以下兩種。

①對事件不充分調整時的偏差。

在一個實驗中，高校學生被要求在 5 秒內對一組數字結果進行估計，第一組學生看到的是 8×7×6×5×4×3×2×1. 第二組學生看到的是 1×2×3×4×5×6×7×8，結果第一組學生估計的均值是 2250，而第二組學生估計的均值為 512，兩者差別很大（正確答案為 40320）。為什麼會出現這種情況呢？因為學生在最初幾步運算的結果產生錨定效應，以後的調整不夠充分，但未達到應有的水平，導致錨定調整偏差。例如，在公司的拍賣中，對於基價高低的決策會影響最終的成交價格，同樣，在公司策略制定時，對企業競爭能力高低的估計也會直接影響企業策略制定，估計過高或者估計過低都損害企業的效率，誘發企業非物質資源配置低效率的產生。

②對聯合和分離事件評估時的偏差。

在另一個實驗中，受試驗者獲得一個機會對兩個事件中的一個下賭注。這一實驗用到了三種類型的事件。簡單事件，從一個 50% 是紅球 50% 是黑球的缸中拿出一個紅球（P=0.5）；聯合事件，從一個 90 ！是紅球 10% 是黑球的缸中可放回地連續取出 7 個紅球（P=0.48）；分離事件，從一個 90% 是黑球 10% 是紅球的缸中可放回地在 7 次抽取中至少獲得一個紅球（P=0.52）。在對簡單事件和聯合事件下賭注時，絕大部分的受試驗者對聯合事件下賭注（P=0.48）而不對簡單事件下賭注（P=0.5），儘管簡單事件賭中的機率大，在對簡單事件和分離事件下賭注時，受試驗者喜歡對簡單事件（P=0.5）下賭注，而不喜歡對分離事件下賭注（P=0.52），儘管分離事件賭中的機率大，這種選擇模式說明了人們傾向於高估聯合事件的機率並低估簡單事件和分離事件的機率，從而引起判斷偏差，使企業效率受損。

在創業企業的決策中，高估聯合事件機率，使得眾多創業企業家偏向多樣化經營，它會導致在估計企業成長利潤時無端樂觀，最終可能引發公司的債務危機，損害公司經營效率，給公司帶來致命的創傷。

3.3.2 創業者框定偏差的產生機理

認知偏差的第二種表現形式是框定偏差。「框定」（Frame）是指被用來描述決策問題的事物的形式。傳統理論認為框定是透明的，然而現實中許多框定卻是不透明的。當一個人通過不透明的框定來看問題時，他的決策結果將很大程度上依賴於他所用的特殊框定，因為不同框定會導致不同決策結果而不管問題的本質如何，這就是所謂的「框定依賴」。Kahneman 和 Tversky（1981）的亞洲病問題已成為眾所周知的經典實驗，說明問題的不同表述方式（不同框定）對決策的影響。他們發現，這種對於理性認識的背離，是經常出現的。

由框定依賴導致認知與判斷的偏差即為「框定偏差」。背景依賴很好地解釋了框定偏差產生的原因。所謂決策的「背景依賴」是指決策者總是根據過去的經驗，以及素材發生的背景來解釋新的訊息，在判斷和決策領域中，背景依賴主要包括如下幾種情形。

（1）對比效應形成的認知偏差

Ploos（1993）做了一個簡單的實驗，他用三個大碗，第一碗盛熱水，第二碗盛溫水，第三碗盛冰水。然後把一只手浸入熱水中，另一只手浸入冰水中，要浸入 30 秒。等手已經適應了水溫，把在熱水中的手浸入溫水中，5 秒後，再把冰水中的手也浸入溫水中。

如果你和大多數人一樣的話，就會有奇怪的感覺，先前在熱水中的手會告訴你這碗溫水是冰的，而先前浸在冰水中的手會告訴你這碗溫水是熱的。事實是，如果讓你的朋友來做這個試驗，並且不告訴他那碗是溫水，他可能不能辨別出那碗水的溫度是多少。每只手都呈現出了「對比效應」，但這兩種效應正好相反。

對比效應的研究告訴我們，對比的選擇會產生截然不同的效果。在創業企業中，下級向上級陳述問題的順序不同會影響上級的不同對比選擇，從而最終影響上級的觀點和判斷。很顯然，如果下級出於私利而特意去設計某些問題的陳述順序，則上級部門的決策偏差會被放大，創業企業 X 低效率問題會被進一步惡化。

（2）暈輪效應與掃帚星效應形成的認知偏差

所謂暈輪效應，就是在人際交往中，人身上表現出的某一方面的特徵，掩蓋了其他特徵，從而造成人際認知的障礙。

當認知者對一個人的某種特徵形成好或壞的印象後，他還傾向於據此推論該人其他方面的特徵，這就是暈輪效應。好惡評價是印象形成中最重要的方面，在知覺他人時，人們往往根據少量的訊息將人分為好或壞兩種，如果認為某人是「好」的，則被一種好的光環所籠罩，賦予其一切好的品質 . 如果認為某人「壞」，就被一種壞的光環籠罩住，認為這個人所有的品質都很壞。後者是消極品質的暈輪效應，也稱掃帚星效應。人的社會知覺往往受到個人「內隱人格理論」的影響，他們常常從個人具有的一種品質去推斷他的另一種品質。尤其當存在「核心」品質時，人們更具有這種推論傾向，這使得在社會知覺中人們對他人的評價往往具有很高的一致性，即認為好者十全十美、壞者一無是處。

戴昂等人分別讓被試看一些很有吸引力的人、沒有吸引力的人和一般人的照片，然後要求被試評定這些人的特，存，要評定的這些特點與有無吸引力並沒有關係。結果發現有吸引力的人得到了很高的評價，而沒有吸引力的人則得到了較低的評價（見表 3-1）。

表 3-1 暈輪效應和掃帚星效應的作用

特徵評定	有吸引力的人	一般人	無吸引力的人
人格的社會合意性	65.39	62.42	56.31
職業地位	2.25	2.02	1.70
婚姻美滿狀況	1.70	0.71	0.37
做父母的能力	3.54	4.55	3.91
社會職業幸福程度	6.37	6.34	5.28
總幸福程度	11.60	11.60	8.83
結婚可能性	2.17	1.82	1.52

注：表中數字越大，表示所評定的特徵越積極

來源：J.L.Freedman et al.（1985）.Social Psyclogy，p.54

暈輪效應是一種「以偏概全」的評價傾向，嚴重者可以達到「愛屋及烏」的程度，即只要認為某人不錯，便認為他所使用的東西、跟他要好的朋友、他的家人都不錯。流行的「追星族」便是青少年因喜歡某位歌星的某一特徵（唱的歌、長相、頭髮、行走姿勢等）而盲目崇拜、模仿，甚至不惜代價去搜集其使用過的物品。有些人利用暈輪效應作用，刻意將自己打扮成某種人的外表，投其所好，從而行騙，屢屢得手。

暈輪效應是一種以偏概全的主觀心理臆測，其錯誤在於：

第一，它容易抓住事物的個別特徵，習慣以個別推及一般，就像盲人摸象一樣，以點代面；

第二，它把並無內在聯繫的一些個性或外貌特徵聯繫在一起，斷言有這種特徵必然會有另一種特徵；

第三，它說好就全都肯定，說壞就全部否定，這是一種受主觀偏見支配的絕對化傾向。總之，暈輪效應是人際交往中對人的心理影響很大的認知障礙，我們在交往中要盡量避免和克服暈輪效應的副作用。

俄國著名的大文豪普希金曾因暈輪效應的作用吃了大苦頭。他狂熱地愛上了被稱為「莫斯科第一美人」的娜坦麗，並且和她結了婚。娜坦麗美貌驚人，但與普希金志不同道不合。當普希金每次把寫好的詩讀給她聽時，她總是梧著耳朵說：「不要聽！不要聽！」相反，她總是要普希金陪她游樂，出席一些豪華的晚會、舞會，普希金為此丟下創作，弄得債臺高筑，最後還為她決鬥而死，使一顆文學巨星過早地隕落。在普希金看來，一個漂亮的女人也必然有非凡的智慧和高貴的品格，然而事實並非如此，這種現象被稱為暈輪效應。

Edward Thorndike 發現，當要求軍隊首長評估他們軍官的智力、體形、領導能力和品質特性時，這些評價結果之間經常呈現高度的相關性。他把這種現象稱為「暈輪效應」，即人們在認知時常常會從所知覺到的特徵泛化推及其他未知覺的特徵，從而從局部訊息形成一個整體的認知判斷。這就好像暈輪一樣，是從「一個中心點」而逐漸「向外擴散」而成。暈輪效應往往是在悄悄地卻又強有力地影響著組織成員間相互知覺的評價。

在創業企業對員工的考評中，由於暈輪效應導致了考評者的認知偏差，從而對那些有明顯優點的員工存在的不足看不到，對其不足不予糾正；而對那些有明顯缺點的員工，則視其一無是處，「找不到」優點。對員工的提拔也是如此。這會造成員工不公平感，從而影響其工作積極性，影響創業企業成長效率，惡化創業企業非物質資源配置低效率問題。

(3) 稀釋效應形成的認知偏差

當我們反覆思考如何做出一個困難的決策時，一般都會辯解說：「如果我能掌握更多的訊息，那麼……」Arenson 為，雖然擁有更多的訊息有時候確會有所幫助，但同時它也會通過「稀釋效應」改變我們對事物的認識，即中性和非相關訊息容易減弱判斷或印象。如下實驗中，估計哪個學生的平均分數更高：平均每個星期，張三要花 31 小時的課外時間學習 . 平均每個星期，王五要花 31 小時的課外時間學習。王五有一個弟弟、兩個妹妹，他每隔三個月去看望一次爺爺奶奶，他每隔兩個月打一次臺球。你可能會認為張三會比王五的成績好，但這一判斷明顯是感性的。實驗發現，掌握現有問題非相關及非診斷性的訊息能夠產生稀釋相關訊息的作用，導致相關訊息的有效性減弱。

稀釋效應的存在，要求我們能清楚地把握哪些訊息對我們的決策是可靠且有價值的，哪些訊息是不可靠或可靠但無價值的。而在現實決策中，由於人的有限理性和事物的複雜多變性，這一要求無法達到。既然如此，稀釋效應的存在就會引起我們決策的偏差，損害組織運行效率，惡化創業企業非物質資源配置低效率。

另外，Gross 在他的經紀人手冊中認為，人們偏好一種類型的框定，而不喜歡其他的類型，他把這種偏好稱為「樂觀編輯」。但是，人們又經常缺乏一個穩定的偏好順序，對選擇方式進行誘導也能影響人們所做的選擇，這種運用框定效應來誘導人們決策的現象稱為「誘導效應」。我們知道，無論是「樂觀編輯」也好，「誘導效應」也好，都可能引起決策偏差，惡化創業企業非物質資源配置低效率問題。

(4) 由人際認知的首因效應形成的認知偏差

所謂首因效應是指，當人與人接觸進行認知的時候，首先被反映的訊息，對於形成人的印象起著強烈的作用。簡單地說，首因效應即是人對他人的第一印象。首因效應之所以會引起認知偏差，就在於認知是根據不完全訊息而對交往對象做出判斷的。首因效應一旦形成，就會直接影響到交往中的態度，從而影響到教師的行為。如果一個學生給教師留下一個好的印象，教師則可能在以後的教學中，對他倍加關心和注意，並給予特別的幫助。這就是常說的先入為主。首因效應留下的印象是深刻的，但往往是不準確的或者與現實不相符合的，因而是有偏差的。

有這樣一個故事：一個新聞系的畢業生正急於尋找工作。一天，他到某報社對總編說：「你們需要一個編輯嗎？」「不需要！」「那麼記者呢？」「不需要！」「那麼排字工人、校對呢？」「不，我們現在什麼空缺也沒有了。」「那麼，你們一定需要這個東西。」說著他從公文包中拿出一塊精緻的小牌子，上面寫著「額滿，暫不雇用」。

總編看了看牌子，微笑著點了點頭，說：「如果你願意，可以到我們廣告部工作。」這個大學生通過自己製作的牌子表達了自己的機智和樂觀，給總編留下了美好的「第一印象」，引起其極大的興趣，從而為自己贏得了一份滿意的工作。這種「第一印象」的微妙作用，在心理學上稱為首因效應。

首因效應就是說人們根據最初獲得的訊息所形成的印象不易改變，甚至會左右對後來獲得的新訊息的解釋。實驗證明，第一印象是難以改變的。因此在日常交往過程中，尤其是在與別人初次交往時，一定要注意給別人留下美好的印象。要做到這一點，首先，要注重儀表風度，一般情況下人們都願意同衣著干淨整齊、落落大方的人接觸和交往。其次，要注意言談舉止，言辭幽默，侃侃而談，不卑不亢，舉止優雅，定會給人留下難以忘懷的印象。首因效應在人們的交往中起著非常微妙的作用，只要能準確地把握它，定能給自己的事業開創良好的人際關係氛圍。

(5) 由投射效應形成的認知偏差

投射效應是指在認知及對他人形成印象時，以為他人也具備與自己相似的特性。這種推己及人的情形，在教學交往中也是常見的。如有些教師只是根據自己的知識結構和學術水平去考慮教學內容的難易程度，學生卻難以接受和理解，不過，教師卻認為自己是這樣理解知識進行思考，那麼學生也一定會這樣去理解和思考，並據此組織和傳遞知識訊息，其結果必然是導致教學交往上的失敗。

(6) 由近因效應形成的認知偏差

個體對最近獲得的訊息留下清晰印象，其作用往往會衝淡過去所獲得的有關印象。這就是近因效應。首因效應和近因效應都是使個體認知發生偏差的心理因素，只不過個體獲得的訊息對認知情況的作用條件不同罷了。假如關於某人的兩種訊息連續被感知，人總是悔 f 向於前一種訊息，並形成深刻的印象，這是首因效應。假如人們先知道某人第一訊息，隔較長時間後才了解第二個訊息，這第二個訊息便是最新的。這最新的訊息則會給人留下較深刻的印象，這即是近因效應。

3.3.3 創業者認知偏差的規避與企業非物質資源配置低效率的改善

至此，我們已經論述了認知偏差的產生及其對組織企業非物質資源酉 d 置低效率惡化的問題，那麼，怎樣去分析認知偏差引起的決策「誤區」以規避企業非物質資源配置低效率問題？我們認為，至少有四個「誤區」需要注意。

（1）在決策思想上，創業者必須正視認知偏差存在的客觀性，規避「思想誤區」，改善企業非物質資源配置低效率

獲諾貝爾經濟獎的心理學家 H.Simon 認為，經濟學的決策理論沒有考慮人的認知侷限性而把人性假設為「理性人」。然而，在現實決策中，一個好的決策只要是有效就夠了，即人的訊息加工系統只需要做到令人滿意，而不必去無限制地搜索所有可能的選擇，評估每種選擇的機率和效用，計算期望值，然後選擇分數最高的方式進行決策。我們知道，訊息的搜尋和處理是需要很大成本的，如果硬要去「無限搜索」，勢必使邊際訊息搜尋成本大於邊際訊息搜尋收益，致使搜尋得不償失。與其同時，由於「稀釋效應」的存在，或許更多的非診斷性訊息反而會增加決策者的認知偏差，從而，從反面惡化企業非物質資源配置低效率問題。所以，在決策思想上，我們要正視認知偏差存在的客觀性，尊重人的認識侷限性，堅持適度原則，不要掉入「最大化」搜尋陷阱，損害組織運行效率，惡化創業企業 X 低效問題。

（2）在決策樣本取樣上，創業者必須慎防取樣過度偏差，規避「樣本誤區」，改善組織企業非物質資源配置低效率

心理學研究表明，人們在做判斷時，多數情況下都無法直接感知現實環境中的判斷對象（如風險、成功吸引力、態度和滿意等）的潛在性質，而只能通過介於認知和環境之間起銜接作用的樣本進行推斷。換言之，在日常生活中人們依據已有經驗和知識做出的判斷都是基於樣本的判斷。顯然，這種以樣本為基礎的判斷很少或者根本就不可能基於判斷對象的總體，而是基於判斷者從總體中所取的某個或某些樣本，這點前面已經論述。因此，樣本的偏差程度直接決定了決策偏差的程度。

儘管認知一生態取樣理論認為，人具有元認知監控能力，但面對環境的複雜性和不確定性以及人的能力的有限性，這種監控能力總是不足，即人對樣本數據的心理計算能力和糾正潛在偏差的能力缺乏，這就使得人們儘管意識到了樣本偏差的存在，也無法將它消除。但這不能成為我們忽視縮小樣本偏差的理由，在現實的決策取樣上，創業者一定要預防取樣過度偏差，規避「樣本誤區」，提高決策質量，改善創業企業非物質資源配置低效率。

（3）在決策過程中，創業者必須正視人的非理性行為，規避「人性誤區」，改善企業非物質資源配置低效率

心理學家通過實驗觀察和實證研究已經發現，人們往往過於相信自己的判斷能力，從而在行為上表現為「過度自信」。決策者過度自信對他們在處理決策訊息時會產生三種影響：首先，過度自信者會過分依賴自己收集到的訊息而輕視甚至否認他人收集的訊息；其次，過度自信者在過濾各種決策訊息時，只注重那些不傷害他們自信心的訊息；最後，他們一旦形成一個信念較強的假設或設想，就經常會把一些附加證據錯誤地解釋對該設想有利。很顯然，「適度自信」是可取的，但「過度自信」則是一種非理性行為，過度自信者的決策會損害組織運行的效率，因此，在現實決策中創業者要努力規避』以改善組織企業非物質資源配置低效率。

與過度自信行為相對的另一個極端行為是「羊群行為」，它是一種特殊的非理性行為，指的是決策者在訊息不確定的情況下，行為會受到其他決策者的影響，跟隨他人決策，而不考慮自己訊息的行為。在現實決策中，在訊

息不確定的條件下，輕度的「羊群行為」或許是有利的，但過度的「羊群行為」則會引起決策的「水土不服」，惡化創業企業非物質資源配置低效率。

3.4 創業者心理博弈與企業非物質資源配置低效率的改善

創業者經常受到所面臨選擇問題的形式的干擾，其中一個原因在於創業者無法有效地從已有的記憶中找到相關訊息（Pennington 和 Hastie，1988），認為那些偶發性的事件不值得關注，並對這些事件發生的機率進行低估（Fischoff，Slovic 和 Lichfns fin，1978），這就意味著創業者存在一種過度自信（over-confidence），所以當沒有預見到的事件突然發生時，創業者又會產生過度反應。

自我欺騙理論中蘊含著的過度自信（overconfidence），這是得到較好證明的一種認知偏差。對刻度的擴展性分析表明，創業者認為自己所擁有知識的精確度要比實際上所具有的精確性更高，所以他們對事件發生機率的估計總是走向極端（過高地估計那些他們認為應該發生的事件發生的可能，過低地估計那些他們認為不應該發生的事件發生的可能）。普通創業者的估計置信區間具有狹窄性，即使投資專家也只是在某些方面且在一定的背景下具有較好的度量能力（well-calibrated）（Camerer，1995），而當事件的可預見性比較差且證據不明確時，專家創業者比起普通創業者來講可能更傾向於過度自信（Griffii 和 Tvefk，1992）。過度自信會影響創業者對問題的判斷，尤其是當決策或訊息的反饋被滯後或阻斷時，創業者的過度自信會更加嚴重。

自我欺騙理論與「認知失諧」（cognite dissonance）（Harmon—Jones 和 Mills，1999）理論具有密切關係。認知失諧是指當創業者發現有證據表明其信念和假設是錯誤時，創業者所體驗的一種心理和智力上的衝突。根據認知失諧理論，創業者存在採取行動減輕未被充分理性思索的認知失諧的傾向：創業者會刻意迴避或故意扭曲論據來保持自己的信念和假設正確。在相關實驗中，面對兩種選擇的被實驗者往往對他們不選擇的那種選擇進行刻意貶低。而在另一個實驗中，當被實驗者必須花費一定的努力才能獲準加入某一組織時，這個努力行動的過程本身就會激勵他增加對這個組織的喜歡程度。在其他的實驗中，當被實驗者為適度的激勵所誘導或被要求對某些觀點表達意見時，他會增加對這些觀點的認同（sympathetic）。這種過度依戀於那些消耗資源的行動的傾向，即沉溺成本效應（the sunk cost effect）已經在許多分析背景下被證實（Arkes 和 Blumer，1985）。自我欺騙理論意味著，創業者具有對現有態度進行調整以匹配於過去行動的傾向，這種傾向是個體創業者將自己肯定為一個技術高超的決策制定者的一種自我勸告式的心理機制設計（Steele 和 Liu，1983）。「易斯伯格悖論」（the Ellsherg paradoxes）（Ellsberg，1961）告誡我們：創業者天生「厭惡不明確性」（averse to ambiguity），從而引起非理性的投資選擇。這就反映了一種一般性傾向，即類似於恐懼這種情緒將會對創業者的風險選擇構成影響（Peters 和 Solvic，1996）。Camerer（1995）認為，當新的金融市場被引入時，對不明確的厭惡可能非對稱地增加風險溢價，原因在於經濟環境和收益回報具有雙重性的內在不明確性。對厭惡不明確性的一種可行解釋是，在決策問題缺乏明顯的參照參數時常常伴隨著較高風險及潛在的敵意性操縱。根據相似性情緒 Heath 和 Tvrky（1991）研究發現，只有在博弈機率為常數的情況下，創業者才會偏好那些能給他帶來成就感的賭博活動。

第 4 章 情緒惡化與心理資本誘發價值網企業創業績效損失機理研究

前面已經分析了價值網創業企業非物質資源配置低效率形成的認知偏差因素，本章則主要從價值網創業企業非物質資源配置低效率形成的個人情緒因素進行分析，內容包括經典情緒理論（情緒認知理論、情緒三因素說、情緒動機說、情緒的動機——訊息理論）、情緒激活的認知加工過程、情緒惡化價值網創業企業非物質資源配置低效率的原因、情緒惡化價值網創業企業非物質資源配置低效率的規避等。通過以上分析，將清晰情緒與價值網創業企業非物質資源配置低效率形成之間的關係，從而為價值網創業企業的相關決策提供依據。

4.1 經典情緒理論

4.1.1 情緒認知理論

情緒認知理論的主要代表為阿諾德（M.B.Arnold）、拉扎勒斯（R.S.Lazarus）及維納（B.Weiner），他們一致認為認知決定情緒，強調個人的認識過程在情緒產生中的決定作用。20 世紀 50 年代，美國心理學家阿諾德（M.B.Arnold）提出情緒與人對事物的評估相聯繫，認為人的認知過程會左右我們對情緒的解釋和反應。當人把知覺對象評估為有益時，就會產生接近的體驗和生理變化的模式，當人把知覺對象評估為有害時，則產生迴避的體驗和生理變化的模式，當人把知覺對象評估為與己無關時，就會產生漠然的體驗而予以忽視。在不同的情境下，知覺對象儘管相同，由於人的認識不同，其情緒反應模式可能不同。阿諾德的學說後來被拉扎勒斯（lazarus）所發展。他認為，個體的每一種情緒所需的評估是各不相同的，因此，每一種情緒反應也包括了不同的生理變化和反應。他強調，個人所持有的先前觀點、經驗是左右情緒體驗的主要因素。由於社會文化背景的不同，個人的情緒感受和反應有所不同。

4.1.2 情緒三因素說

美國心理學家夏克特提出的一種關於情緒起源的理論。1962 年夏克特與辛格（Singer，J.E.）共同用實驗方法檢驗了環境事件、生理狀態的改變和認知過程三種因素在情緒產生中的作用。結果說明，三種因素在情緒的發生中都是必要的，但其作用卻有所不同。情緒的產生與生理的激活狀態緊密聯繫，也受外界環境條件的極大影響，但情緒是否產生則決定於認知因素的作用，因而它是情緒產生的主要原因，故人們稱這一理論為情緒的認知理論。

4.1.3 情緒動機說

情緒的動機理論主要從動機的角度來研究情緒的本質及其發生機制，其主要代表人物是湯姆金斯（S.S.Tomkins）與伊扎德（C.E.hared）。他們認為情緒具有動機的性質，情緒一旦被激活，它的下一階段的活動便不依賴於認知，具有非理性的一面，這一觀點與情緒認知理論不同。美國；理學家湯姆金斯（S.S.Tomkins）和伊扎德（C.E.Izard）分別提出一種關於情緒、動機及其相互關係的理論。由於兩人的觀點十分接近，故合稱為湯姆金斯和伊扎德情緒動機學說。其主要內容如下：情感是組成人格的相互聯繫的五個子系統（體內平衡、驅力、情感、認知和運動）之一。前兩個子系統主要是從生物學上維持有機體的功能，後三個子系統則為複雜的人類行為提供基礎，其中情感是主要的動機系統；情感系統由八種（或九種，二人說法不一）基本上是先天的情緒組成，它形成了人類主要的動機系統。在這個系統中，諸情緒因素之間的相互關係是通過一定的先天影響並按不同的等級構成的；一切情緒都包括三個相互關聯的組成成分，即神經活動、面部—姿勢活動和主觀體驗；情感在動機的形成中起主要作用，積極的情感為有效的動機和創造活動提供動力，對學習和人格都是十分重要的。消極的情感則對活動起干擾和壓抑的作用；在對行動的支配和調節上，其他的子系統也有不可少的作用，如果僅只由情感起支配作用的話，行為就不能很好適應生活的要求。這一學說強調情緒的復合性及其機能的意義很重要，但更多的是從生物學角度強調其「適應性」機能，對情感的社會性及其能動作用有所忽視。

4.1.4 情緒的動機——訊息理論

情緒的動機——訊息理論的主要代表人物是西米諾夫（P.V.Slmlnov）。他認為，情緒（E）等於必要訊息（In）與可得訊息（Ia）之差與需要（N）的乘積，即 E=N（In-Ia）。西米諾夫認為，情緒本身具有一種強烈的生理激活的力量，如果這個機制變活躍了，那麼，一些習慣性反應必定受到破壞。當有機體需要的訊息等於可得的訊息時，有機體的需要得到預期滿足，情緒便是沉寂的。如果訊息過剩，超出了有機體預期的需要，便會產生積極的情緒；反之，則會產生消極情緒。積極的情緒和消極的情緒都可以促進行為。

20 世紀 90 年代以來，情緒心理學理論有了進一步發展。拉扎勒斯 1991 年在《情緒與適應》一書中，對他早期提出的情緒的認知一評價理論做了進一步闡發，提出了情緒的認知—動機—關係理論。該理論認為，如果在當前事件中，有一種目標是有利害關係的，那麼就會產生情緒；反之』如果沒有目標關聯，就不可能產生情緒。目標關聯對所有情緒來說都是決定性的。目標一致或不一致，決定了所產生的情緒是積極的還是消極的。拉扎勒斯的這一理論從更為廣闊的方面探討了情緒發生的心理機制，把情緒的發生與目標、自我投入、期望等心理動力因素聯繫起來，這實際上為溝通情緒與動機的關係提供了理論空間。

巴雷特（Barrett）提出的情緒發展的機能主義觀點認為，每一種基本的情緒都是一組緊密相聯的情緒，每一個情緒家族都與特定的目標和特定的評價相聯。一些目標與評價可能在出生時就已存在。情緒的社會文化觀點強調社會或文化對情緒的發展與機能的貢獻。迪克森（Dickson）等人主張，情緒是與個體的社會和生理情境有關的許多成分相互作用所構成的自組織系統，是神經激活、體驗、表達以及其他成分在社會交往的過程中被組織起來的動態關係。在不同的人際關係和環境中，情緒反應具有不同的機能。這兩種理論觀點對人類的情緒現象具有一定的定性描述與解釋效果，但很難用來定量解釋和預測情緒的性質和強度。

4.2 創業企業員工情緒激活的認知加工過程

情緒在本質上是人腦對客觀現實的反應，客觀現實是情緒、情感產生的源泉。但是，情緒、情感又不是客觀現實直接、機械地決定的。作用於員工的外部世界的各種事件與員工的各種需要的聯繫是發生在認知之中的。客觀事物對員工的作用一般情況下都要通過員工的認知過程，而且由於員工的認識的每一次活動又不是單獨地被孤立的一件件事物決定的，員工在生活實踐中積累的知識和經驗制約著當前的認識，並與員工在生活中已經形成的需要、願望、態度、信念、價值體系等結合起來。因此，員工對作用於他的事物的判斷與評估，才是情緒的直接原因。同一事件對不同的員工或在不同的時間、條件下出現，可能被做出不同的評估或料想，從而產生不同的情緒。

著名心理學家阿諾德（M.B.Arnold）在 20 世紀 50 年代在其提出的著名的情緒認知評價—興奮學說中就指出，情緒刺激必須通過認知評價才能引起一定的情緒。同一刺激情境，由於對它的估量和評價不同，會產生不同的情緒反應。在認知評價中起關鍵作用的是對以往經驗的記憶存貯和通過表象達到的喚起。山林中的老虎是讓人恐懼的，但是關在動物園裡的老虎就不會引起成人的恐懼，因為以往的經驗告訴他，被牢固的鐵籠關住的老虎無法對人構成威脅。對這種情緒中的老虎的認知評價，就決定了個體不會產生對它的懼怕情緒，反而會安心地觀賞。

通過上例我們可以看出，認知的訊息加工過程基本上包括三方面內容：對刺激的知覺分析，記憶中經驗、需要、願望等的喚起，知覺與經驗及需要等的匹配和評估。當知覺分析與認知加工之間產生足夠的不相配合時，比如未曾預料的或違背意願的事件的出現，正在進行著的活動的阻斷，員工無力應付給人帶來消極影響的事物產生的時候，認知評估的結果就會調動龐大的神經系統和生化系統，改變腦的神經激活狀態，使身體適應當前情景的要求，這時員工情緒就被喚起了。

需要指出的是，由員工認知喚起的神經的、生化的和表情等方面的生理激活狀態會作為新的訊息傳入員工認知加工系統，從而影響後繼的認知加工系統的活動，並進而影響員工後繼的情緒活動。

員工認知評估過程大多是在無意識之中進行的。員工認知的主要方式是頓悟、直覺，而不是有意識的明確推理。這種認知加工的速度快、加工過程簡略。這樣可以理解為什麼員工情緒會在瞬間產生，而不是經過詳細的推理過程後產生。

員工認知加工過程在情緒產生中起重要作用，但是單純的員工認知加工並不等於情緒，只有當認知的結果喚醒一定的生理狀態時，員工才會出現情緒。

4.3 創業企業員工情緒惡化企業非物質資源配置低效率原因

人們對情緒理論的研究，始於 20 世紀 50 年代，至今大致有如下五種理論：情緒認知理論、情緒三因素說、情緒動機說、情緒的動機一訊息理論和情緒的認知—動機—關係理論。依據情緒理論，情緒將從以下幾個方面惡化創業企業非物質資源配置低效率：

（1）情緒激活誘發非理性行為，導致創業企業非物質資源配置低效率形成

依據情緒動機理論，人的情緒一旦被激活，便具有非理性的一面，而非理性行為不以企業利益最大化為目的，而是以滿足自我情感為目的，表現為一種自我情感的宣泄，這種「非理性情緒」支配下的「自我情感宣泄」便可能會惡化創業企業 X 低效率。因此，按照情緒理論，當員工的情緒被激活時，必須正確認識其他的非理性的一面，須盡可能避免在「激活情緒」狀態下做各種決策，以消解可能由此產生的企業非物質資源配置低效率。

另外，依據情緒的動機一訊息理論，情緒 E 等於必要訊息 In 與可得訊息 Ia 的差值與需要 N 的乘積即 E=N（In-la），據此可以推斷員工個人是產生積極情緒還是消極情緒。

當 In-la ＜ 0 時，員工的決策可得訊息 Ia 大於必要訊息 Ia，其時員工所擁有的訊息超出有機體的預期，在這種情況下積極 1 清緒便被激活。

如果 In-Ia>0，員工的決策可得訊息 Ia 小於必要訊息 In，導致員工個體決策訊息不足，則消極情緒被激活。

如果 In-Ia=0，員工的決策可得訊息 Ia 等於必要訊息 In，則訊息量不影響員工個體情緒。

而就一般而言，由於員工的理性和精力有限且決策問題錯綜複雜，致使員工的可得有效訊息量總是不足的，特別是在當今訊息社會，這使更多的員工的情緒多是消極的，消極的情緒無可避免地導致創業企業非物質資源配置低效率的發生。

（2）心理目標衝突誘發心理系統的無序，導致創業企業非物質資源配置低效率形成依據拉扎勒斯的情緒認知—動機—關係理論，不同的員工有著不同的心理目標結構，同一個員工在不同時期，甚至不同地點也會有不同的心理目標結構。在一定條件下，如果員工個體的目標趨於實現，那麼，其生理一心理系統的有序性就會增加，員工個體會產生積極的情緒、情感；反之，如果員工個體的目標難於實現，那麼激活的心理目標的現實化過程就會受阻、倒退或轉向相反的方向，心理系統的熵就會增加，從而產生消極的情緒、情感。在現實當中，創業企業的目標與員工的個人目標經常是不一致的，或者說是衝突的，特別是在低效企業和衰退行業中的企業，因此，這種目標的不一致或者說衝突便會引起消極的情緒，而消極的情緒的直接結果便是低效率甚至負效率，這樣創業企業的企業非物質資源配置低效率便被惡化。

（3）厭惡不明確性誘發非理性的決策選擇，導致創業企業非物質資源配置低效率形成「易斯伯格悖論」告誡我們：創業企業管理者天生「厭惡不明確性」，當決策中「不明確性」產生時，便會引起非理性的決策選擇，導致創業企業非物質資源配置低效率形成。在創業企業的現實決策中很多決策問題缺乏明顯的參照參數，特別是複雜的非常規性決策，於是「不明確性」便會產生。另外，根據相似性情緒理論，Heath 和 Tversky 研究發現，只有在博弈機率為常數的情況下，創業企業管理者才會偏好那些能給他帶來成就感的博弈活動，而在博弈機率不定時，「不明確性」產生，創業企業管理者在博弈對策的選擇上會出現非理性，從而可能導致企業非物質資源配置低效率形成。

(4) 社會人際交互作用中的訊息扭曲，導致創業企業非物質資源配置低效率形成人與人之間和媒介之間的思想或行為具有相互傳染性，正如 Asch 在其著名的長度估計實驗中所證實的那樣，個人傾向於與別人的判斷或行為保持一致，從而產生「趨同性效應」，這種趨同性效應，致使許多訊息被扭曲，引起社會人際交互作用中的認知偏差，這種認知偏差更多地出於一種非理性的內在心理傾向，並最終導致創業企業非非物質資源配置低效率形成。

(5) 訊息擁擠誘發「認知超載」，導致創業企業非物質資源配置低效率形成依據情緒的動機—訊息理論，訊息擁擠或其他景況所引發的壓力會導致團體成員出現「認知超載」現象，從而導致創業企業管理者處理訊息的敏感度下降。在交流訊息時，如果訊息擁擠誘發了「認知超載」，創業企業管理者傾向於對訊息進行偏激化的情緒處理，強調那些他們認為是主要的訊息，而忽視那些與他們觀點相悖的訊息，引起對訊息的過於簡化從而扭曲決策，導致創業企業非物質資源配置低效率形成。

4.4 創業企業員工情緒惡化企業非物質資源配置低效率的規避

4.4.1 情緒管理與企業非物質資源配置低效率的規避

心理學家丹尼爾·戈爾曼針對職場的工作表現，提出了工作情緒智力的框架，包含五個方面，具體如下：

(1) 自我情緒覺察能力

①意識到自己情緒的變化：解讀自己的情緒，體驗到情緒的影響；

②精確的自我評估：了解自己的優點以及不足 .

③自信：掌控自身的價值及能力。

（2）自我情緒管理能力

①情緒自制力：能夠克制衝動及矛盾的情緒；

②坦誠：展現出誠實及正直的品質，值得信賴；

③適應力：彈性強，可以適應變動的環境或克服障礙；

④成就動機：具備提升能力的強烈動機，追求卓越的表現；

⑤執行力：隨時準備採取行動，抓住機會。

（3）人際關係覺察能力

①同理心：感受到他人的情緒，了解他人的觀點，積極關心他人；

②團體意識：解讀團體中的趨勢、決策網絡及政治運作；

③服務：了解客戶及其他服務對象的需求，並有能力加以滿足。

（4）人際關係管理能力

①領導能力：以獨到的願景來引導及激勵他人；

②影響力：能說服他人接受自己的想法來做事；

③發展他人的能力：透過回饋及教導來提升別人的能力；

④引發改變：能激發新的做法；

⑤衝突管理：減少不同的意見，協調出共識的能力；

⑥建立長期人際關係：培養及維持人脈；

⑦團隊管理能力：與他人合作的能力，懂得團隊運作模式。

（5）自我激勵能力

自我激勵能力是指面對挫折和失敗時的堅持能力、自己激勵自己的能力。

以上能力人們幾乎難以完全擁有。事實上，一個人只要在這十幾項情緒管理能力中，有五六項能力特別突出，而且是平均分布在五大項能力中的話，那他在工作中的表現就相當優秀了。

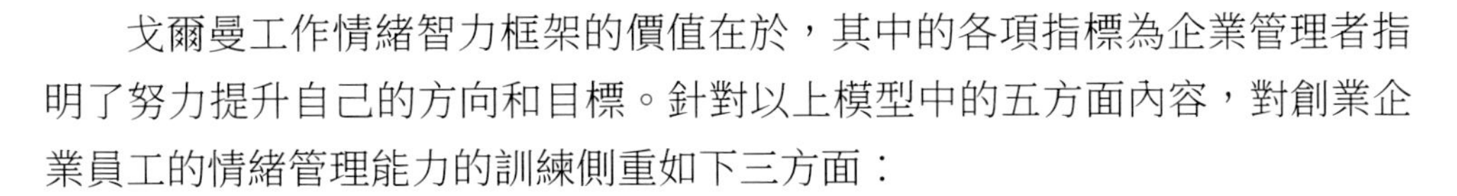

戈爾曼工作情緒智力框架的價值在於，其中的各項指標為企業管理者指明了努力提升自己的方向和目標。針對以上模型中的五方面內容，對創業企業員工的情緒管理能力的訓練側重如下三方面：

①覺察員工自我情緒。

情緒管理必須建立在自我認知的基礎上。能有效管理自己情緒的人，是能隨時地覺察自己情緒的人；反之，不了解自身情緒狀態的人必為柏拉圖所說「感覺的奴隸」。我們要經常提醒員工注意：我現在的情緒是什麼？例如，當你因為下屬遲到而十分生氣時，問問自己：「我為什麼這麼做？我現在有什麼感覺？」察覺自己的情緒很重要，因為當我們陷入情緒當中的時候，注意力會放在引起情緒反應的事情上，也就是陷入情緒當中，往往忽視對情緒的管理，經常在事後才察覺到「我剛才好像太激動了」。

②認識情緒本質。

認識情緒的本質是工作情緒智力提升的基石，這種隨時認知感覺的能力，對員工了解自己非常重要。情緒產生於生命的一個古老的機制，它的性質可以歸納為兩種：快活的和不快的。簡單的生物沒有認知能力，更沒有思維，但它們卻有生物學意義上的「趨利避害」的本能行為，這種本能只能是「趨悅避痛」的情緒機制得以實現，即趨向快悅的情緒狀態，逃避不快的（或痛的）情緒狀態，並依此實現了自體保護和生存。「趨利避害」是生物本能行為的外顯表現，「趨悅避痛」是這一行為表現的內在本質和原因。其實，「趨悅避痛」是從最簡單的動物體到最高級的人類共有的最基本的本能和生命原則，情緒是一切生物體（動物和人類）價值判斷的依據，是生物一切行為原因的淵源。雖然人的情緒現象顯得很複雜，但它簡單的一面，並且是能夠使它的其他方面不再顯得「極為複雜」的，就是情緒的心理機制。這是心理學對情緒的研究應該首先去認識的，也是較容易認識的，卻因為沒有重視而成為至今還未認識的一面。所以，認識情緒的本質是工作情緒智力提升的基石，對了解自己非常重要。

③妥善管理自我。

員工情緒管理除了建立在員工自我認知的基礎上，還必須採取正確的方法調節員工自己的情緒。高情緒管理能力的人能很快走出情緒低谷。員工調節情緒的方法很多，可以讓員工痛哭一場、找人傾訴、逛逛街、聽聽音樂、散步或轉移注意力去做別的事情。讓員工調節情緒的目的，在於給員工自己一個理清思路的機會，員工自己想得通是調整情緒的關鍵。如果員工調節情緒的方式只是暫時逃避痛苦，之後需承受更多的痛苦，這便不是一個合適的方式。員工有了不舒服的感覺，要讓員工勇敢地面對，要他們仔細想想，為什麼這麼難過、生氣？可以採取什麼方式進行調節？這麼做會不會帶來更大的傷害？員工在負面情緒中，必須讓員工進行心情轉換，不能讓員工一直陷入沮喪、痛苦等負面情緒之中。根據這幾個角度去調節情緒，我們就能夠讓員工控制情緒，而不是讓情緒來控制員工。

4.4.2 創業企業員工心理目標衝突與企業非物質資源配置低效率的規避

在我國，有的學者提出了情緒的目標結構變化說。他們認為，人的心理系統是一種有意識的自組織功能系統，心理目標是個體對一定對象（包括自我、他人或有關事物）的未來狀態選擇性和創造性地建構起來的、具有個人意義的、相對穩定和樂觀的種種構想，是人的自我概念或其他心理圖式的可能運動或未來狀態。每個心理目標都對應著一個未來結構，它具有動力性、價值性和模糊性，它本身具有一個不斷確定、不斷變化和不斷完善的過程。對於每一個處於激活狀態的心理目標，心理系統的一個「胚芽狀態」與之相聯繫，它總是力圖選擇適宜的條件，把自己所包含的運動和組態展開為現實，形成一種新的心理目標結構。

在一定條件下，一種心理目標激活並成為優勢目標後，即成為行為的主導動機，驅使個體選擇適宜的條件，發動、組織和維持一定的行為，使其所包含的未來狀態展開為現實。個體心理目標的變化必然會在一定程度上引起其需要狀態的變化，從而產生情緒體驗，不同的情緒體驗會使個體有不同的工作效率，正因為如此，所以創業企業必須要注重協調員工個體的心理目標體系以讓員工產生好的情緒體驗，從而能保持高的工作效率，達到規避企業非物質資源配置低效率的目的。

另外，對於由當前面臨的事件引起個體目標結構的變化而產生的心理、生理反應即情緒、情感，在一定條件下，如果個體的目標趨於實現，那麼，其生理——心理系統的有序性就會增加，這時個體將會產生積極的情緒、情感工作效率明顯提高；反之，如果激活的心理目標的現實化過程受阻、倒退或轉為相反的方向，心理系統的熵（度量系統無序程度的物理量）就會增加，這會產生消極的情緒、情感，工作效率明顯下降。在這兩大類目標演化的方式中，由於目標結構的複雜性和與環境對象相互作用方式的多樣性，還會出現多種不同形式的目標變化的方式或歷程，並由此產生不同類型的情緒、情感。因此，他們主張，目標結構變化的方式或歷程決定了所發生的情緒的性質。同時，對一定情境中的個體來說，目標結構變化的速度與機體預備的能量激活水平決定著所發生的情緒強度。同一行為結果在多大程度上符合個體的預期，會影響它出現時個體情緒的強度。

依據情緒的目標結構理論，不同的員工有著不同的心理目標結構，同一個員工在不同時期，甚至不同地點也會有不同的心理目標結構。因此，如果創業企業員工在某種事件中，有一種目標是與員工有利害關係的，那麼員工就會產生情緒，反之如果沒有目標關聯，就不可能產生情緒。目標一致或不一致，便決定了所產生的情緒是積極的還是消極的，進而決定了員工工作效率是高還是低。

在現實當中，創業企業目標與員工的個人目標經常是不一致的或者說是分裂的甚至是相矛盾的，特別是在低效率企業和衰退行業中的企業，因此，這種目標的不一致或者說分裂便會引起消極的情緒，而消極情緒的直接結果是低效率甚至負效率，這樣企業的企業非物質資源配置低效率便被惡化。為此，創業企業要努力使企業目標與員工目標相協調，規避員企的目標分裂，規避企業的企業非物質資源配置低效率的發生。

據相關媒體深入調查表明：兩大主因導致創業企業低效和死亡一外部因素和內部因素。其中，內因占最大比例，即由內耗而導致的低效、死亡佔有最大的比例。而內耗產生的主要原因是管理者情緒化嚴重，導致管理者與被管理者之間矛盾加劇，從而產生組織管理中的矛盾鏈，最終使創業企業低效和死亡。其具體表現如下：

首先，情緒化導致創業團隊效率低下，最終導致企業死亡。因為管理者在管理活動中始終離不開人，當被管理者受到管理者情緒化干擾和影響時，就會產生心情不爽、情緒低落、工作懈怠、不積極參與企業各種生產經營活動現象，導致企業低效率。

其次，創業者情緒化會影響企業的穩定，是力 n 速員工流動的催化劑。在日常管理活動中，我們常常看到一些被管理者，不願接受管理者的情緒化時就選擇離開，員工頻繁流動就會影響創業企業的健康發展。

再次，管理者情緒化容易激發上下級之間和平級之間的矛盾。這些矛盾就是管理者與管理者之間，管理者與被管理者之間的矛盾，這些矛盾一旦產生就會使管理團隊之間、員工與管理者之間難以有效協作，不協作的後果就會使整條組織鏈受影響，長期情緒積累、怨恨積累就會引發深層次矛盾。

最後，創業者情緒化是組織發展的障礙。一些情緒化的人不但不適應做管理，即使走向管理崗位也無法做好管理，反而會導致組織混亂，成為組織發展的障礙。形成管理者情緒化的原因歸結有四點：

①缺乏對情緒化危害的認識，不善於控制自己情緒。遇到不順心的事就會引起心情的變化，將心情的變化呈現在行為中，一般表現在臉面上，出現肌肉緊張、顏色發紅、對團隊不熱情、出語傷人、甩盤子、撂挑子，等等。

②人生觀不同。認識不同、觀點不同就會有爭吵，發生爭吵就會出現對團隊置之不理，發火罵人或擱置工作 . 員工遇到問題詢問或者請示時，管理者態度惡狠、不理不睬，導致員工無所適從，無心把心思集中在工作上。

③因工作權利及利益分配不合心意導致心情不好，亂發脾氣，出語傷人。

④由於下屬頂撞或者下屬做事不力而引起心情變化，出現情緒發泄現象。

控制和避免創業者情緒化，有以下三大途徑：

①增強創業者對情緒化危害的認識。在一個組織中，無論是哪種原因引起的情緒變動，作為一個創業者來講都不應該發泄情緒。因為創業者是企業的脊梁，一旦脊梁有問題必然會影響到整體。

②增強創業者全局意識。如果一個創業者能站在企業的全局角度上考慮，具備大局意識，一切為了企業的發展，一切為了整體員工的利益，一切為了自己前途著想就會自然地控制自己的情緒。

③不斷對創業者引導教育，提高創業者的素質。作為一個創業者來講，職業素養一般高於普通員工，起碼是有內涵修養的人，能否控制自己的情緒化是內涵與修養的體現之一。

總之，情緒化嚴重的創業者往往會出現團隊效率不高的現象，團隊效率是衡量一個創業者能力與水平的重要標準，沒有效率的團隊就會失去存在的意義。因而創業者情緒化猶如壞蘋果原理一樣，不但不利於企業組織的發展，而且還會成為企業組織發展的障礙。所以，創業者要做好管理必須克服自己的情緒化，要不斷提升自身素質修養，不論是對自己負責還是對組織負責都要杜絕把情緒帶到管理活動之中。

4.5 心理資本的提升與企業非物質資源配置低效率的改善

4.5.1 心理資本的內涵

美國著名學者 Luthans 於 2004 年提出心理資本（Psychological Capital）概念並延伸到人力資源管理領域。所謂心理資本，是指個體在成長和發展過程中表現出來的一種積極心理狀態，是超越人力資本和社會資本的一種核心心理要素，是促進個人成長和效率提升的心理資源。它是借用一個商業名詞喻義人的心理狀況。如同人的物質資本存在盈利和虧損的問題，人的心理資本同樣存在盈虧，即正面情緒是收入，負面情緒是支出，如果正面情緒多於負面清緒便是盈利，反之則是虧損。人的所謂幸福，實際上就是其心理資本能否足夠支撐他產生幸福的主觀感受。

心理資本在業界已被看作企業除了財力、人力、社會三大資本以外的第四大資本，在企業管理中，尤其是在人力資源管理方面發揮著越來越重要的作用。美國管理學會前主席路桑斯教授指出，企業的競爭優勢從何而來？不是財力，不是技術，而是人。人的潛能是無限的，而其根源在於人的心理資本。心理資本的概念和理論給我們這樣的啟示，那就是人力資源管理者，應該從心理學的角度拓寬管理視野，掌握幫助員工提升；理素質的方法和心理輔導的技術，引導員工以積極的情緒投入工作，從而激發團隊活力和激情，促進工作效率提升。

心理資本至少包含以下幾個方面的內容：①希望：一個沒有希望、自暴自棄的人不可能創造什麼價值。②樂觀：樂觀者把不好的事歸結到暫時的原因，而把好事歸結到持久的原因，比如自己的能力等。③韌性：從逆境、衝突、失敗、責任和壓力中迅速恢復的心理能力。④主觀幸福感：自己心裡覺得幸福，才是真正的幸福。⑤情商：感覺自己和他人的感受、進行自我激勵、有效地管理自己情緒的能力。⑥組織公民行為：自覺、自發地幫助組織、關心組織利益，並且維護組織效益的行為，它並非直接由正式的賞罰體系引起。

4.5.2 心理資本與人力資本、社會資本的比較

人力資源，一般是指單位組織中的所有人。人力資本是指體現於人本身的知識、能力和健康狀況。是指存在於人體之中的各種具有經濟價值的知識、技能和體力（健康狀況）等因素之和。人力資源不等於人力資本，人力資源只有經過培訓，才能真正成為資本。相對於人力資本和社會資本，心理資本更關注個人的心理狀態。人力資本指員工身上所蘊含的知識和技能，如可以通過經驗的積累、接受教育、培訓技能等手段提升人力資本；社會資本指通過關係、聯繫網絡和朋友而建立的關係資源，是包含在員工群體和員工網絡中的知識；心理資本則描述了員工對未來的信心、希望，它是一種狀態，而非特質，與人力資本和社會資本相類似，心理資本可以通過訓練獲得並發展。

人力資本強調「你知道什麼」，諸如知識與技能；社會資本強調「你認識誰」，諸如關係和人脈；而心理資本則強調「你是誰」及「你想成為什麼」，關注的重點是個體的心理狀態。

心理資本是超越人力資本和社會資本的一種核心心理要素，通過投資並開發「你是誰」來獲取競爭優勢，其基礎由「你是誰」組成而不是「你知道什麼」或「你知道誰」。心理資本基於積極的心理學范式，關注人的積極方面和優點，體現個人對未來的信心、希望、樂觀和毅力，關注個人或組織在面對未來逆境中的自我管理能力。在個人層面上，心理資本指促進個人成長和效率的心理資源。在組織層面上，與人力資本和社會資本類似，心理資本通過改善的員工效率最終實現組織的投資回報和競爭優勢。心理資本具有獨特性，能有效地測量和管理，通過投資與開發心理資本，能改善效率，形成組織競爭優勢。

因為失業或崗位變動帶來的高度緊張，員工面臨更大的不確定性和壓力。如果不能適當處理員工的緊張心理狀態，容易降低員工滿意度和對組織的承諾，最終對效率產生負面影響。不確定性、壓力和焦慮易導致員工對自己在日益變化的環境中處理問題的能力缺乏信心。尤其是在技術快速變化的時代，員工對使用新技術的抵觸並不是因為擔心技術本身，而是因為他們在心理上對自己能否成功運用新技術並取得良好效率缺乏信心。因此，急劇的社會和經濟環境變革，使員工面臨更大的心理焦慮和壓力。組織為了求生存、謀發展，培養自信、樂觀、滿懷希望、強堅韌性的員工就顯得特別重要。「心理資本」歷史性地突破了傳統的「人力資本」，「社會資本」，「顧客資本」的思維方式，對於深刻理解知識經濟時代日益變革的組織中的員工具有極其重要的意義。

4.5.3 提升心理資本，改善價值網創業企業非物質資源配置低效率

由於人的潛力巨大，所以相對於資金、市場和技術資本，心理資本的升值空間是最大、最好的，心理資本可以帶來決定性的競爭優勢。擁有過人的心理資本的個人，能承受挑戰和變革，可以成為成功的員工、管理者和創業者，從逆境走向順境，從順境走向更大的成就。自信、樂觀、堅韌的人，勇於創新，敢於創新，能夠因地制宜地將知識和技能發揮最大限度的作用，成就自己也成就了所屬企業。

對於創業企業而言，擁有出色的企業精神、團隊文化、心理資本優秀的管理者和員工，就具備了最有價值的核；競爭力。正是由於這個原因，使得很多卓越的企業敢說，你能挖走我的人，但你不能複製我的精神和文化！

這些心理資本，無論對於創業企業管理者還是員工個人，都可以有意識地去獲得、保持和提升。如果企業仍然只強調資金、市場和技術，個人的充電仍然只侷限於知識和技能，那必定會落後於時代競爭的步伐。通過拓展訓練等活動，認識和提升自我，激發自我潛能，建設企業文化，將是終身學習的一項重要內容。所以，創業者必須不斷提升心理資本，改善創業企業非物質資源配置低效率。

第 5 章 心理契約違背與組織承諾誘發價值網企業創業績效損失機理研究

上兩章對形成價值網創業企業非物質資源配置低效率的認知偏差因素和個人情緒因素進行了分析，本章主要從心理契約違背的視角進行分析。心理契約違背是價值網創業企業非物質資源配置低效率形成的重要因素，本章首先分析了價值網創業企業員工心理契約的形成過程，然後分析了價值網創業企業員工心理契約違背的行為傾向及其產生企業非物質資源配置低效率的原因，最後提出要從思想上、員工管理上、管理決策上、事後行為上，對價值網創業企業非物質資源配置低效率進行規避的對策，從而為價值網創業企業的相關決策提供了理論依據。

5.1 創業企業員工心理契約的內涵、特點與類型

5.1.1 創業企業員工心理契約的內涵

「心理契約」一詞最初源於社會心理學，是美國著名管理心理學家施恩（E.H.Scheming）教授提出的一個名詞，一般用來描述員工和組織雙方對相互責任的信念，具體體現為雙方對相互責任義務的主觀約定。它分兩大類：員工心理契約和組織心理契約。創業企業員工心理契約是指創業企業員工對於組織責任和自我責任認識的一種主觀感受，是正式契約的細化和擴展，其具體內容包括兩個方面：一是創業企業員工認為的組織應承擔的責任，如提供穩定的工作和收入，提供充分的福利、提供公平、公正、公開的內部人才競爭環境，提供培訓與晉升的機會，等等；二是創業企業員工認為自己應盡的責任，如盡心盡力地工作、忠誠於組織、服從組織的安排、維護組織的形象，等等。而組織心理契約是組織對於員工責任和自我責任認識的一種主觀感受，也是正式契約的細化和擴展。契約關係是組織環境中一種普遍存在的社會現象，它通過對相互責任的界定把個體與組織有機結合起來，並對雙方的行為進行規定和約束。但是，在創業企業員工與組織的相互關係中，除了

書面契約規定的內容之外，還存在著隱含的、非正式的、未公開說明的相互期望和理解，這些便構成了創業企業員工心理契約的內容。

施恩認為，心理契約「是個人將有所奉獻與組織欲望有所獲取之間，以及組織將針對個人期望收獲而有所提供的一種配合，它雖然不是一種有形的契約，但確發揮著有形契約的影響」，其作用機理表現為企業與員工之間的約束關係，雖然有的沒有通過紙上契約加以限定，但企業與員工的行為確受其影響，如同一紙契約加以規範。即企業能清楚每個員工的期望要求，並盡可能想力、法滿足之；員工也清楚企業的要求並為企業的發展做出全力奉獻。

從以上的論述可知，創業企業與創業企業員工之間的契約關係實際上包括心理契約與正式契約兩個組成部分。創業企業正式契約是創業企業與員工通過協商、談判後形成的對雙方的責任與義務的合法明文規定，契約條款和履行條件大都具體而明確，並受法律的保護和約束，雙方均要依照契約行事，否則會視為違約，承擔一定的法律責任。因此，正式契約具有客觀性與穩定性，並且能通過正式的程序或制度強制契約的履行。然而，任何正式的規章制度或契約都是不完善的，創業企業無法把所有的規定都寫進規章制度中。在這種情況下，一些非正式約束就顯得非常有必要了。創業企業員工心理契約就屬於非正式約束的一種，它是存在於雇傭雙方間內隱的關於相互責任或義務的一種主觀心理約定，是創業企業與創業企業員工在交換關係中雙方所擁有的信念，其內容具有主觀性、長期性、雙向動態性和差異性。

5.1.2 創業企業員工心理契約的特點

（1）主觀性

每個員工都依據自己對創業企業責任和自我責任的理解而形成各自不同的心理契約，它表示員工對自己的責任履行之後，能夠得到創業企業回報的期望。作為員工與單位簽訂文字合約之後，則下定決心，努力工作。但在完成職責任務後，自己應該得到些什麼，能夠得到些什麼，得到了怎麼辦，得不到怎麼辦，都是行為人主觀上的期望和心理上的承諾。我們知道，心理契約的內容是員工對於相互責任的認知，或者說是一種主觀感覺，而不是相互

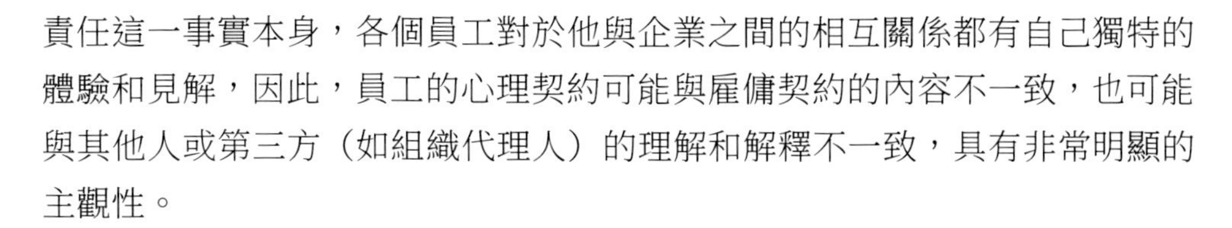

責任這一事實本身，各個員工對於他與企業之間的相互關係都有自己獨特的體驗和見解，因此，員工的心理契約可能與雇傭契約的內容不一致，也可能與其他人或第三方（如組織代理人）的理解和解釋不一致，具有非常明顯的主觀性。

（2）長期性

任何管理工作，都很難在短期內取得顯著進展，必須循序漸進，這是因為雖然事務性的改善和提高可能會在短期內得以實現，但是人的素質、組織的制度和人的社會關係的改善和提高則需要時間。而我們知道，心理契約是依靠人的素質、覺悟和社會上人與人之間的關係建立起來的，不是能在短期內牢固穩定的，而一旦建立起來這種契約，又不會在短期內消失，發揮的作用貝 IJ 是長久的，因此員工的心理契約具有非常明顯的長期性。

（3）雙向動態性

「雙向」是指它不同於組織承諾，不只是員工對組織單方面的心甘情願的付出，還包括對組織回報的期望。「動態」是指它隨著員工主觀感受的變化而變化，隨著外界環境的變化而調整。當員工覺得自己滿足了組織的要求，盡到了自己責任之後，而覺得組織沒有像自己期望的那樣盡到組織的責任，這時員工就可能產生心理契約違背。正式的雇傭契約一般是穩定的，很少改變。但心理契約卻處於一種不斷變更與修訂的狀態，它隨著內外環境的變化而變化。當內外環境、主客觀條件改變了，雙方的信任、期望、要求都會發生變化，因此員工的心理契約具有非常明顯的雙向動態性。

（4）差異性

創業企業中不同的員工有不同的心理特點和行為偏好，同時每個人的家庭條件、社會地位、生活目標等都不相同，這就使得員工對創業企業同一外部的行為會產生不同的心理契約，具有明顯的差異性。

另外，區分心理契約與期望之間的不同具有重要的實踐價值。心理契約不僅有期望的特點，而且還包括對責任和義務承諾的特點，它包括那些員工相信他們有資格得到的東西和應該得到的東西。期望未實現主要產生失望感，而心理契約被違背時則產生消極情感反應和後續行為，員工感到企業在背信棄義，自己受到了不公正對待，從而可能在行為上表現出各種不同的不利於企業的行為。

5.1.3 創業企業員工心理契約的分類

對於創業企業員工心理契約的分類，如果根據時間結構和效率要求這兩個因素，那我們就可以將員工的心理契約分為四種類型。這裡的時間結構因素指的是作為雇傭關係的持久性程度；效率要求因素指的是作為雇傭關係的效率描述的清楚程度。根據兩個因素劃分的心理契約分為四種類型，如圖 5-1 所示。

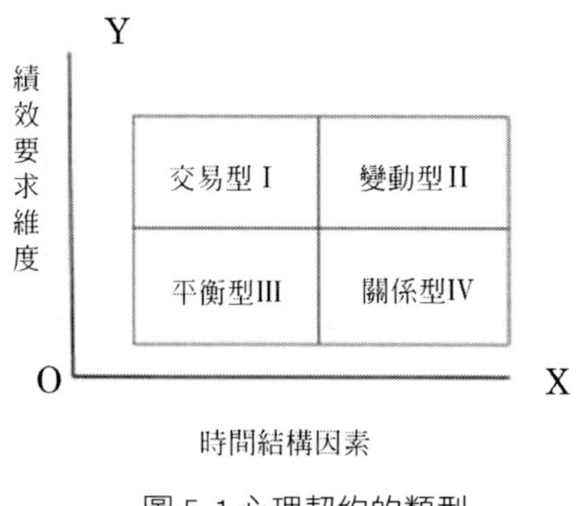

圖 5-1 心理契約的類型

(1) 交易型

其特點是低工作模糊性、高流動率、低員工承諾和低身分感。例如銷售旺季臨時雇傭的銷售人員。

(2) 變動型

其特點是高工作不確定性和高不穩定性。例如處於創業企業減員或公司購並高流動率過程度的員工。

（3）平衡型

其特點是高員工承諾、高身分感、不斷開發、相互支持和動態性。例如剛參與新工作團隊中的成員。

（4）關係型

其特點是高員工承諾、高情感投入、高的身分感和穩定性。例如創業者的家族成員。

Robinson 等研究者認為，組織中的心理契約主要包括兩種成分：交易型成分和關係型成分。不同心理契約之間的差異主要基於兩種成分所占的比例的不同。

5.2 創業企業員工心理契約違背的形成機理與表現

5.2.1 創業企業員工低期望事件的發生與心理契約違背的形成

員工心理契約違背是指員工個人履行責任後的期望值小於對創業企業實際履行的責任值，致使員工期望受挫，從而產生的一種心理現象。其具體產生的過程如圖 5-2 所示。

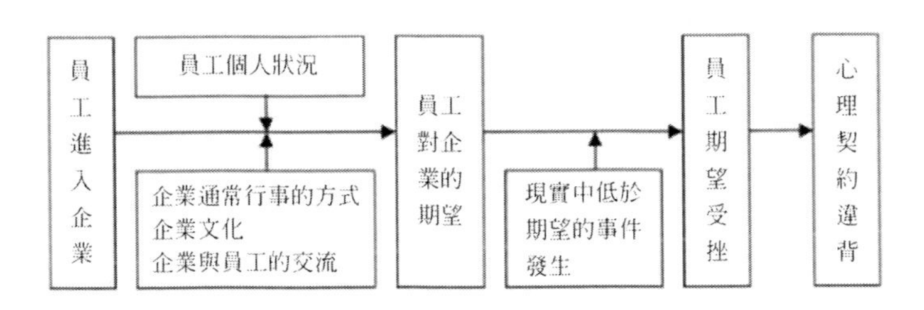

圖 5-2 員工心理契約違背形成

（1）員工對組織的期望

筆者認為，當員工認為自己盡到對創業企業的責任之後，就會對企業履行組織責任產生期望，其內容主要包括報酬、工作穩定、工作環境和工作條件、提升、公平對待、培訓機會、上下級關係、企業的發展前景等，這些期望的產生及其大小主要取決於四個方面：

第一，創業企業通常行事的方式。

員工進入創業企業後，便會通過觀察創業企業的典型行事方式和分析創業企業中以前的案例，以它們作為參照標準而形成對創業企業的期望。

第二，創業企業文化。

以企業成員共享的價值體系為核心的企業文化，從根本上決定著企業員工對周圍世界的看法及反應方式，所以，建立良好的企業文化有利於員工形成合理的期望。

第三，創業企業高管層與員工的交流。

職代會上高管層的某些承諾，人力資源部的企業介紹，直接上級正式或非正式的談話與許諾等，都會給員工帶來某些方面的期望。

第四，員工個人狀況。

例如，學歷、年齡、能力、在企業中的地位或者重要性及近期工作實績等也都會導致員工產生不同的期望。

(2) 低於員工期望事件的發生與員工心理契約違背的產生

然而，在現實工作之中低於員工期望事件會經常發生。外國學者 Rousseau 認為，企業員工感受到的低於期望事件發生的原因大體上有三種：

第一，企業和個體對期望理解的不一致。大多數企業認為他們兌現了自己的承諾，履行了自己的責任，而與此同時，又有很多的員工卻認為企業沒有完全履行責任，自己得到的對待是不公正的。這一矛盾的產生其根本原因，在於員工對於組織責任和承諾的理解與組織管理者的理解存在差異，因為心理契約是個體的主觀認知，而人腦的認知加工不是理性的過程，當面對的訊息模棱兩可或者過於複雜時，人們會進行主觀推測和判斷，填補自己主觀認為缺失的訊息內容。由於不同個體的過去經歷不同，在頭腦中形成的有關心理契約的認知圖式也會不同，因而對承諾與責任相關的訊息進行選擇、加工和解釋時也就可能出現差異，並導致企業和個體對期望理解的不一致。

第二，企業確實沒有能力滿足個體的期望。一些意料之外的企業內外環境的變化，如全球經濟蕭條、企業所處行業進入衰退期，內部變革引起業績下降或者其他如戰爭等，都可能使企業最終無力兌現先前的承諾，儘管他們願意這樣去做。

第三，企業有能力但不願意滿足個體的期望。對企業而言，儘管不兌現承諾意味著潛在的代價，如失去優秀員工、企業信譽受損、遭到法律投訴等，但兌現承諾也意味著付出某種代價。有時企業的高層領導人會從功利的角度權衡利弊，當他們相信違約的利益大於代價時，可能傾向於有意違約。

無可否認，在這三種情況之下都可能使員工期望受挫，從而成為員工心理契約違背產生的直接原因。但除此之外，我們還認為員企雙方的感情因素也會影響到員工低於期望時間是否發生的判斷。

對於員工期望受挫過程的衡量，可以通過考察員工個人履行責任後的期望值與組織實際履行的責任值之間的偏差大小來度量。如圖 5-3 所示。

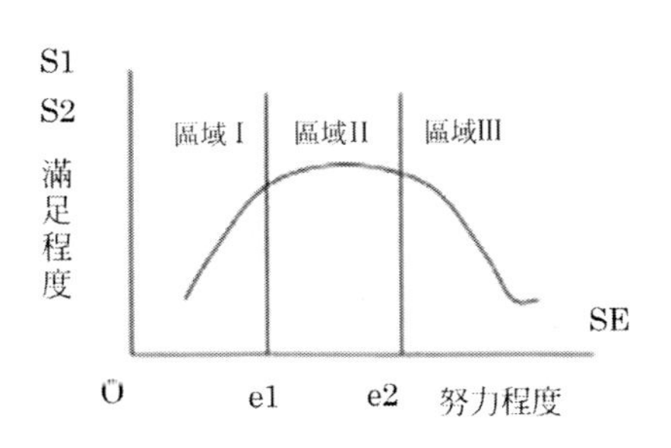

圖 5-3 心理契約違背的產生

圖中 Ai 表示員工按照組織的要求履行完自己的責任後，對企業產生的系列期望值。而與其對應的盡則是員工站在自己的角度，對企業履行責任的估值。Xi 表示員工對各影響因子重要性的一個權數估值。很顯然，這些值都是主觀值，這樣就某個員工的某個方面而言，構成心理契約的各內容將會出現期望值 Ai 與 Bi 的偏差 Ai-Bi，但考慮到員工對各影響因子的重要性評價（Xi 大小）不一，於是我們可以用其累計總體偏差：

$$\sum_{i=1}^{n} Xi\,(A_i - B_i)$$

來判定員工是否會產生心理契約違背：

$$\sum_{i=1}^{n} Xi\,(A_i - B_i)\begin{cases} >0 & \text{員工心理契約違背} \\ =0 & \text{臨界值（行爲不確定）} \\ <0 & \text{員工心理契約履行} \end{cases}$$

在具體操作中，如果我們站在員工的角度，可設 Ai=1，這時盡為對應的相對估值。例如當個人期望工資為 1000 元 / 月，但組織給 800 元 / 月，則 Bi=0.8。

不僅如此，我們還可以從總體偏差的數值大小判定員工心理契約違背（或履行）程度的強弱，而這種強弱又直接決定員工心理契約違背（或履行）後的行為傾向和工作效率。

為了進一步了解企業核心員工心理契約背離的主要原因，我們進行了一次問卷調查，通過對問卷調查數據的初步統計和分析，再結合被訪員工面談的資料，得出目前企業核心員工心理契約背離的主要原因包括以下四個方面：

（1）溝通不暢導致理解歧義

一般而言，因溝通不暢而導致員工心理契約違背的原因來自兩個方面：一是工作流程——以人力資源的流程為例，被訪企業無論是應徵、培訓、企業文化，還是薪酬制度、考核制度等都明顯缺乏溝通，這直接導致了員工感到個人價值沒有被尊重，自己的存在可有可無，如是不滿情緒便會產生。二是核心員工個人「歸屬感」模糊。根據馬斯洛的需求層次理論，其中第三層的需求就是「歸屬感」，對於歸屬感的需求個人可以通過社交活動來滿足。

對許多員工而言，工作群體是主要的社交群體，在企業中，這些需要可以通過和同事、管理者之間的溝通來建立一種良好的社交關係而得到滿足，從而實現這種需求。

心理契約往往就是在以上這兩個過程中產生，由於心理契約是一種無形的，並不是通過白紙黑字寫明的契約，所以，溝通成為了企業和員工雙方磨合修正心理契約的重要途徑之一，然而，被訪企業在上述兩個過程中都出現了問題，核；員工心理契約出現違背就不可避免了。

(2) 企業中「非正式組織」的存在誘發員工的心理問題

企業中「非正式組織」的存在已經是一個不爭的事實也是一個普遍的現象：某些上下級之間、平級之間都存在著這樣一種心照不宣的「範圍圈」，對於圈內人，非正式組織的存在固然能更緊密地將他們整合在一起，但是對於圈外人卻會因為這種無形的界限而覺得有失公平，而當這種感覺產生的時候，員工可能會減少自己的投入，降低努力程度，在極端的情況下甚至會發展為辭職。

更進一步，就算是圈內人，就上下級的非正式組織而言，一旦與其關係親密的領導者在企業中的地位下降，或者離開企業，下屬對企業的忠誠度將會發生變化；而對於同級的非正式組織而言，由於界限的存在導致非正式組織內部的員工和外部員工的合作度大打折扣，而且還出現非正式組織之間無形的競爭和對立，這些都容易引起不必要的摩擦以使得員工滿意度降低。

再進一步，非正式組織的存在也容易使得企業變成多個非正式組織的綜合，不利於企業文化的建立和普及，更容易由於非正式組織中某些成員對於企業的個人不滿發展成為整個非正式組織所有成員的不滿，以使得整個工作團隊的工作效率下降，工作態度趨於惡劣。

(3) 工作氛圍等保健因素的不理想

根據雙因素理論，即保健一激勵因素理論：首先是「激勵」因素，也就是那些出自工作本身的因素，可以構成對職工的很大程度的激勵和對工作的滿足感。這類因素的改善，能夠激勵職工的積極性和熱情，從而推動生產率的增長，而且它具有較長時間的激勵效能。這類因素可以概括為六點：工作上的成就感、工作上得到認可和獎賞、工作本身具有挑戰性、工作職務上的責任感、工作有發展前途、在工作上有得到發展成長的機會。

如果這些因素不具有，雖然也會引起職工的不滿，但影響不是很大，不會構成很大的不滿意。相對於工作本身，另外一些因素來自工作環境等方面，當因素有缺陷或不具備時，就會引起職工的不滿意，改善這些因素，只能消除職工的不滿即維持核心員工的心理契約，但是並不能使核；員工受到巨大的激勵，不能促進生產率的增長。這類因素概括為：

①公司的政策與行政管理；②技術監督系統；③與上級主管之間的人事關係；④與同級之間的人事關係；⑤與下級之間的人事關係；⑥工作條件、薪金、個人的生活；⑦工作的安全性等幾個方面。

這類因素就是所謂的「保健因素」，這些外在因素的改善只能防止消極怠工，保持積極性，維持工作現狀，當它們有缺陷或不具備時，就會引起人們的不滿意。

從「保健因素」的角度而言，企業在這個部分所做的並不盡如人意，因此員工在諸如是否覺得被尊重、是否覺得有個人價值等滿意度的回答上，其結果都不理想。

(4) 執行力不足導致心理契約的違背

企業核心員工心理契約之所以背離除了上述的三個原因之外，還有一個重要的原因在執行力上。

總體而言，執行力，體現的是一種工作的態度，是一個企業從上到下對質量和數量的貫徹，它的衡量標準就是按質按量完成自己的工作任務。一個具有執行力的人應具備九大要素：①自動、自發；②注意細節；③為人誠信負責；④善於分析、判斷、應變；⑤善於學習、求知；⑥具有創意；⑦韌性——對工作投入；⑧人際關係（團隊精神）良好；⑨求勝欲望強烈。

美國諾瓦大學公共決策博士餘世維認為，中國人對執行力的態度通常有以下幾個方面的不足和共性：

①對執行的偏差沒有感覺，也不覺得重要——訊息傳遞的不準確導致結果與其有偏差，而這種偏差往往是在一種潛移默化的情況下進行的。通過訪談，在某些制度的理解上被訪企業核心員工和企業高層出現不一樣的理解，從而導致核心員工實際操作和制度本身制定的思想不吻合。

②個性上不追求完美——中高層管理者的通病，直接傷害基層核心員工的心理期待從而導致心理契約背離。

③在職責範圍內，不盡職盡責處理問題——所謂輕鬆自如地應付突發事件，是沉得住氣，但是自己隨時要保持緊張感。這個緊張感體現的就是一種盡職盡責的工作態度。

④對「要求標準」不能也不想堅持——如果標準朝令夕改，或者不切實際只會讓核心員工無所適從，苦不堪言，心理契約自然守不住。

5.2.2 創業企業員工心理契約違背行為傾向的表現

心理契約雖然是內隱的，卻對員工行為起著重要的決定作用。員工在確定對企業應該採取什麼樣的行為之前，會觀察企業是如何對待他們的，兩相比較之後，員工才會採取相應的行動。根據互惠原理，如果員工發現企業完全履行了承諾，那麼他們會很好地承擔起對企業的責任，付出超額努力，並對企業遇到的問題和機會做出快速、柔性的反應。

一旦發現心理契約已經遭到了「背叛」，員工可能認為企業並不承認他們的價值或沒有關注他們的表現，於是重新思考與企業之間的關係，不再信任企業。

對企業失望的員工，開始將自己的貢獻與收入掛鉤，不願意對企業做出全力貢獻，與企業的關係也變得越來越具有算計性和交易性。此外，他們也可能做出一系列令企業難以容忍的行為，如破壞企業的資產、對顧客態度不端正等，嚴重的甚至一走了之，從而複雜化了企業的管理工作。

雖然在經歷變革或處於不確定性環境中的企業，「背叛」員工心理契約的現象是非常普遍的，但是企業不應該對此無動於衷。由於心理契約遭到背叛後的員工行為具有破壞性，會損害到企業的效率與競爭力，因此，很多著名的研究者提出了企業應該對員工進行心理契約補救。其實，不管多麼優秀的企業，也不管它們是如何努力地與員工溝通，都應該意識到內外部環境的變化、雙方觀念的變化、對事物理解的不一致都可能導致員工心理契約違背的發生。在這一前提下，對企業來說，最有意義的就是學會如何進行心理契約補救。

員工心理契約違背的程度不同，其行為傾向也不同。美國哈佛學者們在研究員工抱怨時發現，當員工有抱怨時會表現為建議、忠誠、退出與忽略。據此，我們認為員工心理契約違背後其行為傾向也同樣可劃分為以下四種：

①建議：有低於期望的事件發生，但差值很小，這時員工可能採取積極性建議與建設性的態度，試圖改善目前的環境，包括提出改進的建議，與上級討論所面臨的問題。

②忠誠：有低於期望的事件發生，但差值較小，這時員工可能消極但還是樂觀地期待企業內、外環境的改善。包括面臨外部批評時為企業說話，維護企業的聲譽，相信企業及其管理層會做出正確的事，依然忠於企業，但時有抱怨發生，工作效率開始下降。

③退出：有低於期望的事情發生，且差值較大，開始對企業發展前景悲觀，這時員工對組織的忠誠度和責任感都會降低，最終可能採取退出的行為，包括尋找一個新的職位或者辭職。

④忽略：低於期望的事件發生，且差值很大，這時員工可能對企業有強烈的抗議，會消極地聽任事態向更糟的方向發展。包括長期缺勤和遲到，降低努力程度，增加錯誤率，逃避工作責任，竊取企業財產，對外說組織「壞話」，等等。

上述前兩者對企業的負面影響不大或者沒有負面影響，只要採取一定的補償措施，則心理契約違背可以消除。但後兩者對組織的負面影響較大，如果有較多員工出現這類行為，企業管理者則必須認真反省、變革管理，否則，企業消亡之日已是不久。

員工心理契約違背產生後，其行為傾向究竟是表現為辭職、抱怨，還是消極怠工，忠誠度下降等，一般還與下述因素有關：

①勞動力市場的供求狀況。

對於某些市場需求較旺的企業技術人才，他們很難在沒有履行對員工承諾的組織中繼續工作，終會辭職而去；對於某些市場供給過剩人員，他們在沒有履行對員工承諾的組織中將消極怠工，抱怨不斷，苦於無職可求而被動工作，效率低下。

②組織的補償措施。

組織的補償措施是指員工的心理契約違背傾向已經產生，為了減緩或消除這種傾向，企業向員工提供些補償。例如，由於環境因素導致企業策略收縮，這勢必會使許多盡職的部門主管被免職。很顯然，這些無端被免職的部門主管可能就會產生心理契約違背傾向。作為補償，公司可能將他們送入大學深造培訓。這樣，他們的消極行為就會減輕許多。與此同時，這也會給其他在職的部門主管樹立起一個范例，從而也會減緩他們的心理契約違背傾向。

心理契約補救是企業在發現員工的心理契約可能遭到違背或已經遭到違背時所採取的一系列對員工的補償行動，無論是由於雙方理解的差異還是無意或有意的食言，當企業意識到心理契約違背帶來的破壞性後果時可能會後悔當初的不理智行為。這時亡羊補牢尚且不晚，企業可以當機立斷，實行恰當的補救措施，及時修補與員工的關係。

心理契約補救是一個管理過程，首先它要發現心理契約違背（對於過於自利的企業來說，這是比較困難的），隨後站在客觀的立場分析違背產生的原因，對心理契約違背進行評估並採取適當的管理措施予以解決。對心理契約違背聽之任之的企業最後會發現難以留住優秀的人才，同時，長久下來形成的缺乏信任的氛圍和脆弱的雇傭關係使得企業在越來越激烈的競爭環境中不堪一擊。

③轉換工作的成本。

從一個企業轉到另一個企業是需要轉換成本的：

其一，需要尋找成本。因為要轉換則必須花一定時間和精力去尋找需要並適合你的企業；

其二，轉換意味著在原單位的優勢喪失，意味著在新的企業中需花費時間和精力重新建立各種社會關係。同時，若是從一個城市轉換到另一個城市，還必須降價處置住房等不動財產等，這些都構成轉換成本。如果轉換成本較高，則心理契約違背傾向會受到抑制，其破壞性也可能轉化為建設性。

5.3 創業企業員工心理契約違背對企業非物質資源配置低效率的惡化機理與改善

5.3.1 創業企業員工心理契約違背對企業非物質資源配置低效率的惡化

很顯然，員工心理契約違背的程度與企業效率有著明顯的負相關。當員工心理契約違背後，企業非物質資源配置低效率的惡化過程如圖 5-4 所示。

（1）心理契約違背與工作效率

心理契約違背與工作效率之間成負相關，其負相關係數的大小取決於個人心理契約違背的大小。其具體制約關係如圖 5-4 所示。

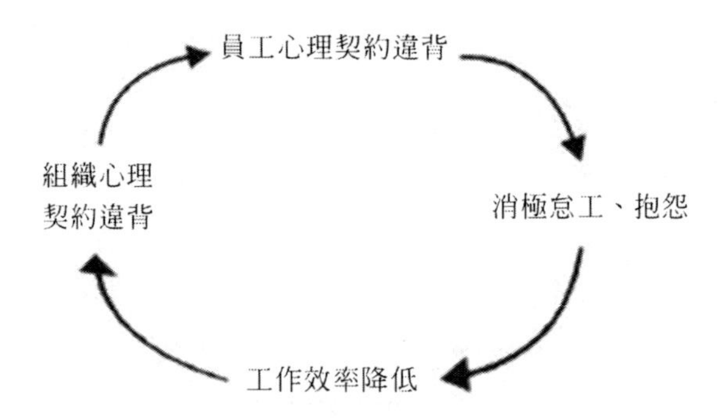

圖 5-4 心理契約違背與生產率的負相關

依據前述的分析，如果員工個人產生了心理契約違背，則其表現更多為抱怨，消極怠工及忠誠度下降，而這些都會導致員工的工作效率降低。員工的工作效率降低可能會引起企業的心理契約違背，即企業認為企業履行了自己的責任，而員工未能履行自己的責任從而減少員工的工資、福利、培訓機會等。企業的心理契約違背反過來又加深員工個人的心理契約違背，從而進人惡性循環，企業由此會陷人困境之中，企業非物質資源配置低效率境況步步惡化。

(2) 心理契約違背與缺勤率、流動率

心理契約違背與缺勤率和流動率都成正相關，即；心理契約違背程度越大，缺勤率和流動率也就越大。

員工缺勤不僅會打亂組織的正常運行，組織還必須為此支付昂貴的替補員工費，這通常會引起組織心理契約違背，從而進一步加深員工期望的挫折感，工作效率進一步降低，組織企業非物質資源配置低效率境況也就進一步惡化。員工的流動，特別是核心員工的流動，不僅會破壞企業的正常運行，而且還會使企業付出挑選和培訓補員的昂貴費用。若是員工流到了競爭企業，或他們自創企業，則更會增加企業的行業競爭壓力。所以，流動率增加特別是核心員工流動率的增加也同樣會使企業非物質資源配置低效率境況惡化。

此時，企業應該做出相當的努力來挽留這些核心的員工，其對策是或給員工提高工資，或給予更多的表揚和認可，或增力 H 晉升機會等，來降低他們的心理契約違背程度。而對那些低效率員工，則採用相反的方式！企業不僅不挽留這樣的人，甚至還可以製造一些微妙的壓力鼓勵他們辭職。

在對心理契約的違背帶來的影響研究中，等縱向考察了一些畢業生的第一次工作經歷和與之相伴的心理契約的發展情況。研究表明，關係型取向的心理契約被違背後，契約中的交易型成分加強，關係型成分減弱。Sherwood 和 Glidewell 曾經提出了一個在日常工作情境中持續不斷地對心理契約進行管理的框架：

①共同溝通協商是組織與個體之間建立心理契約的第一個階段，就如一個組織管理者在對一個應徵的員工進行面試。

②澄清角色與建立承諾指雙方都認清自己的角色所應當承擔的責任和擁有的權利，並且相互理解和接納對方。

③穩定期是雙方都履行既定的心理契約的階段。

④關鍵選擇點，指當各種因素變化引起心理契約一致性的差異，差異積累到一定程度，就會面臨選擇的問題。可能自動回穩定期（員工主動適應），有計劃地重新協商（雙方進行交流）或共同期望破裂。協商成功則進入新一輪循環，否則就有計劃終止（例如離開企業）。

⑤期望破裂後就會產生模糊與不確定感，焦慮怨恨。

⑥至關重要抉擇點。例如，員工結婚後一直在克服個人困難堅持加班，管理者不了解。一次這個員工確實家裡有很要緊的事情，提出不加班，此時就是至關重要的抉擇點。根據處理結果的不同，可能會「帶有怨恨地終止」，也可能「被迫重新協商」或是「摒棄前嫌」重新澄清角色，建立承諾。

5.3.2 基於創業企業員工心理契約違背的企業非物質資源配置低效率改善

（1）規避「四誤區」，改善創業企業非物質資源配置低效率境況

既然員工心理契約違背會使創業企業非物質資源配置低效率惡化，那麼，如何規避員工心理契約違背以改善創業企業非物質資源配置低效率境況就變得非常重要。企業管理者必須規避好「四誤區」以改善創業企業非物質資源配置低效率境況。

①在思想認識上，必須認識到員工心理契約違背對企業的負面影響，堅持人本管理，規避「思想誤區」。

在企業的發展過程中，管理者都非常注重正式的企業制度建設，注重正式的有形的文字契約，而傾向於忽略員工無形的心理契約。這是管理決策上的一個「思想誤區」。例如，我們經常聽到許多民企企業家的口頭禪：「你必須給我好好干，要不我就另尋他人」，「我吩咐，你（下屬）照辦」是一件天經地義的事，根本不和員工進行溝通，根本不考慮員工的感受和期望，

搞「一言堂」，有的雖然口頭不說，但實際行動上也的確如此。這種把人當作機器的做法，這種只重權益而不顧責任履行的做法，必然會導致員工的心理契約違背，降低管理效益。像這樣的問題當然不只是存在於民企，可以說眾多企業都普遍存在。

企業制度和紙上契約並非「萬能公式」，如果沒有員工心理契約的履行，再嚴厲的制度和紙上契約也難以保證員工內心的忠誠和工作上的盡心盡力。因此，企業管理層首先必須從思想上重視員工心理契約違背這一重要心理現象，堅持以人為本，重視員工的心理期望，加強責任意識和履行責任的意識，從而增強自我約束和自我控制，以達到規避員工的心理契約違背，改善企業非物質資源配置低效率境況的目的。

②在員工管理上，必須明確員工和企業雙方的責任，減少低於員工期望事件的發生，規避「責任誤區」。

員工心理契約中的企業責任和員工責任均由現實責任和發展責任兩因素構成。

企業現實責任是指組織為員工擔負的維持員工當前正常工作生活所必需的面向現在的責任義務，如好的工作條件和工作環境，重大事件處理上的訊息交流和情感溝通、尊重員工的權利和尊嚴等。而企業發展責任是指企業為員工擔負的維持員工長期工作生活所必需的面向未來的責任義務，如提供晉升機會、培訓機會，提供長期用工合同，提供養老保險、醫療保險，等等。

員工現實責任是指員工為企業擔負的維持企業當前正常活動所必需的面向現在的責任義務，如盡心盡力地完成企業工作任務，忠於職守，愛崗敬業，等等。而員工發展責任是指員工為企業擔負的維持企業長期發展所必需的面向未來的責任義務，如不斷提高自己的工作技能，與企業「同生死，共命運」，為企業的發展出謀獻策，等等。

不管企業也好，員工也好，都必須明確雙方各自的現實責任和發展責任，加強相互間的溝通和交流，規避「責任誤區」，這樣才會減少雙方的不確定性、誤解及衝突，降低低於員工期望事件的發生率。其直接結果將緩解員工心理契約違背的程度，刺激員工的工作積極性和主動性，改善企業非物質資源配置低效率的境況。

③在管理決策上，必須明確員工不同群體在心理契約內容上的差異，減少盲目決策，規避「決策誤區」。

員工的心理契約不僅具有動態性，而且還具有差異性。這裡所提的差異性是指不同員工個體或群體心理契約的內容不同。例如，年輕的員工更期望組織能給他們更多的晉升機會、培訓機會，而較少關心工作的穩定性如雇用期問題；年齡較大的員工則期望著終身雇用，沒有終身雇用的保障將使他們陷入一種深深的緊張之中，對企業的忠誠度也會隨之下降』行為也更會短期化』但他們對培訓機會 # 晉升機會的期望較少。另外，不同經濟狀況、不同教育程度、不同地區、不同行業、不同職務的員工心理契約的內容並不相同，他們對組織的期望也就不同。這就要求我們在管理決策中要分別對待，切止「一刀切」。只有這樣，才能減少決策的盲目性，規避「決策誤區」，提高企業運行效率。

④在事後行為上，必須採取補償措施，降心理契約違背的負面影響為最低，規避「成長誤區」。

在當今勞動市場供大於求的情形之下，員工處於一種不利的地位。這就使得部分企業在明明知道員工已經產生了心理契約違背，而不願去採取補償措施來降低這種心理契約違背的程度。這是一種錯誤的短期化行為，根本不利於企業的持續發展。因為，雖說員工此時不會罷工，但他會抱怨，會消極怠工，會在社會上說企業的「壞話」，破壞企業的社會形象，從而對企業現行效益和將來持續發展都不利。所以當企業當局意識到員工已經發生了心理契約違背的時候，必須針對性地採取一些相應的補償措施，或發點獎金，或組織旅遊等，來緩解員工心理契約違背，改善企業非物質資源配置低效率境況，規避企業的「成長誤區」。

（2）實施心理契約的 PATC 管理，改善創業企業非物質資源配置低效率境況

①效率反饋（Performance feedback）管理。

組織管理者還應該對員工效率提供清楚明確的反饋，使他們清楚了解自己的工作水平，以及尚待改善的空間。尤其是那些沒能履行自己責任的員工，這種反饋更會使他們認識到，是他們的活動導致了組織不兌現承諾。

然而，對很多管理者來說，向員工提供效率反饋，尤其是針對效率水平不佳的員工提供反饋，讓他們深感頭疼。原因主要來自兩個方面：第一，和員工討論效率的不足，常常使管理者彳 艮為難，因為沒有人願意當面傷及別人的面子及自尊。第二，當管理者指出員工的缺點時，許多員工可能會進行自我防衛，直接或間接地表現出攻擊的言行。解決效率反饋中的這些問題，就是要培訓管理者學會使用建設性的反饋，在反饋中對事不對人。同時，要保證反饋的訊息清楚、完整、及時，確保接收者能夠心服口服，以達到降低企業非物質資源配置低效率的目的。

②歸因（Attribution）管理。

當原有的心理契約被打破時，接下來的情緒不一定就是破壞性的，因為組織可以通過對員工未履行契約進行歸因管理，以達成員工對組織的諒解，降低員工的不平感。特別是當不可控的外因導致契約難以履行時，組織可以通過真誠而充分的解釋確保員工認識到這一點。心理契約上的失信是要付出代價的，其結果和正式合同失效一樣。當心理契約失信或違背不可避免地要發生時，管理者可以採取歸因管理的辦法來減少損失，降低企業非物質資源配置低效率。

某總公司下屬有三家製造工廠，公司由於特殊原因需要暫時削減其中兩家工廠員工 10% 的工資。其中一家工廠為這一事件向員工提供了充分解釋。管理者向員工說明由於外在不可控的原因造成不得不削減工資，並承諾這一影響只會持續 3 個月，削減 10% 的決定一視同仁。另一家工廠沒有提供任何「解釋」，只是告知大家要削減 10% 的工資，時間為 3 個月。結果發現，在

削減工資之前，三家製造工廠中由於員工偷盜而給組織造成的損失基本上穩定在 2% 的水平。在削減工資的 3 個月裡情況發生了明顯的變化。「有充分原因解釋」的工廠中，偷盜損失從原來的 2% 上升到 2.5%，工資恢復後又回到 2%。「無任何原因解釋」的工廠中，偷盜損失從原來的 2% 上升到 6%，工資恢復後又回到 3%。第三家工廠沒有削減工資的措施，其偷盜損失一直保持在 2%。

不過在這裡也要注意，組織提供的解釋只有被員工接受時才能達到預期效果。如果員工不接受這種解釋，或是把它視為另一種欺騙時，其結果無疑是雪上加霜，企業非物質資源配置低效率會被嚴重惡化。

③培訓與社會化（Training and Socialization）管理。

不管組織在人員甄選和錄用方面工作做得多好，新員工進入公司之初都不可能清晰地了解組織的各項要求，完全適應組織的文化。組織為員工提供一些培訓能增進員工對組織的了解，及時調整他們對組織不切實際的幻想和期望，使他們更迅速地融入組織。新員工的這種適應過程稱為社會化過程。經過社會化的碰撞和調整階段，新員工會更加清晰地了解企業的經營理念和文化價值觀，明確組織對員工的期望與要求，修正頭腦中存在的有關心理契約的認知結構。在這一點上，許多大企業都做得很好，如 IBM、聯想、TCL 等。

④信任（Confidence）管理。

組織中的信任指的是雇用雙方之間的相互信賴，雙方相信在交易過程中，彼此都不會做出傷害對方的行為。對組織的信任不僅可以降低員工的心理契約被破壞的知覺，還可以減緩心理契約違背所帶來的種種負面效應。同時，信任在歸因管理過程中也扮演著重要角色。如果員工信任組織，相信組織不會做出損害他們利益的行為，則更傾向於把契約未履行歸因為不可控的外因或相互誤解。反之亦然。因此，建立組織和員工之間的信任關係，是形成和維持良好心理契約的重要環節。研究證據表明，信任包括五個因素：正直、能力、始終如一、忠誠和開放。其中正直是五個因素中最關鍵的一項。「如果你不認為它是『有道義的』和『基本上誠實的』，那麼信任的其他因素都

無從談起。」可見，組織長期以來對員工的誠實守信、言行一致是建構組織中信任的基礎條件。

(3) 引導員工向企業抱怨，設計補救方案，改善創業企業非物質資源配置低效率境況

①引導員工向企業抱怨。

引導員工對企業抱怨，是企業確認管理過失的另外一種方法。企業應該告訴員工在不滿意時應如何抱怨，向誰抱怨，並讓員工了解企業將如何處理他們提出的問題。既然許多企業為外部顧客提供免費電話，以供他們發泄，那麼，為什麼不為內部員工設立一個內部的溝通渠道，讓員工將不滿說出，從而化解掉不利於企業發展的阻力呢。

②比照標準。

企業硬性的制度、政策等，應該能讓員工明晰自身與企業的權利和義務，一旦制定了，就意味著企業給予了全體員工承諾。此時，企業對照最初的標準，就會發現問題出現在哪裡。

③設計補救方案。

方案設計過程不僅僅是企業自己的事情，心理契約遭到破壞的員工同時也是參與方。心理學的相關研究發現，決策的控制人要比外控者）決策的被動接受人）更滿意。由此在心理契約補救的過程中，授權員工參與補救方案的部分抉擇，是一種既保證補救工作的有序進行，又給員工以駕馭或影響決策結果之感覺的有效策略。此外，由於員工的經驗和能力存在不足，讓員工部分參加補救方案的制訂，要允許員工出錯。可能員工在選擇了一種補救措施後，發現另外一種補救方法對自己更加有利，企業不應該出言譏諷，而是盡量滿足員工的需求。

在方案設計中，企業要真正做到給予員工公平待遇。那些向企業抱怨的員工，必定是因為再也難以忍受結果才提出的，他們非常期待企業的回應，企業一定要安慰這些感到委屈的員工，從公平的角度看，企業的方案要做到三個公平：

第一，結果公平。

如果企業能對受到不公平待遇的員工提供溝通、賠償等措施，那麼員工可能會因此而更加忠誠於企業。此外，與企業單純採取一刀切的方式對員工提供補救措施相比，能提供讓員工選擇的機會更容易消除員工的消極反應。

第二，過程公平。

過程公平首先要求企業勇於承擔起錯誤的責任，其次，處理員工抱怨的速度要。

第三，交互公平。

與員工充分地溝通，清楚地解釋為什麼管理出現過失，並付出努力去解決問題。

④方案實施。

在實施補救方案的過程中，企業要與員工充分溝通，始終讓員工處於知情狀態。開誠布公的溝通不僅可以緩解變革帶給員工的壓力，而且是企業與員工之間建立合理預期的基礎。雖然有時連管理人員也難以知道未來的發展方向，但只要是公開的真實訊息，企業就必須確保所有的員工都獲得了這些公開訊息。這一點對於大型企業尤其重要，員工和管理者之間的溝通在變革前、變革中和變革後都是非常關鍵的。

（4）建立心理契約的循環管理體系，改善創業企業非物質資源配置低效率境況

心理契約的 EAR 循環，是指其建立（establishing）調整（adjusting）和實現（realization）的過程！當一個 EAR 過程結束之後！在既有期望實現的基礎上，雇員又會對組織產生新的期望，這樣又建立了一個心理契約，繼而在實現心理契約的過程中，根據環境的變化對心理契約做出調整，直至其再次實現。

有時組織會面臨很多重大而快速的變化，如新員工加入、高層換人以及組織重組等，這些將影響高級人才與組織之間的心理契約的基礎。特別是當

企業的決策與高級人才的期望所背離時，他們便會覺得這些變化破壞了心理契約，他們此時可能採取主動修正自己的心理契約或直接就背離；理契約離職。為了控制此種情況下產生的離職行為，組織必須有與員工保持經常溝通的主管人員。主管人員要有耐心且具有敏銳的洞察力，要通過與高級人才的交流及時了解他們的工作滿意度，讓其自由表達心中的看法及不滿和抱怨，還應有選擇地採納他們的建議，疏導他們的誤解，洞悉其對組織新的期望，這樣才能使；理契約不斷得到加強。同時，組織應盡力完善自己的制度政策、管理方式，不斷修正組織管理策略，這也可以引導員工心理契約的重新加強。

(5) 明確企業員工「心理契約」所處的周期階段特點，改善創業企業非物質資源配置低效率況

一名員工從通過應徵到離職，通常要經過這樣幾個心理活動階段：心理高亢期、心理穩定期、心理契約背離期和心理契約決裂期。如果企業想留下該員工，那麼，就必須明確企業員工「心理契約」所處的周期階段特點，改善企業非物質資源配置低效率境況。

①心裡高亢期。

心理高亢期是指員工未正式進入企業之前，由於各種原因在心理上對企業充滿一種向往之情的一段時期。在這段時期，幾乎所有的求職者都滿懷激情，心理活動處於高亢狀態，其時企業很難判斷他們的未來對企業的忠誠度，因此企業必須把好應徵關，在應徵過程中要以忠誠度為導向，具體可以從以下三個方面進行：

首先，排除跳槽傾向大的求職者。企業在應徵和甄選過程中，往往只重視對求職者工作能力的考察，但是仔細察看求職者的申請材料並加以分析，還能獲得其他有用訊息，例如，該求職者曾經在哪些企業工作過，平均工作時間長短，離職原因，等等。通過這些訊息可以預先排除跳槽傾向較大的求職者。

其次，注重價值觀傾向。員工忠誠度的高低與其對企業價值觀的認同程度密切相關，企業在應徵過程中不僅要看求職者的工作關聯技能，還要了解

求職者的個人品質、價值觀、與企業價值觀的差異程度以及改造難度等，並將其作為錄用與否的重要考慮因素。為了保證高員工忠誠度，甚至可以放棄雇用經驗豐富但價值觀受其他公司影響較深的求職者，而去雇用毫無經驗但價值觀可塑性強的應屆大學畢業生。

最後，要進行徹底的溝通，建立良好的心理契約。通常而言，心理契約都是在這個環節形成雛形的，因此，當討論涉及企業文化（理念）、薪酬福利等時，要盡可能溝通清楚和透徹。

②心理穩定期。

心理穩定期是指從員工正式進入企業到開始呈現離職傾向的時期，員工忠誠度主要靠這段時期培育。而我們知道，員工對企業是否滿意直接影響著員工對企業的忠誠度，因此在這段時期的工作重點是提高員工的滿意度，具體可以從以下幾個方面著手：

第一，調節工作本身。

主要包括兩個方面：一個是工作的多樣化，因為工作內容也是決定員工工作滿意度的重要因素；另一個就是工作方式的自主性，對於上級而言就是適時授權，讓下屬擁有工作的積極性和主動性。

第二，進修和提升。

進修可以提高員工的專業素質，從而提高員工的可雇用性，而提升則可以為員工自我價值的實現提供一個更好的平台，同時提升也是對員工過去工作成績的肯定，因此工作中的進修和提升的機會會對員工的滿意產生正面的影響。

第三，企業文化。

企業文化的核心是價值觀，而價值觀直接決定員工的行為，因此企業必須建立一種先進的企業文化，以增強對員工的感召力和凝聚力。

第四，員工參與。

員工參與企業決策的範圍越廣，程度越大，員工對自己在企業中地位和重要性的評價就越高，其歸屬感也就越強烈，心理契約違背的可能性也就越小。

第五，滿意度調查。

定期在企業各個員工層次做滿意度調查有利於掌握企業員工，尤其是核心員工的心理狀況，了解其「心理契約」所處的周期階段，並採取相應的處理對策。

③心理契約背離期。

心理契約背離期是指員工已開始對企業進行抱怨、批評、失望甚至產生明顯的離職#f向。隨著企業的發展和員工素質的提高，以及環境因素的變化，維持員工忠誠度的條件往往也會隨之變化，企業必須及時發現這些變化，並有針對性地做出令員工滿意的調整，以增加員工的忠誠度。

④心理契約決裂期。

心理契約決裂期是指員工已對企業完全失望的一種心理離職傾向。員工的離職對於企業來說是一個修補和檢討企業如何維護員工忠誠度和滿意度的好機會。因此對於離職的員工應該在其離開的時候，通過面談或者問卷的方式對其進行心理契約決裂原因的詢問和總結，通常由於員工在這個時候已經和企業沒有什麼利害關係了，所以往往能夠了解到真實的情況。

儘管有的時候員工離職帶有種種不滿而導致不願意回顧和透露離職原因，但是由於這個步驟是非常重要的，所以應該盡可能聽取和獲得這個部分的訊息。

最成功的例子來自摩托羅拉，摩托羅拉公司在員工辭職的時候都會盡力了解員工離職的原因，就算在當時由於員工的個人情緒不能了解到離職訊息時，也會在之後盡力與之聯繫了解，並且摩托羅拉也歡迎曾離職的員工回來工作。

（6）重視非正式組織的作用，改善創業企業非物質資源配置低效率境況

非正式組織是企業經營過程中不可避免的產物，其影響有正反兩個方面。

首先應該理解其負面影響，主要的表現有以下兩種：

①非正式組織可以成為組織變革的阻力，尤其當他們是既得利益者時，其力量可能大到在推動變革時不容忽視，必須考量其存在。所以當它夠壯大時，若又遇到公司發生不合理的對待情事，常常與公司相抗衡；

②而在公司正式的行政發布管道之外，非正式組織內部頻繁的訊息交換，容易傳播不完整、不實的訊息，在組織裡混淆視聽，造成管理階層政令宣導的困擾，也影響一般員工對於公司的信任與向心力。

因此首先要尋找圈子裡面的關鍵人物，並看清非正式組織內部各成員之間的關係，不管這個非正式組織是在企業的下層還是上層一也許這需要一段不短的時間，但是要避免非正式組織負面的影響並發揮小團體的優勢，這是必需的。

相對於非正式組織的負面影響，其正面的意義比較明顯，也正如前面所描述的，在這一次的問卷調查中，能夠接近或者進入的非正式組織內部的人更容易對企業獲得滿意感和忠誠度。

所以，利用非正式組織內部人員的同質性心理，適時授權就能帶動整個非正式組織的良好運作。

（7）構建良好的溝通渠道，建立高效的溝通機制，改善創業企業非物質資源配置低效率況

令員工感到組織背信棄義並產生憤怒感的至少一部分原因來自於理解歧義，即員工與組織代理人之間針對各方責任、義務、權利的理解存在分歧。顯然，雙方在這些方面的明確討論和溝通，會使他們對契約內容的理解更為接近。

心理契約的很多內容在員工甄選過程中就形成了。很多企業在應徵時通常會誇大福利待遇和發展機會，以吸引優秀人才的加盟。而應徵者也在企業

的「誇大承諾」基礎上與企業達成心理契約。當應徵者真正進入企業後，會發現現實工作條件與當初的「心理契約」不相符合，從而感到心理契約被違背，進而出現各種消極的態度和行為表現。可見，一些心理契約的違背產生於應徵過程中的訊息失實。

因此，在應徵階段為潛在的員工提供現實工作預覽，即向求職者提供關於崗位、工作條件、公司等有利方面和不利方面的訊息，讓員工更清晰地了解實際情況，使員工的心理預期與組織現實趨為一致，可以降低雇用雙方之間的理解分歧，並進一步降低心理契約違背出現的可能性。已有研究表明』在聘用員工之前，先讓他們對工作有一個現實、準確、概括的了解，相比不提供真實情況的對照組來說，前者離職率低於後者 29%。

（8）重視員工激勵，建立員工的自我激勵意識和機制，改善創業企業非物質資源配置低效率境況

管理要以人為本，進行人性化管理，重視人力資源，開發人力資源，留住人才也能吸引優秀人才加盟，因此，激勵也應該從這個視角考慮，根據心理契約的相關理論：只有員工心理的平衡才能夠達到最大的激勵效應，而由於心理的平衡與否是由員工本身來調節，因此，利用「自我激勵（暗示）」將會是激勵員工的最重要手段。

企業的管理者不能再依靠權力管理，而是憑藉著因與員工共同進步、對員工指導幫助和公平公正的形象而獲得的威信來幫助員工工作，並推動工作朝積極的方向發展，以此來推動組織目標的實現，使公司價值得到提升。

當然對管理者的素質和管理水平也提出了很高的要求：管理者需要進行充分的授權和溝通。沒有權限的員工肯定不會放開工作，也不會有積極性和主動性，更談不上自我激勵。所以授權是非常必要的，管理者在劃定界限的前提下將權力下放，讓員工有權處理自己業務範圍內的事情，只要不超出管理者規定的界限，員工就可以自由發揮，這樣，員工就會有責任感地去工作，也會在工作中不斷提高自己，不斷激勵自己。

管理者有責任喚起員工的自我管理和自我激勵的意識，讓員工意識到企業給了你發展的空間，員工自己要有意識、獨立地對自己的發展負責，獨立工作承擔責任的同時，也獨立地對自己的發展負責，對自己進行激勵。管理者和員工進行溝通，讓員工知道管理者期望自己能夠很好地進行自我激勵，獲得發展和進步。

其實通過本次訪談發覺被仿企業的核心員工都是要求進步和積極的，只是因為企業的某些方面的因素造成了有些員工產生消極情緒，降低了工作效率。只要建立積極的工作環境、領導風格和開放的溝通渠道，將員工看成社會人，認識到員工的被尊重、被認同和實現自我的需求，管理者才能更好地行使自己的管理職能，更直接地幫助員工進行自我激勵。前面已經分析了企業非物質資源配置低效率形成的三個因素，本章則主要是從當前經濟社會生活中所看到的一些職場壓力現象開始分析，認為職場壓力也是形成企業非物質資源配置低效率的重要因素。在分析過程中，發現適度的職場壓力是規避企業非物質資源配置低效率的保證，過度的職場壓力是員工企業非物質資源配置低效率產生的誘因，接著又從職場壓力的形成與控制兩個視角分析了二者產生企業非物質資源配置低效率的原因，並提出在遵循施緩配合下的適度原則、組織支持控制下的以人為本原則和個人努力下的學習成長原則的條件下，運用自我診療支持控制、組織支持控制和社會支持控制三個方法，來保證企業內部的適度職壓，從而為企業規避企業非物質資源配置低效率提供一些具體的方法。

5.4 組織承諾的提升與企業非物質資源配置低效率的改善

5.4.1 組織承諾的內涵

組織承諾這一概念最早是由 Beke（1960）提出的。他將承諾定義為由單方投入（side-bet）產生的維持「活動一致性」的傾向。在組織中，這種單方投入可以指一切有價值的東西，如福利、精力、已經掌握的只能用於特定組織的技能等。他認為組織承諾是員工隨著其對組織的「單方投入」的增加而不得不繼續留在該組織的一種心理現象。組織承諾（orgyanizational commitment）也有譯為「組織歸屬感」、「組織忠誠」等。組織承諾一般是指個體認同並參與一個組織的強度。它不同於個人與組織簽訂的工作任務和職業角色方面的合同，而是一種「心理合同」，或「心理契約」。在組織承諾裡，個體確定了與組織連接的角度和程度，特別是規定了那些正式合同無法規定的職業角色外的行為。高組織承諾的員工對組織有非常強的認同感和歸屬感。

加拿大學者 Meyer 與 All 對以前諸多研究者關於組織承諾的研究結果進行了全面的分析和回顧，並在自己的實證研究基礎上提出了組織承諾的三因素模型（Meyer 和 Allen，1991）。他們將組織承諾定義為「體現員工和組織之間關係的一種心理狀態，隱含了員工對於是否繼續留在該組織的決定」，三個因素分別為：

①感情承諾（affective commitment），指員工對組織的感情依賴、認同和投入，員工對組織所表現出來的忠誠和努力工作，主要是由於對組織有深厚的感情，而非物質利益；

②繼續承諾（continuance commitment），指員工對離開組織所帶來的損失的認知，是員工為了不失去多年投入所換來的待遇而不得不繼續留在該組織內的一種承諾；

③規範承諾（normative commitment），反映的是員工對繼續留在組織的義務感，它是員工由於受到了長期社會影響形成的社會責任而留在組織內的承諾。

同時，Meyer 和 Alim 還編制了三因素組織承諾量表（Meyer 和 Allen，1990），對上述承諾的三因素進行測量。

Meyer 與 Allen 的三因素組織承諾模型的提出，產生了廣泛的影響，成為目前西方廣為接受的組織承諾概念。然而作為工作態度之一的組織承諾，必然受到組織成員所處的組織文化和社會文化的影響。已有學者研究證實文化社會化是組織承諾的前因變量（Clugston，2000）。一些跨文化的研究也顯示出由於文化的影響，不同國家之間組織承諾的內涵可能並不一致。那麼，作為東方文化之代表的中國文化會對中國企業員工的組織承諾產生怎樣的影響？在經濟體制正進行著根本性轉變的今天，中國員工的組織承諾表現如何？這是中外管理者和管理學家們都非常關注的問題。

為此，我國學者凌文輇、張治燦、方俐洛（1998，2000，2001）等人對國內企業員工的組織承諾進行了系統性的研究。他們採用訪談、半開放式問卷調查和結構化問卷調查等方法，編制了「中國員工組織承諾問卷」，探索中國企業員工的承諾結構。研究發現，中國員工組織承諾的結構模型中包含五個因子。

中國企業員工的組織承諾結構中與西方同樣具有感情承諾因子和規範承諾因子，其含義也是與 Meyer 和 Allen 的模型中一致的。經濟承諾和機會承諾的意義也體現在了三因素承諾模型中的繼續承諾因子中。然而，理想承諾這一因子卻是西方的模型中未涉及的。

5.4.2 組織承諾影響員工工作效率損失的機理

在 1990 年以前，西方的研究者把大量的努力放在了辨別組織承諾的前因和結果變量上，「組織特徵（例如，分權化程度，決策參與程度）、工作特徵（工作的互動性、完整性、工作環境）、工作經驗（組織可依賴性、個人重要性和期望程度）和個人特徵（例如，各種人口統計變量和人格特質）都被作為組織承諾的前因變量（Bateman 和 Strasser，1984）」，其中，Mowday 等（1982）認為，角色特徵（角色衝突和角色模糊）也是影響組織承諾的因素之一，在 Mowday 之前和之後的研究中，一些學者也發現了相似的結果，另夕卜，人們還發現組織支持（Eisenbeirer，1986）、程序公平（Tyler，1990）、組織的價值觀（Finyan，2000）等也被認為是對組織承諾有影響的重要因素。

工作效率（Job Performanoe）是員工聘任制有效執行的基礎，是企業系統人事決策如提職、晉級、獎懲、留用或解聘的重要依據，也是員工資格考試以及培訓效果檢驗的重要效標，而且薪酬激勵與效率緊密掛鉤。

Campbell 將工作效率分為五個維度，即職業道德、職業奉獻、工作效能、人際互動、工作評價。有關企業員工的組織承諾及其與工作滿意度相關研究發現，企業員工對其所從事的職業的情感承諾和規範承諾越高，他們的工作滿意度也越高，而且二者之間的相關程度是很高的；相反，員工對其所從事的職業的繼續承諾越高，他們的工作滿意度則越低。Bonan 等（1993）的研究表明了員工的組織承諾分別對工作效率不同方面有解釋力。情感承諾和規範承諾對效率各方面均有正面影響，而繼續承諾在人際促進以及工作成效方面卻呈負向關係。個人對組織承諾所表征的內因，對員工的工作效率起著舉足輕重的主導作用，它是提高員工工作效率的關鍵。

5.4.3 提升組織承諾，改善企業非物質資源配置低效率

對於管理者而言，了解員工的組織承諾對於制定政策和改進管理至關重要。沃森·懷亞特公司的一份對美國 7500 名員工的調查顯示，擁有高承諾員工的公司三年內對股東的總體回報（112%）要遠大於員工承諾水平低的公司（76%）（Whitener，2001）。可見員工對組織的承諾對於公司是何等重要。那麼，如何提高中國員工的組織承諾，改善企業非物質資源配置低效率呢？

①中國文化重視經驗中的情感體驗成分，為了贏得員工的感情承諾，需要員工在工作實踐中體會到組織的關心和厚待。因此，管理者要從員工的需要出發，悉心設計對員工的各項政策，營造適宜的工作環境，為員工能高度卷入並努力達成組織目標創造條件。對員工的每一分付出，公司都要給予積極的肯定，並通過公平的分配和晉升系統給予回報。

②做好員工職業生涯管理，建立組織內部職業生涯發展體系。為員工的發展提供更多的培訓和晉升空間，滿足員工的理想承諾要求，建立員工的工作遠景，幫助員工進行自我實現。

③信任管理：要贏得員工的感情和忠誠必須給予員工信任。管理者要通過誠實與公開的溝通，與員工建立相互信賴的關係，給予員工歸屬感，不是通過嚴厲的規則而是通過教育培訓來降低組織不期望行為的發生。從而消除雇傭不穩定因素對組織承諾的消極影響。

④通過應用「中國員工組織承諾問卷」對員工的組織承諾進行調查，了解員工的承諾狀態和水平。每一位員工的組織承諾中都有上述五種承諾因子，但是他們各自的水平是不同的，只有一種或兩種承諾因子占主導地位。其中以經濟和機會承諾為主導的員工離職率較高。對於這類員工，可以根據他們的效率表現和組織需要，採取有針對性的措施來挽留其中所需人才，而機會承諾者可讓其自然流失。因為保持一定比率的人才流動率，對公司也是必要的。而當組織內員工總體承諾水平較低時，意味著高度的人才流失危險，要求管理者高度警覺和反省，並調整管理措施。

根據員工組織承諾與工作效率的關係，企業管理部門應有針對性地採取相應的應對措施，著力激發和培養員工對其職業形成較高的情感承諾和規範承諾，這對其工作效率的提高可能大有幫助。其中最主要的是激發員工內在的動機，提高情感承諾和規範承諾。只有當每個員工的職業價值觀昇華到自我實現的高級階段，人的潛能才能充分發揮出來，使其在工作中實現最高的自身價值和社會價值。每個員工都能懷著強烈的建設所在企業的使命感、責任感，熱愛並努力做好自己的工作，這是提高員工工作效率的最根本的原動力。

第 6 章 職場壓力與職業疲倦誘發價值網企業創業績效損失機理研究

前面已經分析了價值網創業企業非物質資源配置低效率形成的三個影響因素，本章則主要是從當前經濟社會生活中所看到的一些職場壓力現象開始分析，認為價值網創業者職場壓力和職業疲倦也是形成價值網創業企業非物質資源配置低效率的重要因素。在分析過程中，發現適度的職場壓力是規避價值網企業非物質資源配置低效率的保證，過度的職場壓力是員工非物質資源配置低效率產生的誘因，接著又從職場壓力的形成與控制兩個視角分析了二者產生價值網企業非物質資源配置低效率的原因，並提出在遵循施緩配合下的適度原則、組織支持下的以人為本原則和個人努力下的學習成長原則的條件下，運用自我診療支持控制、組織支持控制和社會支持控制三個方法，來保證企業內部的適度職壓，從而為價值網創業企業規避企業非物質資源配置低效率提供一些具體的方法。

6.1 職場壓力的概念與特徵

6.1.1 職場壓力的概念

《財富》中文版雜誌對 1576 名高級管理人員所做的健康調查顯示：近 70% 的高級管理人員感覺自己當前承受的壓力較大，其中 21% 認為自己壓力極大。

為了幫助企業從整體上把握白領的工作現狀，國內著名的市場調查機構——零點研究集團對公司白領進行了一次工作壓力調查。此次負責調查的是零點研究集團所屬北京零點市場調查有限責任公司，通過對 415 位白領（男性 45.8%，女性 54.0%）的網上調查，完成了《白領工作壓力研究報告》。調查結果顯示，41.1% 的白領正面臨著較大的工作壓力，61.4% 的白領正經歷著不同程度的心理疲勞，「心理環境」惡劣，其效率明顯下降。

據報導，還有更為極端的情況，1993 年 3 月 9 日，上海大眾公司總經理方宏跳樓身亡；2003 年 6 月 23 日，溫州市浙江東方集團副總經理宋永龍因長期精神抑郁自殺身亡；38 歲的均瑤集團董事長王均瑤先生英年早逝；青島啤酒的總經理彭作義在 50 多歲突發心臟病早逝；視覺藝術家和企業家陳逸飛先生病逝時還不到 60 歲；2003 年 8 月 4 日凌晨，韓國現代集團所屬峨山公司董事長鄭夢憲跳樓歸西……

這種老總們的自殺是一種不堪重壓而引起的極端行為。調查顯示，那些身在職場的經理都忍受著巨大的職場壓力。比爾·蓋茨說：「微軟距離倒閉永遠只有十八個月。」海爾 CEO 張瑞敏說：「我每天都如履薄冰，戰戰兢兢。」……

以上例子數不勝數，這一切再次提醒中國的企業家關注自己的健康，持續的壓力過剩是導致心臟病、高血壓等疾病的頭號真兇，它給個人和企業帶來巨大的損失。據研究機構美國職業壓力協會估計，壓力以及其所導致的疾病一缺勤、體力衰竭、精神健康問題——每年耗費美國企業界 3000 多億美元。目前在中國，雖然還沒有專業機構對因職業壓力為企業帶來的損失進行統計，業內人士初步估計，中國每年因職業壓力給企業帶來的損失，至少在上億人民幣。企業關注職業經理人的壓力問題，能充分體現以人為本的理念，利於構建良好的企業文化，增強職業經理人對企業的忠誠度。

上述情況充分顯示了在當今競爭激烈的社會裡，組織中各層次的員工都承受著不同程度的職場壓力。

6.1.2 職場壓力的企業非物質資源配置低效率特徵

職場壓力是指組織員工在工作場中受到種種刺激（應激源）的影響而產生的一種心理緊張情緒，是一種非特定性反應。這種反應包括生理的（心跳加快，血壓升高）、心理的（焦慮、抑郁或精神恍惚、記憶力下降）和行為的（工作效率的改變）三部分。我們認為，它與工作效率之間的關係可從定性和定量兩個方面來描述。

（1）職場壓力的效率特徵的「倒 U 模型」

從定量上看，職場壓力的效率特徵可用如圖 6-1 所示的「倒 X 模型」來描述：

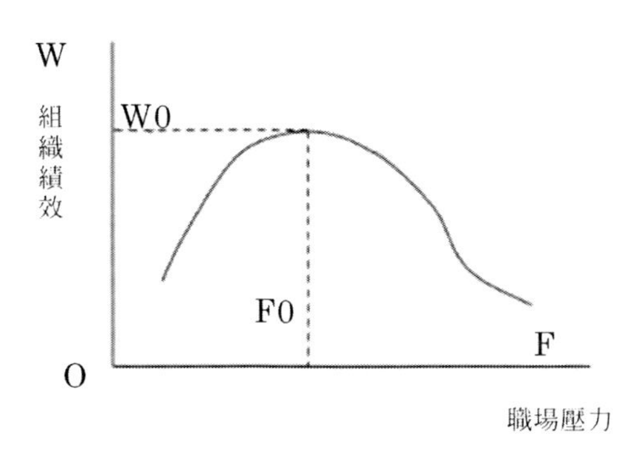

圖 6-1 職場壓力與組織效率的關係

假定大多數人更接近 X 理論的人性觀，且設 D 表示工作效率的高低，F 表示職場壓力的大小，則其關係見下圖：圖中是臨界點，W0 為最高效率點，W 為社會組織的平均效率水平，（0，F1）為低職壓區，（F1，F2）為適度職壓區，而（F2，∞）為高職壓區。從圖中可以看出職場的效率特徵：

當 F<F0 時，dW/dF>0，dW/dF<0，二者所顯示的效率特徵是：當職壓較小時，隨著職壓的增加，組織效率逐漸增加，但其邊際效率遞減；

當 F>F0 時，dW/dF<0，dW/dF<0，但 |dW/dF| 和 |dW/dF| 均為增函數，它們所顯示的效率特徵是：當職壓過大時，職壓再增加則組織效率開始迅速降低，並且其時邊際效率也會迅速降低。這也告誡管理者，當組織壓力過大時必須控制。

對於某一特定組織，適度職壓區（F1，F2）的大小與組織成長的階段以及宏觀經濟環境等因素密切相關。

（2）適度的職場壓力是員工高效率的保證

在《動物世界》中，經常看到這樣一組鏡頭：一群駿馬在狂奔，塵土飛揚，遮天蔽月，蔚為壯觀；鏡頭慢慢地後移，原來後面幾只兇猛的獅子在追逐馬群，這是一場為生存而進行的角逐，結果常常是一匹落後的馬被猛撲上來的獅子撕咬分食……

在一家發豆芽的工坊，我們看到豆子放在濕布上，一處壓上石頭，一處任其生長，結果沒有壓石頭的豆芽長得又長又細，味道很差，而壓有石頭的豆芽長得又白又胖，味道鮮美……

以上材料顯示，生存壓力其實是一切生物行為的最原始動力源。鏡頭中的馬群和「石頭壓制下」的豆芽都是因對落後的恐懼而引起的一種求生本能的折射。

而就人性來說，大多數人更接近 X 理論的人性觀，即趨利避害、貪圖安逸、規避壓力。因此，如果組織缺乏適度壓力，則個體便會處於低效率狀態。我國計劃經濟時代的「大鍋飯」也正是因為高估人性而導致了低效率。而在自由資本主義時期的資本主義競爭，卻是將人性界定為「X 人性觀」，造成職場壓力而產生高效率從而成為現代市場經濟成功和繁榮的根本原因。因此，適度的職場壓力是員工高效率的保證。

(3) 過度的職場壓力則是員工企業非物質資源配置低效率的誘因

石某大學畢業後，來到一家大電器公司，他熱愛自己的本職工作並注入很大的熱情，工作效率高。然而，自從去年被提升為部門經理之後，他產生了一種莫名其妙的不適感，他常常感到儘管自己工作很努力，但工作效果總不盡如人意，同事也開始對他「說三道四」，這種焦慮的情緒深深地浸入他的意識之中，他開始延長工作時間，把工作帶回家，甚至經常工作到深夜。他感到精疲力竭，卻仍在擔心第二天的工作。

由於升職引起的工作責任加大和對自己過度的心理期望，給他帶來了較大的職場壓力，從而引起情緒焦慮和身體上的不適，使自己處於一種疲倦和沮喪的狀態之中，工作效率降低。

產生上述情況的原因是，日趨激烈的競爭使企業承受著前所未有的壓力，而企業又將這種壓力通過企業內部的約束機制和競爭機制「轉嫁」給員工，造成員工職場壓力的增大。但如果這種「轉嫁」造成了過度的職場壓力，則又會使得員工不堪重負，其直接後果是：

第一，員工的心身健康受到威脅，工作效率會大幅度下降。依據心理學有關原理，當個體長期處於壓抑，低調或過度勞動時，會產生職業疲勞，最終導致心理疾病和身體疾病，從而影響個人效率和企業效率；

第二，員工的情緒會步步惡化，企業的缺勤率和離職率會上升；

第三，員工的組織承諾將進一步降低，員工的心理契約違背程度將進一步加深，組織開始變得「鬆散」甚至於可能還會出現罷工，出現負效率。

所以說，過度的職場壓力則是員工低效率的誘因。

通過以上分析，我們可以看到，職場壓力的效率特徵在管理學上的意義是：當員工感覺職場壓力不足時，組織應該給員工加一定的壓力；當員工感覺職場壓力過度時，組織又應該給員工緩釋壓力，這樣總能讓員工在動態中保持適度壓力，員工的效率水平進而組織的效率水平也就有了保證。現在的問題是，職場壓力不足時，如何形成？職場壓力過度時又如何控制？

6.2 職場壓力的形成

6.2.1 與員工工作和環境有關的壓力形成

（1）與員工工作有關的壓力形成

①員工工作不安全感造成的職場壓力。

第一，員工對失去現有工作崗位的擔心。

今天，競爭日趨激烈，企業重組、兼並、破產時有發生，從而使得已經供大於求的勞動力市場更是「動蕩不安」。這又使得人們對現在工作穩定性的預期很低，特別是對知識結構單一或個人現有工作對自己或家庭都很重要或年齡較大的員工。很顯然，這些人無法消除對失去現有工作崗位的擔心，這種擔心會造成他們很大的職場壓力。

第二，員工對自己未來工作不確定性的知覺。

Super 的職業發展理論認為，員工的不安全主要以經濟為導向，「是一種有支配作用的需要，是員工選擇工作的主要原因」。後來 Blum 在 Super 的基礎上，把安全作為職業選擇的一個主要因素，並且構建了一個安全量表。這一量表不僅明確了構成員工安全的主要內容，而且通過對量表的分析還可以證明員工的安全取向與職業導向之間的直接關係。因此員工的不安全感不僅包括維持現有職業或專業崗位的安全，還包括未來職業發展的趨勢與自己職業取向不一致引起的不安全。因此，員工對個人職業的市場前景的悲觀判斷也是員工職場壓力形成的一個原因。

②員工工作任務不明，工作任務過重、責任過大造成的職場壓力。

員工不理解工作內容，或者不知道應向誰請示或者所完成的任務是別人工作的一部分，這時便會產生職場壓力。因為這些任務不明的情況，使員工感覺到威脅和不安全。另外，當工作任務過重，或者當工作關係到人的生命、巨額財產時，員工的壓力也會增大。

③員工工作中對資源失去的知覺造成的職場壓力。

資源保護（COR）模型的理論由 Hobfoll 提出，他認為當個體所處的環境使其知覺到可能失去某些資源，或已經失去了某些資源，或獲得新的資源比較渺茫時，就會產生壓力感。該模型認為下列四種情境會導致員工產生壓力：

第一，員工認為有價值的資源面臨失去的威脅；

第二，員工某些有價值的東西已經失去；

第三，支持個體獲得有價值資源的因素不充分；

第四，背景提供的保護或培育價值資源的途徑不清晰。

(2) 與企業環境中有關的壓力形成

①企業文化的特徵。

隨著企業制度日益完善，企業內部員工價值觀念的衝突，將會成為員工關係緊張的一個主要原因。對以下三個問題的回答，可以基本判定企業文化的特徵：

第一，個人是否難以接受現有的企業文化；

第二，企業文化的類型是否是專制的或是競爭的；

第二，人際氣氛是否是淡漠、戒備的，等等。

如果答案是肯定的，則這些因素都會產生職場壓力。

②環境惡劣或其變化具有不確定性。

這裡的環境惡劣是指宏觀經濟運行進入疲軟期或者政治動亂或者戰爭等情形，這些情形都會給組織進而給個人帶來職場壓力。另外，心理學家認為，當對個體很重要的活動結果不確定時，人們也會產生壓力，因此，環境變化的不確定性（如當組織面臨危機進行組織變革時，或者當組織政策不明確可靠時）也會使員工產生職場壓力。

6.2.2 與個人因素和人際關係有關的壓力形成

與人際關係有關的職場壓力形成，一般主要有如下三個方面的成因：

第一，有關員工性格或價值觀的差異。員工之間性格不合，或者有不同的價值觀，這都會使彼此溝通困難，從而造成人際關係的緊張，進而產生職場壓力；

第二，有關升職、加薪和提高地位、獎勵中的競爭。這種競爭會造成很大的職壓』因為在現代社會，追求超越同類』取得「相對優勢」的競爭是現代人生存壓力的主要形式。在「價值資源」有限條件的約束下，這種競爭是殘酷的，從而造成的職場壓力也是巨大的；

第三，員工和上級產生難以調和的矛盾。這種矛盾一旦產生，就會給雙方都造成很大的職壓。特別是員工，因為他的上級掌握著他許多的「價值資源」，上下級之間的矛盾可能會使這些「價值資源」蕩然無存。

(1) 家庭

家庭可以是員工工作的動力源所在，但也可以是員工的壓力源所在。例如，家庭成員的感情不和，小孩學業不佳，家庭的收入入不敷出，如此等等都會給員工造成壓力，影響個人工作情緒，影響企業效率。

(2) 個人認知

同樣面對公司裁員，有的員工害怕自己失去工作而產生壓力，而有的卻認為這是脫離公司，從而開展自己的事業的一個機會。同樣的工作環境，有的員工認為它富有挑戰性，能夠使人的工作效率得以提高．而有的員工卻認為它的危險性太大，要求太高。因此職場壓力的產生不僅與客觀條件本身有關，而且還與員工對這些因素的認知詮釋有關。

(3) 內心衝突

當員工覺得個人價值觀與公司價值觀相左，覺得目前職位妨礙了自己追求自己所喜愛的事業，從而導致內心情緒的激烈衝突，這種衝突會使員工的行為無所適從，會使員企矛盾激化，員工的職場壓力也就由此產生。

但是，我們必須清晰地了解，對於上述所有引起職場壓力的因素，它們對於不同員工，職場壓力產生影響的權重分布各不一樣，同時它們還都與組織成長的階段密不可分。

6.2.3 與職場冷暴力有關的壓力形成

(1) 職場冷暴力的內涵界定

隨著社會的發展，社會暴力又有了新內容，如「軟暴力」、「冷暴力」等。在很多企業，上司不留情面地否定他、邊緣他，同事也對他不理不睬，如此等等，其實，這些行為都屬「冷暴力」。依據百科全書的定義，暴力有兩方面的內涵：

①政治學名詞。不同政臺利益的團體，如不能用和平方法協調彼此的利益時，常會用強制手段以達到自己的目的，稱為暴力；

②泛指侵害他人人身、財產的強暴行為。「職場冷暴力」一般則是指組織成員之間出現矛盾而又找不到調和的方式時，採用非暴力的方式刺激對方，致使一方或多方心靈上受到傷害的行為。

在企業，「職場冷暴力」範圍更廣，隱蔽性更好且大有持續蔓延的趨勢，它以多種形式存在，如有人為保住職位，冷漠排擠同事，也有人不善於融入同事「圈」，最終被「孤立」於「圈」外，這些情況都會遭遇「冷暴力」。揭開「職場冷暴力」的面紗，赫然是一種無時不在又無可逃避的精神虐待，這種精神虐待對企業員工所造成的不是激烈肢體衝突或物質損失，而是各種各樣的內心心理折磨和精神打擊，其最終結果是誘發企業人心的渙散，凝聚力的下降，從而成為破壞企業效率的「隱形殺手」。

（2）職場冷暴力的企業非物質資源配置低效率形成

職場的「冷暴力」使人產生各種心理不適，如壓抑、鬱悶等，從而導致生理上的不適症狀，如身體的消化、免疫、代 i 射等功能都將受到損害，其最終反映在工作中就是協調性降低與職業倦怠，從而最終誘發企業非物質資源配置低效率形成。具體來說表現在下面幾個方面：

①人際關係不和諧誘發「冷暴力」，導致企業非物質資源配置低效率惡化。

人際關係不和諧容易產生「冷暴力」的一個重要原因是人們對人際關係反應

傾向不同，從而表現出不同的人際反應特質：

第一，包容欲較弱的人反應特質為排斥、對立、疏遠、迴避、孤立；

第二，包容欲較強的人則剛好相反；

第三，控制欲較強的人希望通過權力權威，與他人建立和維持良好的關係，表現為使用權力、權威以影響、控制、支配、領導他人；

相反特質表現為：反抗權威、忽視秩序，受人支配或追隨他人等，這些構成了人際交往需要的強度差別，正是這種強度差別導致職場中人際關係上的不和諧，誘發職場矛盾，而這種矛盾的解絕不允許使用武力，如是便採用了精神傷害這種更加隱蔽的手段對付下屬，產生「冷暴力」。

如果是輕微的冷暴力，則會破壞一個企業內的和睦氣氛，造成企業成員之間關係緊張，誘發協調障礙，協調障礙形成企業非物質資源配置低效率。但是，如果是嚴重的冷暴力，且超過員工的肉體、精神能夠承受的範圍時，這時員工可能會「革命」，從而誘發企業內的「動蕩」，企業非物質資源配置低效率被嚴重惡化。

②歸因差異誘發「冷暴力」，導致企業非物質資源配置低效率惡化。

依據心理學理論，人們對待同一件事，可能將原因歸於個人或者外部的環境等。當兩者是朋友時，出事後往往會站在朋友立場，把原因歸為客觀因素。但當兩者的關係為競爭對手的時候，這種關係往往存在著某種利益的爭奪，會使關係中存在一點不和諧的敵意氣氛，在這種氣氛下，促使人們更多關注的是對方內部的負面因素，而把原因歸為個人因素。這種歸因差異可能會誘發職場矛盾，而這種矛盾的解決同樣不允許使用武力，如是便採用了精神傷害這種更加隱蔽的手段來產生「冷暴力」，導致企業非物質資源配置低效率。

③「圈」文化誘發「冷暴力」，導致企業非物質資源配置低效率惡化。

傳統中國人由近及遠地以「關係」組織社會，喜歡把個人關係帶到職場中去，形成各種所謂的「圈」，「圈內人」會得到各種關愛和幫助，「圈外人」則會被排斥，遭遇「冷暴力」。同時，有研究表明：70% 的針對某「圈外人」的冷暴力行為會被其他「圈外人」目睹，這時冷暴力會對其他「圈外人」產生影響。影響的結果有很多種：緊張、害怕、引起的情緒焦慮 . 自尊心降低；有不安全感、羞恥感；自我責備；生理狀況異常等，消極、孤僻、憂鬱，嘗試使用暴力行為或破壞性行為發泄感情等。很顯然，無論哪種情況都會形成企業非物質資源配置低效率。

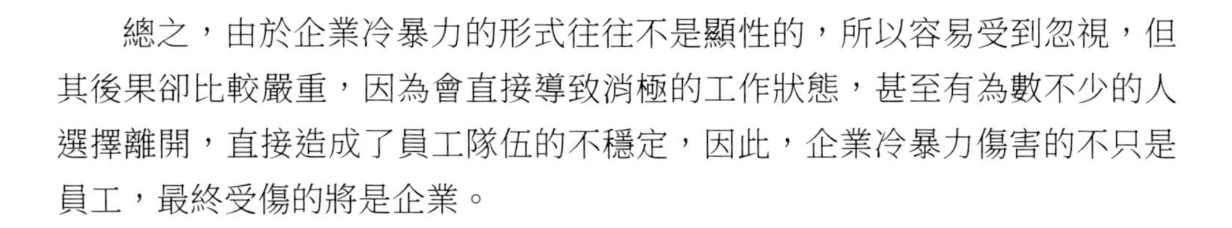

總之，由於企業冷暴力的形式往往不是顯性的，所以容易受到忽視，但其後果卻比較嚴重，因為會直接導致消極的工作狀態，甚至有為數不少的人選擇離開，直接造成了員工隊伍的不穩定，因此，企業冷暴力傷害的不只是員工，最終受傷的將是企業。

6.3 職場壓力的控制與企業非物質資源配置低效率的規避

然而，在當今競爭激烈的社會，缺乏職場壓力的組織幾乎沒有。不僅如此，職壓給企業帶來的損失還在日趨增力口。據美國職業壓力協會估計，壓力以及其所導致的疾病每年耗費美國企業 3000 億美元。英國專家研究顯示，每年由於壓力造成的健康問題通過直接的醫療費用和間接的工作缺勤等形式造成的損失竟達整個 GDP 的 10%。在我國，國家體改委的調查表明，有 68.5% 的居民覺得生活有壓力，且從總體上看，人們的生活焦慮在增加。因此，對壓力的控制就顯得特別重要。

6.3.1 職場壓力的控制原則與方法

（1）職場壓力的控制原則

①施緩配合下的適度原則。

既然適度的職場壓力是員工效率的保證，那麼職壓的度如何控制筆者認為，壓力的度如何控制要以能否激勵員工的能動性為準。當員工感受壓力不足時，組織應該施加壓力，但當壓力過大時，組織又必須緩釋壓力。一位國外心理諮詢專家說過:「壓力就像一根小提琴弦，沒有壓力，就不會產生音樂。但是如果弦繃得太緊，就會斷掉。你需要將壓力控制在適當的水平——使壓力能夠與你的生活相協調。」

我們還必須注意不同的環境條件，不同的群體，不同的階層，不同的個人，甚至同一個人在不同的場合或時間，所能承受的壓力大小是不同的。因此，在具體的壓力管理過程中，又必須依據情況予以不同的對待和控制，堅持施緩配合下的適度原則，確保組織的高效率。

②組織支持下的以人為本原則。

當職場壓力過大時，它不僅損害員工身；健康！也破壞組織的健康發展！這點我們前面已經論及。據美、英等發達國家多年實踐，員工幫助計劃（EAP）是緩釋職場壓力，提高員工效率的有效措施。但 EAP 的實現要求堅持組織支持下的以人為本原則，比如或制訂員工職業發展計劃為員工提供各種職業培訓，或設置健康狀況例行檢查制度以及在企業內設置放鬆室、發泄室、茶室等，以緩解員工的工作壓力。

③個人努力下的學習成長原則。

在當今知識和技術快速增長和革新的年代，任何個人都必須不斷學習新知識，新技能，否則就會落後，就會被淘汰。因此，個體必須通過不斷學習來增強自我的技能、提高自我素質，增加對職場壓力的承受力和控制力。

（2）職場壓力的控制方法

①自我診療支持控制。

自我診療支持控制強調員工本人在職場壓力緩釋上的一些行為，主要包括三個方面：

第一，在思想上，正確認識壓力。

職場壓力無法避免，這是現代人維持正常生活的必然「附產品」。因為在現代社會，沒有永久的「免費午餐」，在資源有限的約束條件下競爭永遠不可消除，從而職壓也永遠不可避免。既然如此，也就沒有必要對壓力「大驚小怪」了。

適度的職場壓力是人們通向價值人生的橋梁，因為從人生價值看，一點挑戰也沒有的生活也不是高質量的，壓力可以提高人們工作的效率，可以讓人體驗到成功的喜悅和奮鬥的樂趣，這正如一位西方哲人所說：「沒有壓力的人就像愚蠢的母牛——怡然自得地在吃草……」

第二，在方法上，注意尋找壓力源。

壓力的緩釋需知壓力的來源，這是解決問題的基本邏輯。布朗斯坦認為，造成緊張或感覺壓力的原因有四類：

軀體性的，如強烈的噪聲、震動、高溫、疾病等；

心理性的，如心理衝突、挫折感、兇事預感等；

社會性的，如離婚、失業、升學、考試等；

文化性的，如語言不通、風俗偏好等。

其實，上述所有的因素都可能成為壓力源。當感覺到壓力太大並已嚴重影響工作效率時，我們此時應該分析壓力究竟來自何方並進行緩釋。

第三，在具體行動上，注意學習和培養個性品質。

人格發展不健全，對付職場壓力的能力也就弱。特別是那些不善與人交往、性格古怪、過度敏感的人，這些人必須通過學習和個性品質的培養來提高自己對職場壓力的承受力和控制力，因為這種職場壓力的產生不是源於外界，而是源於自身的人格與性格。

②組織支持控制。

組織支持控制強調的是企業在對員工職場壓力緩釋上的行為，主要有兩種方法：

第一，為員工提供職業安全感。為了讓員工感到職業安全，企業至少要做到如下四點：崗前培訓，以提高工作技能，增強自信，包括技能培訓與；理培訓；擴大員工在工作中的自主程度及員工對企業管理參與的程度；擴大員工工作中的人際支持，包括上級、同事及家庭成員間的支持與認可；增加對員工失敗的寬容度，使員工有機會通過努力彌補失敗。

第二，為員工改善企業環境。員工面臨的企業環境可分為軟環境和硬環境。因此，為員工改善企業環境也就包括如下兩個方面：培育好企業文化，改善企業軟環境。這要求企業建立尊重員工價值、關心員工困難的文化；培育注重解決問題和個人發展的學習型文化；培育一種能使企業更好地應對業務重組、並購、裁員等變革和危機的企業文化；同時還應注重改善管理風格，改善溝通渠道，等等。其次，增加員工工作環境的投資，改善組織硬環境。美國行為學家弗德裡克赫茨伯格認為，工作條件的改善能降低員工的不滿意。顯然，員工不滿意程度的降低能減少員工的思想負擔，從而能減釋員工的職場壓力，特別是對那些惡劣工作環境的改善，其效果則更加明顯。

③社會支持控制。

社會支持控制主要強調政府在職場壓力緩釋上的行為，其主要方法是：

第一，社會應提供穩定的政治環境、治安環境，這是員工減壓的前提；

第二，社會應該建立完善的社會保障體系，以減少員工的後顧之憂，增加員工的安全感；

第三，社會應該為員工提供各種經濟政策訊息，職業訊息，以減少員工對未來的不確定性。

總之，要緩釋現代人過大的職場壓力，必須要有一個建立在個人、組織和社會之上的支持體系來共同緩釋職壓，從而讓現代人在享受好的物質環境的同時，也享受好的心理環境。

6.3.2 職場壓力調適與企業非物質資源配置低效率規避

企業非物質資源配置低效率理論提出一個假說：人們理性程度與他承受的壓力之間可能存在替代關係。根據這一假說，企業內部企業非物質資源配置低效率的程度直接取決於企業成員的努力程度。而企業成員的實際努力程度除取決於個人努力惰性區域和個人人格傾向外，還取決於工作環境向其施加職場壓力的程度。在一個激烈競爭的外部環境中，企業為了在競爭中避免被淘汰，管理者不得不盡可能地加強企業管理，同企業內部潛在的和現實的努力熵做鬥爭。對於企業成員來說，這意味著來自上級的壓力增加。為了避免因壓力過大所帶來的心理上的不舒適，企業成員不得不盡可能地努力工作。

因此，完全競爭的外部環境是企業運行企業非物質資源配置低效率最小的一種外部環境結構。

與此相反，對於寬鬆的外部環境，特別是企業工作的壟斷地位是使企業免受競爭壓力的一個重要因素。壟斷程度的增力 n 將使企業所面臨的競爭壓力減少。因為壟斷地位使企業可以向委托人索取更高的工作經費，而不必擔心生存危機。在利潤和運行效率相同的情況下，企業寧願為彌補較高的工作成本而向委托人索取較高的工作經費，也不願為降低工作經費而降低工作成本。因為降低工作成本，意味著企業成員將面臨更大的壓力。對處於壟斷地位企業的管理者來說，這樣做是不必要的——因為企業並不面臨非這樣做不可的競爭壓力；同時，這樣做也是不合理的——因為這樣做意味著所有企業成員所必須付出的努力得大大超過他們在心理上感到舒適的水平。總之，在處於壟斷的外部環境中，包括企業管理者在內的所有企業成員都缺乏盡可能努力工作的壓力和動力，因此過於寬鬆的、處於壟斷地位的外部環境必然是企業非物質資源配置低效率的產生因素。

既然壟斷的外部環境的效率遠遠低於競爭的外部環境，提高企業運行效率的有效方法就是限制壟斷，強化企業運行的競爭意識，為企業活動製造一個激烈競爭的外部環境，給低效率企業形成壓力。具體措施是將企業活動推向完全競爭的市場，打破對企業活動的人為分割和保護，以規避企業非物質資源配置低效率的產。

另外，對於員工職場壓力的形成，還與個人、企業和社會有關。在當今激烈競爭的社會，員工面對的職場壓力很大，對於員工過大的職場壓力的調適，要把個人自我診療控制、組織支持控制和社會支持控制結合起來，並在動態中保持員工的適度壓力，保證員工工作高效率，從而達到規避企業非物質資源配置低效率的目的。

企業的各級管理者，尤其是中高級管理者，感受到壓力之後，往往不自覺地把自己內心的壓力傳染給被管理者，使他們也感染上壓力。當被管理者成為壓力「攜帶」者，他們會以諸多的「管理難題」形式把壓力再返回到管理層或者管理者。如此一來二去，管理者與被管理者之間的壓力互動（相互傳染），越來越強化壓力的程度，越來越使壓力原因複雜化。批評、責怪、訓斥、怒罵、抱怨、饑諷、挖苦、報復、轉嫁責任成為壓力在管理過程中傳染的基本形式。

對來自管理者的壓力，被管理者本能的有一種抵抗的衝動。抵抗，是他們面對壓力進行自我保護的內心願望。抵抗的方式：一是推卸責任。二是陽奉隱違。三是跳槽。四是弄虛作假。五是消極怠工。六是假公濟私。七是斤斤計較、你爭我奪。工作中過度的壓力會使員工個人和企業都蒙受巨大的損失。所以，緩解壓力，減除壓力，成為當今企業面臨的又一重要任務。

6.3.3「職業錨」與企業非物質資源配置低效率規避

「職業錨」是指新員工在早期工作中逐漸對自我加以認識，發展出的更加清晰全面的職業自我觀，是「自省的才干、動機和價值觀的一種模式」，主要包含以下三部分內容：

①自省的才干和能力——以多種作業環境中的實際成功為基礎；

②自省的動機和需要——以實際情景中的自我測試和自我診斷的機會，以及他人的反饋為基礎；

③自省的態度和價值觀——以自我與雇用組織和工作環境的準則和價值觀之間的實際遭遇為基礎。

「職業錨」具有以下四個特點：

①明確性。

「職業錨」產生於最初的工作價值觀和工作動機之上，但同時又受到了實踐工作經驗和自我認識的具體強化，因此「職業錨」定義比工作價值觀，工作動機的概念更具體、更明確。

②反覆性。

「職業錨」是個人同工作環境互動作用的產物，個人在從事某一職業之前所表現出的潛在才干和能力，須經過實際工作的多次確認和強化，才能成為「職業錨」的一部分。

③互動性。

「職業錨」強調了能力、動機和價值觀的互動作用。比如說，某人可能喜歡某類職業，不斷的投入會使其能力不斷提高，對職業的更力時亶長又使其更喜歡它，後來就越發對該職業精通了。由此可以看出，在職業取向中，單獨的動機、能力、價值觀概念意義不大，重要的是要突出三者的互動與整合。

④可變性。

「職業錨」概念傾向於尋求個人穩定的成長區域，它並不意味著個人停止變化或成長，職業錨」本身會發生變化。

一般地說，「職業錨」有五種類型：

①技術 / 職能能力型「職業錨」。

這一類型的人在做出職業選擇和決策時主要精力放在自己正在干的實際技術內容或職業內容上。他們認為自己的職業成長只有在特定的技術或職能領域才意味著持續的進步。這些領域包括工程技術、財務分析、營銷、系統分析等各種領域。比如說，一個技術 / 職能型錨型的財務分析員希望成為公司的會計或審計員，最高理想是某公司的財務總裁。他們只對同自己的區域有關的管理任務加以接受，對全面管理則抱有強烈的抵觸。在傳統的由職能型向全面管理型職業發展通道上，這一錨型的個體常經歷嚴重的衝突。為了不損害職業，他們常無法拒絕一些全面管理工作，可是這使他們感到害怕或是心煩，無法勝任。

②管理能力型「職業錨」。

這一類型的個體在職業實踐中培養出，也相信自己具備勝任責任管理所必不可少的技能和價值觀。他們根據需要在一個或多個職能區展現能力，但他們的最終目標是管理本身。他們具備三種能力的強強組合：分析能力——在訊息不全或不確定情況下識別、分析和解決問題；人際能力——能影響、監督、領導和操縱組織各級人員更有效地完成組織目標；感情能力——能夠為感情危機和人際危機所激勵，而不是被打倒，能承擔高水平的責任，而不是變得軟弱無力。能使用權力而不感覺內疚或羞怯。其他類型的人可能擁有一兩項更強的單項能力，但是管理錨型的人擁有最完善的三項能力組合。

③安全 / 穩定型「職業錨」。

安全錨的人追求穩定安全的前途，比如工作的安全，體面的收入，有效的退休方案和津 I 匕等等。安全錨的人仰賴組織或社區對他們能力和需要的識別和安有樣。為此他們會冒險，也願意高度服從組織價值觀和準則作為交換。安全錨的人也可以區分兩種類型的取向。有些人安全感穩定感來自給定組織中穩定的成員資格；而另一些人的安全、穩定源則是以地區為基礎，包括一種定居、使家庭穩定和使自己同化某一社團的感情。

④創造型「職業錨」。

創造錨的個體時時追求建立或創造完全屬於自己的成就。他們要求有自主權、管理能力，能施展自己的特殊才華，但是創造是他們自我擴充的核心。他們對創建新的組織，團結最初的人員，為克服初創期難以應付的困難廢寢忘食而又樂此不疲，而一旦建成，他們就會厭倦或不適應正規的工作而退出領導層，自願或不自願地讓位於總經理。成功的企業家大多出自這種錨型，而他們大多無法成為出色的總經理。

⑤自主 / 獨立型「職業錨」。

自主錨型的個體追求的主要目標是隨心所欲地制訂自己的步調、時間表、生活方式和工作習慣，盡可能少地受組織的限制和制約。他們可能是自主性較強的教授，自由職業者，或是小資產所有者、小型組織的成員。技術 / 職能錨的個體也可以是從事這些職業，但是他們很少為了自由的需要而放棄晉升的機會，為了更高的地位、收入，他們可以自由的個人生活方式做交換。創造錨型的個體同樣會擁有很多自主權，但他們關心的不是自由本身，而是全力以赴地建立自主的職業目標。

從以上的論述可知，企業員工只有正確認識了自我的「職業錨」，才會有好的工作熱情和能力的發展，企業非物質資源配置低效率由此而得到規避。

同時，理順員工職業路徑也可以很好地規避企業非物質資源配置低效率。職業路徑是企業為內部員工設計的自我認知、成長和晉升的管理方案。職業路徑幫助員工了解自我的同時使組織掌握員工職業需要，以便排除障礙，幫助員工滿足需要。另外，職業路徑通過幫助員工勝任工作，確立組織內晉升的不同條件和程序對員工職業發展施加影響，使員工的職業目標和計劃有利於滿足企業的需要。

職業路徑的主要內容有三個：職業梯、職業策劃和工作進展輔助。

（1）職業梯

職業梯是決定企業內部人晉升的不同條件、方式和程序的政策組合。職業梯可以顯示出晉升機會的多少。如何去爭取，從而為那些渴望獲得內部晉升的員工指明努力方向，提供平等競爭的機制。

並非所有企業都有必要，或認為需要建立職業梯。在決定建立職業梯前，企業需要先考慮兩個問題：第一，企業是否需要一個從內部提拔人才的長久機制？第二，企業是否必要建立一套培訓發展方案，以便提供更多的後備人才以供提拔選用？當組織可以隨時自由從外部應徵到需要的各類人才，或者內部晉升只是偶然發生，只有對兩個問題的回答都是「是」時，才有必要構建職業梯。

職業梯的寬度，根據企業和工作需要不同，職業梯可寬可窄。要求員工在多個職能部分、多個工作環境輪換工作的職業梯是寬職業梯，它適應對員工高度綜合能力的要求。要求員工在有限個職能部門和工作環境中工作經歷的職業梯是窄職業梯，它適應只要求員工具備有限專業經驗和能力的需要。

職業梯的速度，根據員工能力和成績的不同，職業梯的設置可以有快慢之分，即快速梯的前提是公司不會長久地將具備較高素質和能力的員工安排在同其條件不相稱的工作崗位上。事實上，大量的大學畢業生的第一份工作都是基礎性工作，顯然企業有意日後安排更複雜困難的工作給他們，可是由於背離了前提，新畢業生的流動率比別的職業人群要高，因此，職業梯的建立可能導致企業在應徵和晉升中進行差別對待形成障礙。

(2) 業職業策劃劃是在員工進行個人評估和自我評估中給予他們有效的援助，幫助員工確認自身的能力、價值、目標和優劣勢。

職業策劃同職業計劃有聯繫又有區別，職業計劃中涉及的員工自我評估無須同特定企業相聯繫。另外，形成和準確性也各有差異，時間上也很難趨於一致。職業策劃由組織中有專業知識的人力資源部門提供正規的幫助服務，可確保員工評估在形式、時間、內容範圍上的一致征性和一定的準確度。職業策劃後，組織可以利用搜集到的評估結果，因此，職業策劃同時和組織的需要密切相關。職業策劃的指導表格見表 6-1。

表 6-1 組織職業計劃安排指導

①我對現職工作的滿意程度是（圈出）很低較低中等較高很高

②我想在工作中通過 _ 取得進步的提高。

是否

A. 在現任工作崗位上爭取進一步的業績成果。_

B. 努力爭取到勝任比現任工作崗位更高一級工作的資格 _

C. 努力達到勝任組織內另一部門另類工作的資格 _

D. 爭取能夠勝任高於現任工作的若干職務 _

③我認為自己最適合做工作

A. 監督管理 _

B. 參謀（提供職員）_

C. 生產操作管理 _

④目標

對我而言一個切實可行的工作目標是 _

⑤限制條件（資格、合格性）

立足於現有工作評價自身的限制條件和要達到工作目標需要什麼？

⑥我的全面平衡發展計劃

A. 我的優勢在於 _

B. 我喜歡諸如此類的工作 _

C. 我的侷限因素在於 _

D. 我不喜歡做諸如此類的工作 _

⑦發展

如果我想在現有工作或別的工作方面取得發展！我需要：

A. 在 _ 方面有更多的知識

B. 我想從事 _ 工作

C.. 對 _ 更為完善的態度和視野

⑧行動起來去實現工作目標

列出為實現職業目標！你如何提高知識水平、工作技能水平和個人能力。

A. 某專業的正規學習（列出是大學研究班課程、公司培訓計劃還是函授章程 _

B. 非正規學習（列出校外或業餘時間的學習計劃和方案）

（3）工作進展輔助

工作進展輔助是企業為幫助員工勝任現實工作，順利完成各項工作任務而提提供的各種輔助行為。工作進展輔助的方式靈活多樣，視企業內工作性質、條件不同而不同。總體來說，工作進展輔助是以協助員工在工作中成功累積工作經驗為目的的。工作進展輔助主要途徑有三個：

①滿足員工特定的價值或目標 .

②激發員工的某些能力和優勢 .

③改善或彌補員工在職業策劃中反映出來的弱點。

科學、清晰的職業路徑可以滿足高層次工作的清晰專業化的需要，組織的應徵政策可以借此吸引和留用更多高素質的人才，而且可以更好地得到法律的保護。

6.3.4 職場冷暴力的弱化與企業非物質資源配置低效率的規避

人類在長期演化中，出於對自身安全和社會組織的需要，通過政治、經濟、法律、宗教、習俗、禮儀以及文藝的昇華和體育的競技來設定「文明準則」，以圖消解日常暴力。但是，既是如此，人類的暴力行動也難以完全消解，只能弱化，作為企業冷暴力也是如此，那麼，現在的問題就是應採取什麼樣的對策來弱化企業冷暴力，從而達到改善企業非物質資源配置低效率的目的。基於「冷暴力」惡化企業非物質資源配置低效率的機理解釋，可以從以下三個層次的操作對策來達到這一目的。

（1）基於個人層面的企業冷暴力弱化對策

在遭遇職業冷暴力後，大多數人都產生了嚴重的負面心理影響並採取消極的方式，只有少數人採取了積極的方式，基於個人層面的企業冷暴力，其弱化對策可以從以下幾個方面進行：

①要勇於溝通，注意清晰「企業冷暴源」。

心理學專家認為，冷暴力是一種非言語、無身體接觸式的交流，是一種在意念中的交流，最後實際上是被自己的意識擊倒。員工與上司之間可能更多的是在用行為、眼神、身體姿勢交流，彼此言語溝通的機會太少。畢竟，「企業冷暴力」發生後，對於職場人的工作情緒與工作狀態將會有很大影響，對企業的損失不言而喻。如果領導是企業冷暴力的施力者，要找準時機，勇於和領導做一次有效的溝通。如果是同事間的冷暴力，也要勇於和當事人溝通，看看到底是什麼原因造成這種局面。

②要正視「企業冷暴力」，且把它看作全面提升自己的機會。

從社會學的角度講，有人的地方就有鬥爭，在職場中，首先就要樹立好這一思想。如果不幸成為了冷暴力的中心人物，不妨把企業冷暴力當成一件「禮物」，把它看成全面提升自己的機會，積極思考「做些什麼，才能讓自己成為一個受歡迎的人」，在思想上要做些改變，在行動中扔掉一些不良的人際關係應方式。

③要不斷調整自己的性格，積極應對「企業冷暴力」。

每天我們都會遇到各種各樣的事情，經歷快樂、悲傷、失落，等等。自信樂觀的人，在挫折中尋找寶藏，自己為自己打氣；相反，消極自卑的人，總是抱怨自己，羨慕別人，總是看到事情消極、困難的一面。其實，我們要學會換個角度看問題，對自己進行積極的心理暗示，使問題導向正面的結果，不要總是暗示自己感到焦慮、緊張、失落等，更不要使用「絕望暴力」（一種連暴力者自己都知道也許是達不到目的的暴力）導致惡性循環，要不斷調整自己的性格，積極應對「企業冷暴力」。

（2）基於企業層面的企業冷暴力弱化對策

企業冷暴力的發生除了上述的個人等因素外，企業也有不可推卸的責任。就企業方面而言，建立和諧的企業文化，使員工對企業文化有認同感，對企業具有群體歸依感，以企業文化為基礎形成一股強大的向心力，這些對預防和制止「企業冷暴力」的發生具有重要的作用。另外，新進員工別抱著自己「老東家」的企業文化不放，要盡快適應「新東家」的企業文化。

作為企業的上層，更不要施暴，須從策略的高度認識到冷暴力的侷限和危害，要努力為企業創造一種和諧的企業文化，因為暴力只是局部的行為修正，不可能有徹底的改變，即使能達到目的，充其量不過是短期目的。奧布蘭（William O'Brien）在討論 19 世紀愛爾蘭民族主義者暴力反抗事件時指出，有時候，為了達到稍好一些的效果，「暴力是唯一可行的手段」。暴力能起一些作用，但這種作用所引起的改變在性質上有極大的侷限。

阿倫特指出，「如果（暴力抗爭）的目的不能迅速達到，那麼後果不僅是目的的挫敗，而且是就此將暴力行為引入整個社會政治」，企業冷暴力的道理也一樣，最為可怕的就是企業冷暴力行為在企業中的擴散。暴力行為的後果是不可逆轉的，暴力行為失敗後，幾無可能回到原來的現狀，它會使企業變得更暴力。

(3) 基於社會文化層面的企業冷暴力弱化對策

中國文化講究的是一種「含蓄」文化，員工在提高自身業務能力的同時為人要低調，太過張揚的性格容易引起他人嫉妒，或者引起同事反感。由於現在職場競爭激烈，企業員工之間疏離感會增加，加之存在價值觀等方面的差異，增加了員工之間彼此合作的難度 . 另一方面近年來人們更加關注生活質量，更加關注精神的健康和人文的狀態，冷暴力逐漸受到法律和社會的重視。企業是社會經濟的細胞，和睦、安寧的企業關係，不僅是每個成員人生幸福的重要內容，也是建設社會主義和諧社會的基礎之一。

6.4 職業疲倦與企業非物質資源配置低效率的改善

6.4.1 職業疲倦的內涵

職業疲倦是指對工作內容本身和工作環境失去激情、興趣，產生無法克服的心理倦怠，強烈地希望逃避工作現狀的一種工作表現。在工作中，易起衝突、很想換工作、沒精打采、責任心下降等，這些都和職業疲倦有關。職業倦怠又叫作「職業枯竭癥」，它是一種由工作或生活引發的「心理枯竭」現象』是個人所體驗到的身心俱疲、能量被耗盡的感覺，和肉體的疲倦勞累不一樣，是一種緣自心理的疲乏，具有一定的階段性、周期性。職場人士工作了 3-5 年，通常是職業倦怠的爆發期。疲勞是可以通過休整、讀書充電、放鬆身心來調節恢復的，闖過「年關」，工作熱情就可以復活；倦怠是個更大範圍上的概念，不是放鬆就可以重拾激情的，心理倦怠多於身體疲勞，往往需要自我判斷，審慎考慮是否需要另行擇業。

根據中國人力資源服務商發布的萬人調查顯示，近 80% 的職場人感到精神緊張和壓力，三分之二的職場人感到壓抑，超過 70% 的職場人對工作產生倦怠，表示「不喜歡現在的工作」。

據調查，從行業來看，白領、教師、醫生以及媒體從業者的患病率比較高 . 從個性角度講，具有敢於冒險和迎接挑戰、獨立性強，並且不容許自己或他人失敗等人格特徵的人也容易陷入職業疲勞。

6.4.2 職業疲倦表現、負面作用及產生機理

（1）表現

當企業員工產生職業疲倦時，其主要表現有四個方面：①失去工作激情；②沒有成就感 . ③不願承擔責任，推倭；④感覺壓力大，抱怨多，情緒低落。

（2）負面作用

職業疲倦的負面作用比較多，其主要表現有兩個方面：①企業團隊士氣低落，消極情緒相互傳染，工作效率和工作質量不高 . ②員工個人沒有上進的動力，影響個人業績考核和人際關係，而且因內心不快樂，對健康不利，影響工作效率。

（3）產生機理

職業疲倦容易發生在工作時間已經較長的環境裡，有時也會在新換的單位裡出現。產生的原因主要有兩個：一是因重複而導致失去新鮮感和挑戰；二是得不到認可，失去信心。

還有一種常見的情況，由跳槽引起：換工作上班一段時間後，逐步了解單位內情，有些關鍵真相和事前想像差之千里，無法接受，此時後悔晚矣。巨大的反差之下，情緒和信心頗受打擊，覺得很沒意思，沒有工作的動力和精神，心緒浮躁，遂表現出職業疲倦的傾向。

6.4.3 弱化職業疲倦，改善企業非物質資源配置低效率

員工一旦被職業疲倦困擾，就會導致企業低效率。針對職業疲倦的產生機理，可以從如下七個方面進行改善：

①為員工內心驅動力輸氧，激蕩員工的工作激情之火。激情決定工作狀態，滿懷激情的人面臨重重困難、壓力大、睡眠少，精神狀態卻能夠保持得很好，這樣的例子隨處可見。作為創業者而言，必須想辦法讓員工自己激發自己的激情，儘管不容易，但要想辦法去做。

②幫助員工調整目標和心態。職業疲倦喜愛黏上目標較高、追求完美、不墨守成規、向往新奇的人，而這些人對企業的創業成功卻非常重要。一般在創業時期或進入薪新環境或迎接重大挑戰時，人們沒有職業疲倦的工夫和感覺，也不計較苦累。進入平穩期，激情和新鮮感過去，每天重複著同樣的工作，沒完沒了地處理著瑣事，再加上做的都是無用功、表面文章，讓人看不到希望、發展和改變，職業危機感容易滋生蔓延，失望之餘職業疲倦出現。

境由心生，此時必須調整短期目標、正視現實，最可行的辦法是換個角度想問題，度過這個銜接時期。比如，大學畢業後做前臺，兩年後產生職業疲倦，暫時沒有其他更好的機會，是任由低落情緒鼓脹，是逃回家避開現狀，還是調整自己的心態積極地尋找機會，當然，第三種辦法最好。所以，當職業疲倦便會產生，這時，創業者應幫助員工調整目標和心態，提升其工作效率。

③作為員工本身，需不斷地適當調整和改變自己，以適應現實環境。分析職業疲倦產生的根源，如果是源於員工和工作環境的矛盾，那麼，首先應幫助員工從自己身上找原因，尋求改變以適應環境。

④加強溝通，尤其與上級的溝通。沒有成就感、情緒低落、不被認可，不妨向領導談出來，尋求勸解和理解，而且這是希冀對方改變的直接途徑，經常有實際效果。也可以向資深的同事提出來，從他們那裡你會獲得很多寶貴的資訊，有助於你對事務的判斷和自我調整。

⑤自主創造新的機會點。不必被動地在平淡的工作中坐等改變，自己主動去推動變化。有一家被推上市場自謀生路的單位，全單位中只有行政部是成本中心，因為不直接創造利潤不受重視，天天重複事務性的工作，日復一日大家都有了點兒倦怠情緒。部門經理於是著力謀求改變，公司中唯一的商務崗位設在行政部，經理於是積極建言開闢墊資鋪貨業務。很快，有大筆銷售進帳，領導很高興，同事們刮目相看。行政部第一次得到了業績獎金，改變了成天陷於瑣碎事務的狀態，每個人干得很帶勁。

⑥要求調換崗位，申請出差、休假，對消除職業疲倦很有幫助。有位小伙子受到離婚的打擊，受惡劣情緒影響無心於繁忙的工作，幾次想提出辭職。這時，公司派他去雲南出差。傍晚，他徜徉在麗江古鎮的小巷中，一位暮年的老婦人吸著長煙袋，坐在院門口，等待老伴歸來。夕陽下的老人顯得分外寧靜，似乎生活中的一切波瀾在這裡全部歸於平淡。生活總要繼續，人總要衰老，為何不趁著年輕盡情地享受生活、追求愛情？看似平常的一幕深深打動了年輕人脆弱的心，這對老夫妻現在的生活景象就是他憧憬的未來，他要開始新生活、尋覓另一半。出差回來他竟全想明白了，職業疲憊一掃而光，因為他知道必須好好工作，才能帶來期望的好生活。

⑦跳槽。如果上述力、法都無法奏效，那麼可以考慮跳槽，如果跳槽能夠重新帶來快樂和激情，為什麼不這樣做呢？很多時候，職業疲倦是一種預示，它告訴你：你該跳了。無謂地忍受和耗費元氣並非上策。我有位同事，通信行業的知名人士，跟隨老闆多年深受器重，被栽培成行業精英，熟悉的人、熟悉的做法、熟悉的流程，他閉著眼睛也知道下一步做什麼，多重原因下工作激情漸逝。後來，他終於衝破種種顧慮，跳槽到一家亞洲頂級企業。再見面，他變了很多，看得出，他很滿意，又恢復了多年前的激情，開始了又一段事業的春天。

第 7 章 企業價值網環境與策略定位誘發價值網企業創業績效損失機理研究

我們知道，創業環境的構成因素具有多樣性、複雜性、動蕩性和不可控性，企業要生存與發展就必須結合自身的優勢和劣勢來分析創業環境變化給自己所帶來的機遇和挑戰，以主動適應創業環境、利用創業環境甚至創造創業環境，以保證企業的生存和發展。企業創業環境分析的目的是通過搜集大量的有關環境訊息，並結合企業自身的優勢和劣勢，從中判定出企業面臨的機遇和挑戰，從而為企業策略、戰術的制定、實施和調整提供依據。策略定位是創業企業發展的基本經營綱領，錯誤的策略定位將嚴重影響企業發展的能力並最終可能導致企業的失敗。本章主要分析創業企業價值網環境與策略定位誘發價值網企業創業績效損失機理。

7.1 創業企業價值網環境誘發企業非物質資源配置低效率的機理

7.1.1 創業企業價值網環境的概念與分類

（1）創業企業環境的概念

現代管理把企業看作一個開放的系統，我們將企業外部的對其產生影響的各種因素和力量統稱為外部環境。任何企業都是在一定環境中從事活動的，環境的特點及其變化必然會影響企業活動的方向、內容以及方式的選擇。

企業環境是企業生存發展的土壤，它既為企業的生產活動提供必要的條件，同時也對其起著一定制約的作用。創業企業環境是指創業企業經營過程中對其經營影響的一切因素的總和，與一般企業環境而言，在因素構成上沒有明顯的差異，只是不同因素對企業的影響程度和影響方式不同。企業生產所需的各種資源都需要從外部環境去獲取。任何企業，無論向社會提供什麼服務，它們都只能根據外部環境能夠提供的資源種類、數量來決定其生產活動的具體內容和方向。與此同時，企業利用上述資源經過自身的轉換生產產品，最終也要進入市場。那麼在生產之前和生產過程中，企業就必須考慮到這些產品能否被市場所接受，是否受市場歡迎。企業內部環境是企業發展的依據，其結構和性質直接決定著企業發展的能力。

創業企業環境對創業企業的生存和發展扮演著重要的角色，而環境本身又是處於不斷的變化之中。假如環境是靜態不變的，那麼問題就簡單了。因為靜態的環境即使影響再大，通過多次仔細的研究也總可以把握它的特點，而且一旦把握了就可以一勞永逸。然而』外部環境卻是常常處在不斷的變化之中的。外部環境的種種變化，可能會給企業帶來兩種性質不同的影響：一是為企業的生存和發展提供新的機會，二是可能會對企業生存造成威脅。這樣！企業要謀求繼續的生存和發展，就必須研究和認識外部環境。外部環境研究不僅可以幫助企業決策者了解今天外部環境的特點，而且可以使其認識到外部環境是如何從昨天演變到今天的，從其中發現外部環境變化的一般規律，以便在此基礎上估計和預測其在未來一段時間內發展變化的趨勢。這樣，企業就可以敏銳地發現、預見到機會和威脅，進而揚長避短、揚長補短，利用機會，避開威脅，能動地適應環境的變化。還可以發揮企業的影響力，選擇對自己有利的環境，或促使環境向對自己有利的方向發展。

（2）創業企業環境的分類及其分析目的

創業企業環境包括企業外部環境和企業內部環境，而企業外部環境又包括企業宏觀環境和企業價值網環境（產業環境或企業中觀環境）。所謂外部環境，是指存在於企業周圍、影響企業策略選擇及生產活動的各種因素的總體。對企業生產活動有著直接而且重要影響的因素，可能來源於不同的層面。

宏觀環境也就是企業活動所處的大環境，主要由政治環境（politiccal）、經濟環境（economic）、社會環境（social）、技術環境（teconological）等因素構成，即 PEST 分析。宏觀環境對處在該環境中的所有相關組織都會產生影響，而且這種影響通常間接地、潛在地影響企業的生產活動，但其作用去卩是根本的、深遠的。宏觀環境條件分析的目的是把握市場大勢，即把握確立企業發展策略的時代背景，跳出企業看企業，走出市場看市場。企業要了解社會政治、經濟、文化發展的形勢以及對企業生產的要求，要了解國內外市場改革的總體趨勢和動向，要了解市場政策法規的基本精神，要了解市場理論研究的一些熱點、重點和難點，等等。這樣可以避免企業在確立發展策略時眼光狹隘，可以少走彎路。

（3）創業企業價值網環境的概念

創業企業價值網環境（產業環境或中觀環境）是影響創業企業生產活動最直接的外部因素，是創業企業賴以生存和發展的空間。與創業企業價值網環境最密切關係的概念是行業，行業是由一些企業構成的群體，但是，價值網比行業有著更廣泛的內涵和外延，這點可以從前述價值網相關內容的闡述明顯看出，對行業的分析只是價值網環境分析的一個重要部分。

創業企業價值網環境分析總的說要回答以下六個問題：①創業企業價值網最主要的特徵是什麼？②創業企業價值網發揮作用的競爭力量有哪些？它們有多強大？③創業企業價值網變革的驅動因素有哪些？它們有何影響？④競爭地位最強和最弱的公司分別有哪些？⑤創業企業價值網下一個競爭行動是什麼？採取這一行動的可能是哪一家公司？⑥決定成敗的關鍵因素是什麼？創業企業價值網環境條件分析的目的是認清企業所處的周邊的社會環境、經濟環境等。企業不是一個獨立的組織』它與周邊的社會環境是融為一體的。企業所在社區的人文環境、經濟環境、自然環境等因素，既對企業的生產提出相應的要求，又影響企業的策略定位和特色設計。企業所在的社區的現狀和發展趨勢，特別是社區的政治、經濟、科技的環境，都會對企業的經營產生相應的制約作用。只有根據企業所處的社區的客觀現狀制定出來的發展策略才是符合實際和切實可行的，也才能最大限度地爭取到社會物質上與精神上的大力支持，也才有利於企業管理工作順利開展。

企業內部環境主要包括企業的基礎設施、企業文化、企業組織、企業的生產系統、研發系統、營銷系統等，都屬於企業內部環境的一部分。微觀環境條件分析的目的是摸準企業基本情況。企業的家底有硬體的也有軟體的，有過去的、現在的還有未來的。硬體的資源最容易掌握，如企業的占地面積、師生數量、設施設備、財力物力等；而軟體的資源常常被忽視，如社區資源、大眾媒體資源、專家學者資源等。摸準企業基本情況不僅是對企業歷史的和現實狀況的判斷，而且是對企業未來發展進行的預測。現代企業管理不僅是對現存的硬體資源的使用和消耗，而且是對企業潛在性的、發展性的資源進行開發與盤活。從某種意義上講，企業只不過是一個運作的資源平台而已。企業家，它不但是一個職務稱謂，而且是一個施展才華、實現人生抱負的「舞臺」。

7.1.2 創業企業環境的企業非物質資源配置低效率規避對策

要規避創業企業環境的企業非物質資源配置低效率，首先必須正確把握環境的不確定性。環境的不確定性是指除創業者意志以外的不可控性環境因素的集合。依據創業環境的複雜性（指環境構成要素的類別與數量）和動態性（指環境的變化速度及這種變化的可觀察和可預見程度）這兩項標準，可以把創業環境劃分為四種不確定性情形：

①低不確定性：即簡單和穩定的環境。組織環境中的構成要素相對較少，而且這些要素不發生變化或僅有緩慢變化。在這種複雜性和動態性都比較低的環境中，企業經營就面臨著低的不確定性。

②較低不確定性：即複雜和穩定的環境。這裡的「複雜」是指大量的不同質要素的存在，使企業的經營管理工作複雜化。這裡的穩定是指環境各構成要素基本保持不變或變化緩慢。出於這種複雜但相對穩定的環境企業經營者面臨著低不確定性。

③較高不確定性：即簡單和動態的環境。有些組織所面臨的環境複雜性不高，但因為環境中某些要素發生動蕩的或難以預見的變化，從而使環境的不確定性明顯升高。

④高不確定性：即複雜和動態的環境。當組織面臨許多不同質的環境要素，而且經常有些要素發生重大變化，且這種變化很難加以預料時，這種環境的不確定性程度最高，對組織管理者的挑戰最大。環境的不確定性，一方面要求經營者能積極地適應環境，尋求和把握組織生存和發展的機會，避開環境可能造成的威脅；另一方面，組織也不能只是被動地適應環境，還必須主動地選擇環境，改變甚至創造適合組織發展的新環境。

其次，要規避創業企業環境的企業非物質資源配置低效率，在企業策略環境分析時，必須把握以下四個主要原則：

(1) 動態分析與靜態分析相結合的原則

這裡的「動態」，是指從變化的狀態考察環境，「靜態」是指從穩定的狀態考察環境。動態分析要求企業要從變化發展的角度來分析環境的各因素，要注重各環境要素的變動趨勢和規律。而靜態分析強調的是環境的狀態一旦形成，則具有相對穩定性，如企業經營所面Ｉ腐的宏觀環境。這裡必須強調環境變化絕對性和穩定的相對性，企業在進行環境分析時，一定要以動態分析為核心，堅持動態分析與靜態分析相結合的原則。

(2) 一般分析與重點分析相結合的原則

因為世間萬物都是互相聯繫的，處於開放狀態下的企業也不例外。但我們必須注意到這種相互聯繫有主、次之分。這就要求我們在對企業環境進行分析時要堅持一般分析和重點分析相結合的原則。一般分析是指對影響企業的一切因素都要進行分析，注重分析的是影響環境變化的一般因素，而重點分析是指對影響企業環境的重要因素進行分析，注重分析的是影響環境變化的關鍵要素。

(3) 長期分析與短期分析相結合的原則

對於企業生源策略的制訂與調整，需對企業招生市場的環境進行長期分析，即根據現有的環境狀況對未來較長的一段時間內的各環境因素的變化進行預測，而對於企業招生策略的制定訂與調整，則重在對企業產品市場的環境進行短期分析。

(4) 均衡分析與非均衡分析相結合的原則

這裡的「均衡」是指環境對不同的企業管理制約的同一性，這裡的非均衡是指環境之於不同企業的管理制約的不均衡性，正是這種不均衡性導致了不同企業對環境有著不同的機遇和威脅。

均衡分析要求企業管理要看到環境變化對不同企業管理所造成的影響是一致的，而非均衡分析要求企業管理要結合自身企業的優勢和劣勢，認真分析環境之於自身的「特殊」影響，以從中尋找環境機會，躲避環境威脅。

7.2 企業創業策略定位誘發企業非物質資源配置低效率的機理

7.2.1 創業企業策略定位的內涵及特點

（1）企業策略的內涵

在英語中，策略一詞為 Sategy，它來源於希臘語的 strategic，也是一個與軍事有關的詞。隨著人類社會實踐的發展，策略一詞後來被人們廣泛地用於軍事之外的領域，人們又逐漸賦予策略一詞以新的含義，因此，將策略思想運用於企業經營管理之中，就產生了企業策略這一概念。

美國哈佛商學院的教授安德魯斯認為企業總體策略是一種決策模式（mode of decision），決定和揭示企業的目的和目標，提出實現目的的重大方針與計劃，確定企業應該從事的經營業務，明確企業的經濟類型與人文組織類型，以及決定企業應對員工、顧客和社會做出的經濟與非經濟的貢獻。

對於現代社會一個典型的企業來說，它的企業策略可以包括公司策略、事業部策略和職能策略。相應地，策略管理據此可劃分為公司策略管理、事業部策略管理和職能策略管理三個層次。

①公司策略。

公司策略研究的對象就是一個由一些相對獨立的業務組合成的企業整體。公司策略是這個企業整體的策略總綱，是企業最高管理層指導和控制企業的一切行為的最高行動綱領。公司策略的主要內容包括企業策略決策的一系列最基本的因素，是企業存在的基本邏輯關係或基本原因。從企業策略管理的角度來看，公司策略的側重點表現在以下三個方面：

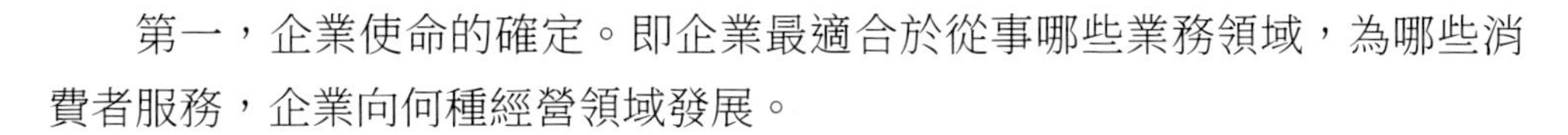

第一，企業使命的確定。即企業最適合於從事哪些業務領域，為哪些消費者服務，企業向何種經營領域發展。

第二，策略事業單位（SBU）的劃分及策略事業的發展規劃。如開發新業務的時機與方式，現有企業放棄、維持或者擴展的安排，以及調整的深度和速度。

第三，關鍵的策略事業單位（SBU）的策略目標。

②事業部策略。

事業部策略是在總體性的公司策略指導下，經營管理某一個特定的策略經營單位的策略計劃，是公司策略之下的子策略。它的重點是要改進一個策略經營單位在它所從事的行業中，或某一特定的細分市場中所提供的產品和服務的競爭地位。事業部策略涉及這個企業在它所從事的某一個行業中如何競爭的問題，涉及這個企業在某一個行業經營領域中扮演什麼樣的角色，以及在策略經營單位裡如何有效地利用好分配給的資源。

公司策略與事業部策略的根本不同，在於公司策略只就本事業部從事的某一策略業務進行具體規劃。事業部策略要在公司策略的指導和要求下進行。

③職能策略。

職能策略是為貫徹、實施和支持公司策略與事業部策略而在企業特定的職能管理領域制定的策略。企業職能策略的重點是提高企業資源的利用效率，使企業資源的利用效率最大化。在企業既定的策略條件下，企業各層次職能部門根據其職能策略採取行動，集中各部門的潛能，支持和改進公司策略的實施，保證企業策略目標的實現。與公司策略及事業部策略相比較，企業職能策略更為詳細、具體和具有可操作性。它是由一系列詳細的方案和計劃構成的，涉及企業經營管理的所有領域，包括財務、生產、銷售、研究與開發、公共關係、採購、儲運、人事等各部門。職能策略實際上是公司策略、事業部策略與實際達成預期策略目標之間的一座橋梁，如果能夠充分地發揮各職能部門的作用，加強各職能部門的合作與協調，順利地開展各項職能活動，特別是那些對策略的實施至關重要的職能活動，就能有效地促進公司策略、事業部策略實施成功。

（2）企業策略定位的內涵

企業策略定位是指為企業構建一個獨一無二的策略，強調對企業有現實的和持久的指導意義，它涉及企業不同的運營活動，實質是選擇一個以策略定位為中心的運營活動體系，從而在行業或整個經濟系統中構成一種策略性互補或分工，它是將企業的產品、形象、品牌等在預期消費者的頭腦中占居有利的位置，它是一種有利於企業發展的選擇，也就是說它指的是企業做事如何吸引人。對企業而言，策略是指導或決定企業發展全局的策略，它需要回答四個問題：企業從事什麼業務 . 企業如何創造價值；企業的競爭對手是誰 . 哪些客戶對企業是至關重要的，哪些是必須要放棄的。

企業策略定位的核心理念是遵循差異化。差異化的策略定位，不但決定著能否使你的產品和服務同競爭者的區別開來，而且決定著企業能否成功進入市場並立足市場。著名的策略學專家邁克爾·波特早在其 20 年前的名著《競爭策略》中就指出了差異化策略是競爭制勝的法寶，他提出的三大策略一成本領先、差異化、專注化都可以歸結到差異化上來。差異化就是如何能夠做到與眾不同，並且以這種方式提供獨特的價值。這種競爭方式為顧客提供了更進行科學的策略定位，應該遵循科學的方法。

首先，要進行市場調查和市場分析，對企業存在的外部環境條件進行科學的分析，尋找企業發展的機遇，尤其要對行業吸引力的五個關鍵要素進行認真評估。這五個關鍵要素是市場容量、市場增長率、行業盈利能力、人員來源、法律及監管水平。如果某行業市場廣、市場增長率高、行業盈利能力強、人員來源廣、法律及監管水平寬鬆，則說明該行業的吸引力高，企業定位於這樣的行業，將會獲得比較好的業績。

其次，準確評估企業自身的能力特點，找到自己的核）競爭優勢！尤其要準確分析自己的競爭能力水平，其中包括企業研發能力、生產能力、營銷能力、管理能力、財務實力、創新能力。因為這些能力決定了企業的業務範圍、服務質量、市場範圍、競爭策略和盈利水平。

再次，注意對競爭對手和相關市場要素的分析。企業在進行策略定位時，必須考慮競爭對手的實力及其所採用的競爭策略對自己的影響等要素，同時還要考慮供應商、經銷商討價還價的能力，替代者和潛在進入者的威脅，從而確定自己的競爭。

在一些策略文獻中，特別強調要注意做好任務陳述，因為這是進行企業策略定位必須研究的問題。所謂任務陳述，是指對於企業業務定義的陳述，也就是回答企業的業務是什麼的問題，明白自己在「做什麼」的問題。這是確定企業經營重點、制訂策略計劃的基礎，是基於基本假設之上的企業經營內容的策略定位。成功的任務陳述有利於產生和考慮多種策略目標，能夠平衡不同利益者之間的矛盾。任務陳述具體包括以下內容：①用戶；②產品或服務；③市場；④技術；⑤生存和盈利的關切；⑥觀念；⑦自我認知；⑧對公眾形象的關切。

策略定位是一項複雜而又十分重要的工作，策略制定者必須慎重對待。如果企業的策略定位不準確或發生失誤，策略理念再優秀、策略規劃再具體科學，都將是徒勞無益的。更多的選擇，為市場提供了更多的創新。

(3) 有效策略定位的特點

①獨特的價值鏈和價值訴求。

邁克爾·波特把企業內外價值增加的活動分為基本活動和輔助活動，基本活動涉及企業生產、營銷、原料儲運、成品儲運、售後服務，輔助活動涉及人事、財務、計劃、研究與開發、組織制度等，基本活動和輔助活動構成了企業的價值鏈。要使企業有特色，就要有一個不同的、為客戶精心設計的價值鏈。生產、營銷和物流都必須和對手不同，否則只能在運營效率上進行同質化的競爭。另外在價值鏈上的各項活動，必須是相互匹配並彼此促進的。這樣，企業的優勢就不是某一項活動，而是整個價值鏈一起作用，從而使競爭對手難以模仿。

獨特的價值訴求就是你做的事情和其他競爭者相比有很大差異從而構成自己的核；競爭力。價值訴求主要體現在以下三個重要的方面：

第一，市場細分。你準備服務於什麼類型的客戶，這需要從消費差異、個性差異、實力優勢差異幾方面尋求自己的客戶群。第二，選擇切入點。滿足這些客戶什麼樣的需求。第三，建立自己的成本優勢。企業會尋求什麼樣的相應價格。這三點構成了企業的價值訴求。選擇要和對手有所不同，因而必須給自己合適的定位，採取一種獨特的視角，滿足一種獨特的需求。

②有所為與有所不為。

策略本身就是一種選擇，因此定位時要做清晰的取捨，要確定哪些事是必須要做的，哪些事是要放棄而不去做的，即有所為有所不為。這樣可以使企業集中精力於自己的優勢，使競爭對手很難模仿自己的策略。企業常犯的一個錯誤就是想做的事情太多，不願意捨棄。我們的企業要從做大到做強，從成功到成熟，做自己該做的事，放棄那些非自己擅長的事情，沒有放棄就沒有定位。

③策略的長期性和連續性。

成功和成熟的企業的策略是連貫的，任何一個策略必須要實施三至四年，否則就不算是策略。如果每年都對策略進行改變的話，就等於是沒有策略，而是趕時髦，這樣企業就總是在追求潮流而失去特色。另外，企業的策略必須由領導人制定，並由他來指導並推行。但如果領導人變更，策略也跟著變，這是企業不成熟的表現，除非是企業出現了重大問題。

④策略要「與時俱進」。

儘管策略具有長期性、連續性的特點，但這並不意味著一成不變，策略還要能夠反映時代和環境的特點，否則企業只能抱住昨天的成功不放而失去前進的動力。日前市場環境變化非常快，增加了許多不確定性因素，加之加入 WTO 使我國對於競爭越來越開放，包括來自國內的競爭和國際上的競爭，這就要求企業的策略也要進行改變；經濟的快速發展又使我國日趨繁榮，這就要求有更為先進的策略，並且我們要尋找更好的方式來實施策略。新技術、新設備、新的管理方式，都要使企業的策略變得更為有效。如果企業的策略很清晰的話，就會確定出優先順序，確定出哪些是重要的，那麼企業就能夠更快地適應環境的變化；如果企業沒有策略的話，則會覺得所有東西都是重要的而抓不住重點。

7.2.2 創業企業策略內在的企業非物質資源配置低效率

企業策略內在的低效率是指任何一種策略，由於其自身都具有侷限性，從而會誘發無法克制的企業非物質資源配置低效率。

在穩定策略條件下，企業非物質資源配置低效率可以從以下三方面進行規避：第一，注重外部環境的重大變化，特別是行業環境的變化，要力求保持策略與環境的動態協調，規避企業非物質資源配置低效率的產生；第二，力爭做到穩中求進，充分利用各種可能的發展機會，激發員工的士氣，規避企業非物質資源配置低效率的產生；第三，避免形成保守的企業文化，要努力培育企業的創新精神，保持企業的經營活動，規避企業非物質資源配置低效率的產生。

當然，增長型策略也有以下可能的弊端，並由其形成企業非物質資源配置低效率：第一，可能破壞企業的資源平衡，引起資源配置低效率；第二，可能破壞企業的組織管理系統，引起人心渙散，惡化企業非物質資源配置低效率境況。

在增型策略條件下，企業非物質資源配置低效率可從以下方面進行規避：第一，注意平衡各項目的資源分配，資源分配，防止因「不公平感」而誘發的低效率；第二，注意防止因企業組織管理系統的改變而引發人心渙散，引起非資源配置低效率，要努力營造一種有凝聚力的企業文化，規避企業非物質資源配置低效率的產生。

在緊縮型策略條件下，企業非物質資源配置低效率可以從以下兩方面來規避：

第一，要使整個企業的員工都知道，緊縮是短期的，緊縮的目的是為了將來更好地發展，從而讓員工對企業保持好的預期和努力工作的心態，達到規避企業非物質資源配置低效率的目的；

第二，要做好因緊縮而解雇的員工的安置工作，以安定民心，增加在崗人員的凝聚力，緩解他們的後顧之憂，讓他們一心一意地做好工作，從而達到規避企業非物質資源配置低效率的目的。

7.2.3 創業企業策略定位的企業非物質資源配置低效率及改善對策

(1) 企業創業決策者對策略不理解導致企業非物質資源配置低效率

企業創業者對策略的不理解主要體現在以下三方面：第一，認為策略在動蕩複雜的環境面前最終失去作用，其內容「虛而不實」，在市場變動過頻、過多、過大的事實面前，策略只會綁住企業發展的「手腳」，而在公眾面前，策略只是用來宣傳企業某種意圖的「炒作品」。第二，認為策略很重要，但是可以使用系列目標頂替策略，認為策略就是企業要實現的目標，從而在一定程度上將策略和戰術混淆，使企業在激烈競爭中迷失方向。第三，認為策略只是一種願景，代表的是一種「藍圖」，在嚴酷的市場面前通常無能為力，這種觀點是沒有注意到，再好的策略，也必須「落地」。無論是上述情況的哪一種，都會影響企業未來的長遠規劃和經營效率，從而導致企業經營的失敗。

(2) 策略定位「一廂情願」導致企業非物質資源配置低效率

有的企業在策略定位時只是單純使用一些高新技術名詞說明自己在競爭中具備什麼樣的競爭優勢和能力，但是企業要想取得長遠的經營成功，還必須使企業策略與企業市場保持一致而非僅僅是一些「一廂情願」的技術名詞，只有這樣才能確保企業的健康可持續發展。技術名詞對於企業經營人員駕輕就熟，但是對於大多數消費者卻顯得陌生，這種陌生容易導致企業不易被消費者接納，從而會在很大程度上影響企業經營效率。因此對於企業來說，需要把一些前沿的技術名詞變成「大眾化」語言，讓策略定位落到實處。

(3) 混淆「運營效率」與「策略定位」導致企業非物質資源配置低效率

在提高企業的運營效率這一方面，我們的大部分企業在某一時間都能夠做得很好。但問題是，效益與策略的運作方式並不相同，很多管理者實際上混淆了二者，結果是企業片面追求效益和市場份額而忽視了策略定位的重要性，或者在策略定位時出現失誤，導致許多企業因無法把這些曾經的輝煌轉成持續的發展能力而只是在市場經濟的大潮中「曇花一現」。這方面最典型的例子，就是前些年家電業的自殺式的價格大戰，在那場混戰中，許多曾經績優的企業為了占領市場而不惜血本進行價格大戰，最終結果是企業大傷元氣，不得不重新進行調整，所以，企業必須有正確的策略定位，堅持「有所為」和「有所不為」。

(4) 不同企業策略選擇的企業非物質資源配置低效率

上面我們論述了目前企業存在的各種企業策略，不同的企業策略有不同的特點，且具有各自不同的優點和不足，因此，即使撇開決策者認知偏差，無論企業選擇何種企業策略都有低效率，這種低效率不管資源如何配置都會產生，即企業非物質資源配置低效率都會產生。對於穩定型策略，則可能由於外界環境的巨大變化，特別是行業環境的變化，而使企業錯失良機，導致企業運行效率受損，產生企業非物質資源配置低效率現象。例如，對於增長型策略，則可能由於客觀經濟的疲軟或行業競爭壓力的加劇，從而使企業產品銷售受阻或者使企業獲取增長性資源的成本增加，無論哪種情況發生，都會引起企業經營效率的損失，誘使企業非物質資源配置低效率產生。而對緊縮型策略，則同樣有可能使企業喪失發展的機會而導致企業運行效率受損，還有可能因緊縮減少而挫傷在職員工的積極性，導致企業非物質資源配置低效率的產生。

如何改善企業非物質資源配置低效率，對策很多，但最為重要的一點是，企業競爭策略選擇必須基於企業資源。

世界第二大零售商家樂福公司已把在日本的家樂福 8 個超市以約 100 億日元的價格全部出售給日本離子公司，並從日本全線撤退。家樂福四年前登陸日本時，決意要做日本零售市場的龍頭老大，但其勃勃雄心已被嚴峻的現實擊碎，最後以虧損約 3 億歐元的代價敗走日本。家樂福在日本的經營緣何受挫？原因肯定很多，但最終原因是家樂福在日本並沒有據其資源的特質性來選擇正確的競爭策略，因此敗走日本實屬必然。那麼，在當今這種環境動蕩不定和競爭殘酷異常的雙約束條件下，企業應基於什麼以及沿什麼樣的途徑才能選擇到一種正確的企業競爭策略來實現企業的效率目的呢？下面從當前國際盛行的資源依賴理論（resoorce-dependency）這一嶄新視角，提出了一種基於資源的企業競爭策略選擇的途徑確定模式，從而為企業在當今這種環境動蕩不定和競爭殘酷異常的雙約束條件下，如何選擇到一種正確的競爭策略來實現企業的效率目的提供了一條新途徑。

企業競爭策略選擇途徑確定的操作模式，能給企業選擇競爭策略提供一個好的選擇范式。基於資源依賴理論建立起的一種企業競爭策略選擇途徑確定的具體操作模式，其具體內容表述如圖 7-1 所示。

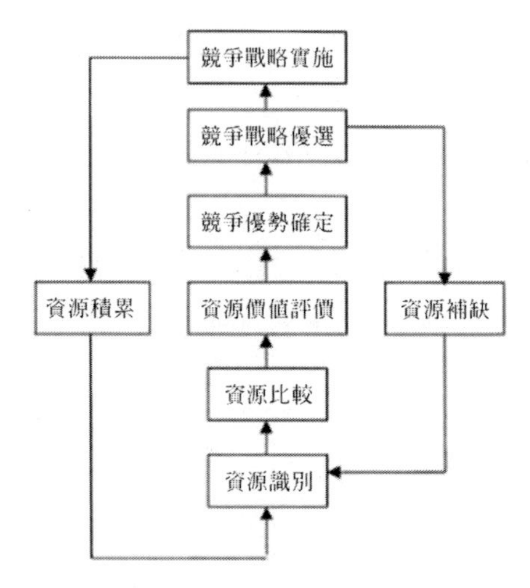

圖 7-1 基於資源選擇企業競爭策略的路徑圖

①資源識別，包括自有資源識別和外源資源識別。

企業不是同質「黑匣子」，而是由系列獨特資源組合而成，這些獨特資源組合是企業獲得持久競爭優勢的源泉，因此，企業在競爭策略選擇時的第一步就是要進行資源識別。而要進行資源識別，首先就得弄清楚什麼是資源，資源有哪些具體表現形式。

資源依賴理論的主要代表人傑伊·巴尼（Jay B.Barney）認為，企業是具有不同適用性的各種資源的集合，企業資源包括資產、知識、訊息、能力、特點和組織程序，這就把資源分為資產資源、知識資源和組織資源三大類。資產資源指的是企業對之擁有絕對所有權，且產權是明確的，受法律保護的那些資源，知識資源是指企業中的人員或群體以特定的方式，沿著特定的路徑而積累起來的特有的知識。組織資源是指組織本身所具有的科學運行程序，它的載體是整個組織，既不依附於某些個體人員，也不是個體的獨立行動所能積累的，它具有制度嵌人的特徵即扎根於作為社會性結構的特定組織之中及與之伴隨的形成過程「路徑信賴」和「原因模糊」等特性。對企業總體資源的識別就可以依據上述的資源的三種表現形式進行識別。

②資源比較。

既然資源依賴理論診斷只有企業獨特且稀缺的異質資源才可能形成相對競爭優勢，那麼，僅僅明確企業內的總體資源狀況是不夠的，必然把自己的總體資源狀況與主要競爭對手的總體資源狀況相比較，判定企業自身獨特且稀缺的異質資源。其具體做法是：依據企業競爭目標，選定自己主要的競爭對手，然後將自己的資源狀況和競爭對手的資源狀況進行比較，明確自己特殊的異質資源。由於各種不同的原因，企業擁有的資源各不相同，具有異質性，這種異質性決定了企業競爭策略選擇的差異性和唯一性。而對於企業異質資源的判定，可以結合英國學者福克納和鮑曼創建的「顧客矩陣」和「生產者矩陣」來進行。

③資源價值評估與競爭優勢確定。

通過與自己主要競爭對手的資源狀況的比較，企業明確了自己特殊的異質資源，但它們是否能給企業帶來競爭優勢，還取決於這些資源之於企業形成競爭優勢的價值，為此需要對這些資源進行價值判斷。資源依賴學派的代表人物柯林斯和蒙哥馬利認為，資源價值評估有五項標準，即：①進行不可模仿性評估，即資源是否難以為競爭對手所複製；②進行持久性評估，即判斷資源價值貶值的速度；③進行佔有性評估，即分析資源所創造的價值為誰佔有；④進行替代性評估，即預測一個企業所擁有的資源能否為另一種更好的資源代替；⑤進行競爭優勢性評估，即在自身資源和競爭對手所擁有的資源中，誰的資源更具有優越性。通過上述五個標準的評估以後，企業就不僅認清了與競爭對手相比的自我異質資源的總體狀況，而且還能認清這些異質資源的價值潛力，從而為企業競爭優勢的確定提供了前提和基礎。

④策略選擇與資源補缺。

當企業通過資源的價值評估明晰了自己的競爭優勢後，企業就可以在其基礎上來進行競爭策略選擇。但是，更一般的情況是企業實現策略目標所需的資源與企業自有的資源之間存在一定的缺口，因此不得不通過資源補缺來填補這些資源缺口。一般來說，資源補缺的途徑有三條：第一，通過組織學習，補充知識資源。知識資源具有「邊際逐增」效應，同時它還能「激活」企業的資產資源和組織資源，使它們能發揮出最大的潛能。因此，知識資源之於任何企業的任何時候，總是缺乏的。而我們知道，獲取知識的基本途徑是學習，通過有組織的學習不僅可以提高個人的知識和能力，而且可以促進個人知識和能力向組織的知識和能力轉化，從而轉化成組織的知識資源。第二，通過組織創新，補充組織資源。組織資源是難以通過模仿而獲得的，更多的是要通過企業內部建立一種良好的企業文化來支持組織的創新而被持續形成。內維斯、古爾德和拜迪樂在《把組織理解為學習型系統》一文中汲取了資源依賴理論的許多觀點，認為只要把組織改造成學習型組織，那麼，組織就能「自適應」地形成組織資源，不斷地提高組織的經營效率，並最終促成競爭策略的實現。第三，通過建立外部網絡，補充資產資源。資源不足是企業普遍存在的問題，而從外部獲取資源除了向外部企業學習獲取知識資源和組織資源以外，更多的是通過各種方式從外部獲取資產資源，來補充企業發展所帶來的資產資源缺口。企業資源補缺的三條途徑並非只能單一，現實中更多的是三條途徑的有機結合，從而有效地保證了企業資源的總體平衡而無「瓶頸」，實現企業競爭策略也不會成為「無米之炊」。

⑤策略實施與資源積累。

企業進行競爭策略選擇旨在通過實施優選的競爭策略而促成競爭目標的實現，而競爭目標的實現又會給企業積累更多的資源（包括資產資源、知識資源和組織資源），為此，企業可以在新的資源條件下，依據上一競爭策略選擇的路徑，選擇為實現下一更高目標的競爭策略，如此循環選定，競爭目的也被循環實現，企業也就不斷成長。

但是，我們這裡必須要指出的是，一個成功的競爭策略依賴於積累專門化的資源，但更重要的是通過創造業務單位來開發利用這些專門化的資源並使其與市場機會相匹配，從而把資源的潛在競爭優勢轉化為企業的現實競爭優勢。而對於業務層次和公司層次策略而言，資源依賴理論家們把內部所積累的資源看作比反覆無常的市場上可變的需求更穩定的靠山。這一思想也明示了企業，企業資源積累的目的就是要形成自我獨特且稀缺的異質資源，進而選擇適當企業競爭策略來利用這些資源產生現實的競爭優勢，並最終實現企業目標，從而使企業永立「不敗之地」。

上述對企業競爭策略選擇途徑確定的模式分析，無疑為企業正確地選擇競爭策略提供了一種好的方法論，從而有利於企業充分利用自我資源的特質性形成自我明顯的競爭優勢。但是企業也必須同時注意到，基於資源的企業競爭策略選擇過程中也充滿了「陷阱」，企業必須很好避讓。

第一，選擇「過度模仿」的競爭策略，可能會因策略的「水土不服」而陷入「模仿陷阱」，誘發企業非物質資源配置低效率。

模仿行業優秀競爭對手的競爭策略，能直接削弱競爭對手的競爭優勢、減少競爭策略選擇的風險，同時還能提高自己的競爭能力，但是要模仿成功必須達到以下四個前提：

前提一是能準確地識別別人具有的優勢；

前提二是通過模仿可得到更高的利潤回報；

前提三是能準確地判斷出構成那些競爭優勢的基本組成因素；

前提四是可以進行有效的資源重組，來形成優勢。然而競爭對手優勢形成的原因模糊且資源重組困難大，運作成本高，所以選擇「過度模仿」的競爭策略通常會「水土不服」，從而導致競爭策略失敗而步入「模仿陷阱」，其直接後果輕則利潤受損，重則企業將有「滅頂之災」。

第二，選擇「過度依賴」外源資源的競爭策略，可能會因策略缺乏「重要資源」的可靠支持而陷入「資源陷阱」，誘發企業非物質資源配置低效率。

資源依賴理論認為，一個企業的成功和生存要依賴於別的一些企業和組織向其提供必需的資源，資源依賴的程度越強，則外部企業力或組織對其的控制就越強。因此一個企業應設法減少對供應重要資源的依賴，並努力影響環境，使所需資源易於獲得。如果企業對某些重要資源存在過度依賴的話，企業將會被控於資源供應者而失去自主權和部分應得利潤！從而不利於企業的發展而陷入「資源陷阱」。因此，企業在選擇競爭策略時應盡量避免選擇「過度依賴」外源資源的競爭策略，特別是對單一企業或組織的資源存在「過度依賴」的競爭策略，誘發企業非物質資源配置低效率。

第三，選擇「過度剛性」的非柔性競爭策略，可能會因策略缺乏環境適應性而陷入「反應呆滯陷阱」，誘發企業非物質資源配置低效率。

策略「柔性」主要包括企業資源的固有柔性和在重新界定可用資源而重新構造、重新配置合理的資源鏈時管理者所具有的協調柔性兩個方面。在實踐中，企業必須在動態中保持足夠的策略柔性，必須在動態中不斷依據市場環境和內部資源狀況的不斷變化來調適選擇了的競爭策略，確保企業有足夠的柔性來對競爭環境的變化和內部資源狀況的變化做出快速反應，從而創造出新的競爭優勢，因此，企業必須謹防選擇「過度剛性」的非柔性競爭策略而陷入「反應呆滯陷阱」，誘發企業非物質資源配置低效率。

就策略定位手段而言，歸核化策略定位有助於改善企業非物質資源配置低效率。

歸核化策略定位是基於企業核心價值的策略定位，它是企業專業化策略和多元化策略的一種演進，主要區別在於它主導的是圍繞企業核心環境的策略定位模式，在很大程度上表現為企業的核心策略。

如果企業的策略定位能與企業的市場價值和比較優勢以及經營業務的價值有機統一，並通過企業資源的集中配置來實現這個策略，將更有利於企業價值的擴展和延伸。因此，在思考策略定位問題時要對企業具體的經營環境進行細緻的分析，得出企業的核心價值和比較優勢，並以此來選擇自己的核心經營業務。

如企業在某一經營業務上存在比較優勢，而這項業務又具有較大的市場潛力，能給企業帶來增值，並且企業有能力通過一系列的運營活動加以實現，那麼，這項業務就可以納入企業的核心業務體系中。

企業的業務系統強調通過對企業的所有業務進行分析整理，從而形成一個核心的業務體系，它是對企業策略定位的有力支持。一個企業應至少有一項業務處於這個核心業務體系中，而其他次要業務則依據其在歸核化策略定位中的重要性安排在核心業務體系之外的不同位置，對企業核心業務的運營進行支持。

傑克·韋爾奇在接任 GE（美國通用電器）的 CE0 後，提出了的策略目標是擁有數一數二的策略業務集合，而不是為數眾多的業務和市場，以及簡單而完善的計劃，因此他果斷地將 71 項不具有比較競爭優勢的業務關閉、出售，同時又兼並和收購了部分與企業核心業務相關的業務或企業，他之所以如此做，是因為只有獨一無二的業務體系才能支撐出 GE 的未來。由此可以得出，被多數人視為以成功的多元化發展策略享譽世界的 GE 其實走的是一條歸核化策略道路。由此可見，歸核化策略定位更容易取得成功，是因為它有效地將企業的優勢資源集中配置在企業的核心業務上，從而大大提高了策略定位實現的可能性。

歸核化策略定位是以企業核心價值為基礎的策略定位，確定核心業務的標準是多樣的，不同的企業對於劃分企業核心業務的標準也是不一樣的，甚至同一企業在不同時期的劃分標準也存在著差異。企業歸核化策略定位就是確定企業核心業務集合的選擇過程，一般來講，可將策略定位標準劃分為產品、渠道、客戶解決方案和系統支持四個方面，這四個方面的關係可以是平行的，也可以是遞進的。

產品、渠道、客戶解決方案和系統支持的平行關係主要表現在企業根據自己能力的評價可以選擇一個方面來進行運作，但從企業的發展過程來看，四者之間往往存在層層遞進的關係。產品是一個企業發展的基礎，而在企業的渠道定位中，產品成了企業這一定位必須思考的問題，可以說它是企業渠道定位的基礎之一；市場變化的本質是顧客需求的變化，在一定程度上反映了顧客對產品和渠道的選擇差異，因而才使得企業需要對客戶需求做全面的管理，這才有了基於客戶解決方案的定位；系統支持的策略定位是企業定位的高級階段，它可以是對前面三者的整合，當然它也可以是基於這三個要素之外的要素進行的整合定位，不能一概而論。

但不管是基於哪一種策略定位還是它們的綜合，都應當根據企業的實際情況而做出最恰當的選擇。

首先是基於企業最佳產品或服務的策略定位。

最佳產品是在綜合分析市場訊息後，以價值分析法對企業產品進行重新分析、改造而進行的定位。它的主要思想是通過對客戶的需求進行分解，將產品的功能集中在客戶需求中最主要的部分，從而對產品的功能進行取捨，以將產品的價值 F 與產品的成本 C 和產品的功能 F 之間建立必要的聯繫，使供方價值（SV）= 需求方價值（DV），用公式表示為：

V=F/C，SV=DV

這一定位可以將企業的價值進行有效的提升，使企業將更多的精力集中在對自己效用高的產品或流程上來，可有效減少企業中的浪費。另外，由於產品定位是從市場需求分析入手的，所以企業與顧客的交易更容易達成。

其次是基於企業產品渠道的策略定位。

渠道指的是企業產品與目標顧客的有效接觸路徑，不同的企業應當有不同的渠道，因而，企業的渠道同樣是形成企業比較優勢的策略定位之一。

引起企業產品渠道變化的因素很多，如客戶位置、規模、消費觀等，它們從各個方面決定了企業渠道的差異性。有時還可以將渠道看成是產品或客戶價值中的一部分，因此，設計一個獨特而有效的渠道更能促成交易和培植企業的客戶滿意。

目前，企業渠道正越來越趨於扁平化，使得客戶與產品的接觸周期和路徑大大縮短，因此，考慮客戶便利是各企業設計渠道所要重點思考的。另外，就是在多元產品的企業中，在進行渠道定位時要考慮渠道共享的衝突，一般企業都會選擇渠道共享，因為這樣可以節省成本，提高企業運營的效率，但不是所有的企業都能如此，在不同屬性的產品間實現企業渠道共享是十分危險的。一般來講，當眾多的業務或產品集合在一起時，渠道應當比產品更為專業化，它更應當集中在企業的核心定位上，盲目的渠道擴張和共享往往適得其反，那樣反而會降低企業的響應速度。

第三個是基於客戶解決方案的定位。

現代全球化競爭已經不單是圍繞產品或者企業渠道，它要求企業要綜合全面地分析客戶所遇到的各種難題，並能為他（她）們提供一套完善的解決方案。這個方案要求企業能向客戶提供獨特的「可感知和可利用的價值」，即 PUV（perceived use value），以維持和提高客戶忠誠度（customer royalty）。

PUV（perceived use value）指的是企業的產品對客戶可感知和可利用的價值，這一定位思考方式圍繞顧客評判價值的標準和價值形式，將這一標準和形式整合成一套系統的解決方案，經有效全面地滿足顧客的真實需要，解決客戶難題。企業在考慮這種定位時應當全面分析目標顧客群的訊息，以在這些訊息中找出問題，並開發出一個綜合解決這些問題的方案。

在這一階段，對顧客需求的全面管理是十分重要的，因此，利用知識管理系統來管理顧客需求就顯得十分必要。這一方法是將客戶的需求訊息輸入企業知識系統中，通過與之相應的程序模組來對這些訊息進行分類、加工和處理，使其轉換成對企業有用的訊息輸出，從而增強企業在動態需求環境中捕獲客戶有效需求的能力，提高企業客戶需求管理效率和適應市場變化的能力。另外，這一過程還能有效識別相同的客戶在不同情景下對同一產品有不同的需求。對企業而言，新的需求意味著新的交易類型，從而也會自然地產生新的商機。

最後是基於企業系統支持的策略定位。

這是企業策略定位的高級模式，定位主要是解決企業生態系統中各個子系統的發展問題，力圖通過自己的努力推動一個企業價值網的發展。

單一企業作為企業系統上的一個鏈，它需要不同的支持，同時也支持著本企業價值網中的各企業的發展，不但要培育支持者，甚至還要考慮培育競爭者。市場經濟中支持者和競爭者不是絕對的概念，而「合爭」是企業的最佳選擇。它就像是生物鏈中的各種生物一樣，任何企圖打破平衡的舉動都會動搖整個系統的穩定性。同樣，企業的過度競爭會使企業的支持系統惡化。因而要求企業在這一博弈過程中盡量讓自己處於具有對系統具有強大影響力的中心，這樣的定位的實現要經過一個漫長的積累過程，主要表現在企業綜合素質的積累上，如果企業缺乏良好的綜合素質，對企業來說這樣的定位毫無意義。

儘管基於企業支持系統的策略定位在我國很少有成功案例，但它確實是企業定位的最佳思考方向，尤其是在知識經濟時代，隨著企業集群這一新興的經濟體在我國各經濟區域的出現，企業如能抓住機遇，這將是企業發展的最大契機。

總之，歸核化的策略定位是企業廣義的成功之道，任何企業都不可能有足夠的資源解決企業發展過程中的所有問題，同樣，一個企業也不可能始終如一地做單一的業務，它的優點在於為企業在發展過程中提供了一個新的思考方向。

成功的企業各有千秋，但他們都有共通的一點：為自己找到了好的定位，並且，通過一系列的運營活動將這一定位變為了企業發展的動力。

7.2.4 創業企業聯盟與企業非物質資源配置低效率的規避

企業聯盟是市場經濟發展的必然，但現實中企業聯盟卻大多以失敗而告終。美國的 MCKINSEY 公司所做的一項研究曾得出這樣的結論：在所有原本期望與其他公司建立合作關係的公司中，大約只有 2% 的公司最終建立了成功的長期合作關係。那麼，既然企業策略聯盟是市場經濟發展的必然而不可避免，可現實中的企業聯盟狀況又是如此之糟，以致企業聯盟的優勢大打折扣，直接影響企業的經營效率，很顯然，這種經營低效率的源泉，更多地來自於非物質資源的配置問題，即來自於企業非物質資源配置低效率。為此，需要尋找有效聯盟，以規避企業非物質資源配置低效率。

（1）企業創業聯盟有效的形成、有效運行和無效的終止條件

①創業聯盟有效的形成條件及其識別。

有效創業聯盟是指能增加各聯盟企業的整體價值，能提高各聯盟企業的核心競爭力的一種創業聯盟狀態。有效創業聯盟的形成至少需要如下四個條件：

條件一是能準確識別企業的關聯性。

沒有企業的關聯，聯盟就失去了前提。對於企業間的關聯我們可以分為三種類型：有形關聯、無形關聯和競爭性關聯，其關聯度的大小直接影響聯盟後各企業競爭優勢的增量。下面讓我們談談對它們的識別：

條件二是有形關聯。

有形關聯是指企業間發生在價值鏈上的共享性關聯，如共同的客戶、渠道、服務網絡、產品研發等。它能分攤企業經營中的業務成本，產生協同效應，當然共享成本也由此產生。

條件三是無形關聯。

無形關聯是指發生在不同企業間的管理技巧和相關知識上的關聯，如客戶消費類型、客戶採購類型、產品製造流程類型，與政府的關係類型等。各聯盟企業可以在管理技巧和相關知識的「祕密」上互相交流，互相學習，從而提高各自的競爭力。

條件四是競爭性關聯。

由於各個行業都有許多競爭企業的存在，所以一個企業為了不陷入行業競爭的劣勢地位，便可能被迫與其他企業建立某種關聯，這種關聯僅因行業競爭而起，我們把它稱為競爭性關聯，對行業進入壁皇的共同提高，xt 新進入行業的企業的聯合抵制等，都是因競爭而起，是競爭性關聯的典型類型。

②能準確識別企業現有能力和未來需要的能力。

對企業現有能力和未來需要能力的判定，是企業決定是否加入聯盟的重要依據，如果這些能力在聯盟企業間互為需要，那麼這樣的聯盟肯定是有效的。下面談談識別問題：

首先談現有能力的識別。

在一個產品優勢轉瞬即逝的知識驅動型的競爭環境中，企業應該被看作一個知識和能力的集合。公司最基本的現有資產就是這些知識和能力，而不是那些廠房、資金。因此，在識別這些現有知識和能力時，我們可以考察以下幾個問題：第一，有別於競爭對手的專業知識；第二，有別於競爭對手的團隊；第三，有別於競爭對手的新知識和新能力的內外形成源泉。

再談未來需要的能力識別。

在考察未來所需要的知識和能力時，我們應該注意：

第一，為了實現長期策略目標，公司需要什麼樣的知識和能力 .

第二，哪些知識和能力可以使公司在未來 3—5 年內領先於競爭對手。

③能準確識別企業的企業文化類型。

以企業成員共享價值體系為核心的企業文化，從根本上決定著企業成員對周邊世界的看法及反應方式，從而也從根本上決定了企業員工的行為模式。聯盟企業必須能互相識別彼此 t 的企業文化類型並有效融合，否則聯盟後的文化衝突將導致共享成本的大幅度增加。

對於企業文化的識別，我們知道：儘管企業文化的一些方面是顯而易見的，但另一些卻不那麼明顯。有人將組織文化比作冰山，浮在表面的是外在的、公開的方面一組織生活正式的一面，包括目標、技術、結構、政策與程序及財政資源。下面的是內在的、隱藏的方面——組織生活非正式的一面，包括認識、態度、感情以及有關人性、人際關係的性質等問題的一套共有的價值觀。對企業文化的識別，我們需從「冰山」的上、下兩面全面進行。

④能站在策略的高度考慮各種聯盟方案。

聯盟方式將直接影響聯盟企業創造核心競爭能力的機會大小，為此必須慎重選擇：

第一，要選擇好合作對象。其基本要求是要能產生「互補效應」和「協同效應」；

第二，要選擇好合作內容。其基本要求是關聯性較強，共享資源較豐富；

第三，要選擇好合作形式。其基本要求是合作應是一種共生互利式的合約形式。

在建立全面的聯盟前，先與潛在的合作對象在一個小型的簡單的項目上進行合作，是經常用來識別聯盟方案優劣的一種比較安全的做法。

（2）聯盟有效的運行條件及其識別

前述的是形成有效聯盟的基本條件，沒了其中之一，聯盟遲早夭折。但滿足了上述條件，聯盟的運行也並非一定有效。要確保聯盟有效運行至少還需要如下四個條件：

①必須像對待獨立公司一樣對聯盟進行組織設計和管理。

由於各聯盟企業存在機會主義和自我利益，所以不能讓聯盟聽之任之，而必須投入時間、精力管理好聯盟。比如在聯盟的經營綱領中，應該對聯盟的業務行為提出明確的限制：哪些領域進行合作，合作利益如何分配，哪些領域可以競爭，在什麼市場裡競爭？顯然，這些限制要得到落實就需要有對應的組織設計和管理。

同時，對於剛成立的聯盟，不可避免地要在試錯中逐漸完善合作機制，因此，每隔 3—5 年就應該對聯盟的組織設計目的進行一次反省和修訂，從而使過去出現的問題得到及時解決，並能為合作各方提供一個機會來考慮是否進一步擴大合作。

對於這一條件的識別，我們就看聯盟是否有著自己明確的任務，是否有著要實現這一任務的有效的協調計劃、組織保證和管理監督機制，否則，聯盟將無序運行，聯盟運行低效甚至負效。

②必須自行調整組織以適應和利用聯盟。

因為不同的企業有不同的企業文化、組織結構、運營方式、專業知識和能力等，所以他們組成聯盟時就必然會有許多不適應，比如說，與一個決策程序或領導風格與你迥然不同的伙伴合作就會是一件十分令人惱怒的事情，這將嚴重損害合作各方對聯盟工作的積極性。因此，為了謀求聯盟的最大效益，就必須對各聯盟企業的組織進行調整，特別是企業文化或者說價值觀，以使聯盟企業互相磨合協調，從而充分發揮聯盟的作用。

另外，為了充分共享同盟者之間知識、能力及經營模式，各企業也應對原來有的合作安排做出分析並進行調整，有一位經理總結了在轉讓知識和能力方面的五個關鍵環節：事前就使未來的使用者參與進來 . 對技術進行包裝，使其易於為使用者接受；為新技術的使用者提供正式培訓；為使用者提供集體聚會、相互交換使用心得的機會；跟蹤監控技術轉讓過程的有效性。這五環節也可成為我們識別這一條件的依據。

③聯盟企業之間必須相互信任。

在與經理們談及「什麼對聯盟最重要」時，他們都說信任最重要。的確，沒有信任，就沒有知識和技能在聯盟中有效傳播，知識和能力的共享就是一句空話。沒有信任，雙方決策者的戒備和懷疑心態就不能排除，聯盟的「協同效應」就蕩然無存。沒有信任，雙方經理也就不會投入足夠的時間和精力來維護聯盟，發展聯盟，出了問題時就互相指責，導致聯盟成員隔閡加深』誤解增多，最終聯盟以解體告終，所以聯盟企業之間必須相互信任。

識別聯盟企業的信任度可以從企業的制度、過去的行為和在行業中的口碑等方面進行。

④不能過分依賴聯盟，且能識別聯盟中知識泄露的風險。

不能把聯盟當作企業危機時的「救命草」，聯盟之於企業成長還是外因，我們只能把它當作對企業現有知識和能力進行補充和完善的手段，我們需要聯盟，但我們不能過分依賴聯盟。英國首相 Palmerstoo 曾經說過，英國沒有永遠的朋友，也沒有永久的敵人，只有永久的利益。對企業來說，它的最高利益就是保護加強自己的核心知識和技能。同盟者之間在合作的同時也經常在利潤市場份額、資源和知識等方面彼此相互競爭。有時，今天的合作者有可能就是未來的競爭者，因此過分依賴聯盟是錯誤的。

當聯盟無論以直接的方式還是以間接的方式涉及公司的核心能力的時候，經理們都必須嚴密防范關鍵知識或能力的盜用等現象發生。管理公司的疆界意味著要對公司所有涉及這種風險的對外關係進行監控。如果一個公司規模龐大，對外關係複雜，那麼它就應委派一個經理充當「看門人」的角色，專門負責對公司所有的對外業務進行監督，防范自己核）知識和技能泄露的風險。

(3) 聯盟無效的終止條件及其識別

是否滿足了上述兩類條件，聯盟就能「長生不老」？答案是否定的。聯盟不能逃脫衰敗，就像人不能逃脫衰老，二者同受生命周期的限制。當聯盟出現下列條件之一時，必須終止。

①聯盟的價值對規模、學習及能力利用的敏感性呆滯。

當公司存在過剩的運營能力時，通常會盲目追求聯盟，但如果聯盟的價值對規模、學習及能力利用的敏感性呆滯，那麼聯盟帶來的可能是企業運營總成本的增力口，這樣聯盟的存在也失去了意義。

企業聯盟的成功既意味著經營規模的擴大，也意味著許多知識和能力可以互相學習而共享，這樣會導致企業的交易成本下降，且共享收益增加，但由此也產生了組織成本和共享成本。

設 C1 表示共享成本，Q 表示組織成本，R1 表示交易成本下降引起的淨收益，R2 表示共享收益，L 表示聯盟的規模，s 表示聯盟的價值活動對學習和能力利用的敏感性，則聯盟的收益函數為：

π=（R1+R2）_（C1+C2）

απ/αL=α（R1+R2）/αL-α（C1+C2）/αL

απ/αS=α（R1+R2）/αS-α（C1+C2）/αS

討論：當 απ/αL>0，απ/αS>0，L、S 的邊際收益都大於邊際成本，從而 π 隨 L、S 逐增，此時繼續擴大聯盟規模，或者深化聯盟間的相互學習與交流，都會增加聯盟的收益；

當 απ/αL=0，απ/αS=0 時，L、S 的邊際收益都等於邊際成本，因此 π 達到最大，此時聯盟處於最優狀態；

當 απ/αL<0、απ/αS<0 時，L、S 的邊際收益都小於邊際成本，從而 π 隨 L、S 逐減，此時必須終止聯盟；

當 απ/αL<0、απ/αS>0 時，L 的邊際收益小於邊際成本，但 S 的邊際收益尚大於邊際成本，所以此時不宜擴大聯盟規模，但可繼續通過深化現有聯盟間的互相學習與交流來增加聯盟的收益；

當 απ/αL>0απ/αS<0 時，L 的邊際收益大於邊際成本，但 S 的邊際收益小於邊際成本，所以此時可擴大聯盟規模來增加聯盟價值，但在現有規模狀態下，聯盟間的知識、能力轉移早已停止。

②聯盟的產品進入生命周期的衰退期。

在一個被彼得·杜拉克稱為「突變的時代」裡，策略聯盟不可能再等同過去那種按照計劃好的工程藍圖生產產品並永遠保持不變的做法，科技在進步，社會在發展，這就使得許多聯盟所涉及的產品很快就走完了它們的生命周期而退出市場，這樣有效聯盟也必然走向無效且最終解體。

有些產品可能因為新技術的出現而被新產品行業所替代，從而引起舊產品行業市場的萎縮，這樣生產舊產品的企業聯盟也走向解體，比如說電子表對機械表的替代。另外此產品也可能因為人們生活水平的提高而導致市場大量收縮，從而引發此產品有關企業聯盟解體，比如說，單車到摩托車再到小汽車的逐漸替代，所以任何企業聯盟的生命不可能超過聯盟所涉及產品的生產周期。

③聯盟的個體目標分裂、能力分化。

我們知道，企業的策略與企業成長階段密切相關，而企業的不同成長階段面臨著不同的成長「瓶頸」，有著不同經營目標。由於聯盟企業在核心能力上存在著明顯的差異，這種差異終會引起聯盟企業成長階段的分化，進而引起經營目標上的分化，當聯盟的共同目標與企業單個目標兼容性減少，甚至相矛盾時，企業聯盟也就由有效變為無效，最終解體。

另外，聯盟企業當事經理人的私利很容易出現矛盾衝突，並且這種矛盾衝突一旦形成就很難化解，這時聯盟也會由有效變為無效，最終解體。

管理學家彼得·杜拉克曾經發現，所有的策略最終都會在實施過程中蛻化變質。聯盟策略更因其複雜性而在實施中經常被扭曲畸形。但這些不能成為我們迴避聯盟的理由，因為聯盟是市場競爭的必然產物。市場競爭不能迴避，企業聯盟也不能迴避，因此當事經理們的任務就是如何進行有效聯盟。

在上述提及的條件當中，我們不能用靜態、片面的觀點去看待，只能用動態、系統的觀點來分析，須知策略既是一種核心思想經過長期的試驗與失敗不斷演進的過程，也是在一些宏觀目標指引下不斷進行改進和調整的決策狀態，聯盟策略亦是如此。

7.2.5 企業聯盟中的企業非物質資源配置低效率問題規避

如何才能讓企業聯盟向「共生」方向「有序」演化而不解體？即如何確保「共生」聯盟系統向有序方向演化而不是與其相反，很顯然，對於這一問題的解決，首先就會涉及「共生」聯盟系統演化方向的判別問題。為了研究「共生」聯盟系統演化方向的判別問題，可以依據耗散結構理論建立「共生」聯盟系統演化方向判別模型，從而為企業在一種廣泛組織結構的層面上改善企業非物質資源配置低效率問題提供決策基礎。

(1) 耗散結構理論的形成和發展

耗散結構理論是 20 世紀 70 年代才形成和發展起來的一門非線性系統科學，它是關於宏觀非平衡系統自發形成時空有序自組織結構的理論，它主要是研究遠離平衡態的開放系統從無序狀態向有序狀態演化的規律和特徵，由於它所研究的複雜系統中的非平衡、非線性現象是各種不同學科中的共有現象，因而儘管這一理論建立的時間不長，但已引起理論界的很大興趣並一直都是理論界研究的熱點和難點。「耗散」一詞起源於拉丁文，其本意為消散，被引用到理論是為了強調系統與外界作用時的能量和物質相互交流性特徵。耗散結構的概念最初由著名統計物理學家普利高津教授在 1969 年的一次「理論物理與生物學」國際會議上提出，意指處在遠離平衡態的複雜系統在外界能量流或物質流的維持下，通過自組織形成的一種新的有序結構，如從下方加熱的液體，當上下液面的溫度差超過某一特定的閾值時，液體中便出現一種規則的對流格子，它對應著一種很高程度的分子組織，被稱為貝納爾流圖像，這就是液體中的一種耗散結構。耗散結構理論的形成和發展大致經歷了如下三個階段：

第一階段是理論的形成階段（20 世紀 50 年代初至 70 年代末）。普利高津根據自己的科學實踐，發現如果把熱力學第二定律放到科學史上予以重新考察時，發現克勞修斯從熱力學第二定律所得出的結論（物質的演化總是朝熵增加、向混亂的方向進行）與達爾文從進化論所得出的結論（生物的進化總是由低級到高級，朝熵減少、向有序的方向進行）存在著尖銳的矛盾，前者給出了「宇宙熱寂說」的結論，即退化的時間箭頭，而後者則與之相反，給出了進化的時間箭頭，如是自然界究竟是往無序方向演化還是往有序方向演化的問題就嚴峻地擺在物理學家的面前。在這一「矛盾」的驅使下，普利高津開始了他一生偉大的研究工作。他認為，要把熱力學和動力學，熱力學與生物學統一起來，就必須研究自然界中存在的遠離平衡態的有序結構，他堅信，在一定條件下，不可逆過程會產生令人討厭的消極作用，但在另一類條件下，對不可逆過程的研究可能會帶來具有重大意義的結果。這一信念使普利高津在認識上產生了重大飛躍，而這個飛躍則為他後來建立耗散結構理論奠定了思想基礎。終於在 1945 年，普利高津得出了他的最小熵產生原理，這一原理與翁薩格的「倒易關係」一起為近平衡態線性區熱力學奠定了理論基礎。經過 20 多年的努力，普利高津終於與布魯塞爾學派的同事們創立了一種新的關於非平衡系統自組織理論——耗散結構理論。

第二階段是理論的快速發展階段（20 世紀 80 年代初至 80 年代末）。在 20 世紀 80 年代初至 80 年代末，耗散結構理論的研究取得了快速的發展，如從非線性數學的角度對分岔理論的討論，從隨機過程的角度對漲落和耗散結構關聯的解釋等，1977 年普利高津等人所著的《非平衡系統中的自組織》一書可以說就是這些成果的總結。隨著人們對耗散結構理論研究的深入，理論界又進一步用非平衡統計方法，討論了耗散結構的形成過程和機制，討論了非線性系統的特性和規律，討論了耗散結構理論在社會經濟系統等方面的應用等。比如說在複雜系統的自組織問題上，人們發現，隨著系統有序程度的增加，所研究對象的進化過程會變得越來越複雜，變異也會產生越來越多。而針對進化過程中的時間方向不可逆問題，則進一步用耗散結構理論研究了一般的複雜系統，提出了「非平衡是有序的起源」這一重要的結論，並以此作為基本研究的出發點，在決定性和隨機性兩方面都建立了相應的理論。在系統的穩定性方面的研究，則用微分方程證明了：複雜的開放系統在平衡態附近的非平衡區域不可能形成新的有序結構，在這個區域內系統的基本特徵是趨向平衡態。在遠離平衡態的非平衡區域，系統可以形成新的有序結構，即耗散結構。這種耗散結構只能通過連續的能量流或物質流來維持，它是在熱力學不穩定性上的一種新型組織，具有時間和空間的相干特性。這是一種與平衡條件下出現的平衡結構完全不同的結構。這些結論和方法大大地豐富了耗散結構理論。

第三階段是理論的應用推廣階段（20 世紀 80 年代末至今）。由於耗散結構理論能比較成功地解釋複雜系統在遠離平衡態時出現耗散結構這一自然現象，因此它得到廣泛的應用。如在解釋和分析流體、激光器、電子回路、化學反應、生命體等複雜系統中出現的耗散結構方面獲得了很多有意義的應用結果，並且理論界正在用耗散結構理論研究一些新的現象，如生態系統中的人口分布、核反應過程、區域經濟、公司治理等，這些系統都可當作遠離平衡態的複雜系統來研究。

(2) 企業「共生」聯盟系統演化方向判別模型的前提假設

按照耗散結構理論，一個遠離平衡的開放系統，無論是力學的、物理的、化學的、生物學的，還是社會的、經濟的系統，如果某系統不斷地與外界交換物質和能量，在外界條件變化過渡到一定程度，系統內部某個參量變化過渡到一個臨界值時，經過漲落系統可能發生突變，即非平衡相變。那麼，該系統將會由原來的混亂無序狀態轉變為一種在時間上、空間上或功能上都有序的狀態。這一結論使得耗散結構理論的應用空間得到了很大的擴展。我們知道，企業聯盟因其能帶來資源的共享與能力的互補而被許多的企業所追隨，但現實中企業聯盟卻大多以失敗而告終。美國的 MCKINSEY 公司所做的一項研究曾得出這樣的結論：在所有原本期望與其他公司建立合作關係的公司中，大約只有 2% 的公司最終建立了成功的長期合作關係。瑞士 INECE 的商業管理教授 George tauder 則做出了更加悲觀的結論：策略聯盟是注定要失敗的。那麼，如何才能讓企業聯盟向「共生」方向「有序」演化而不解體？即如何確保「共生」聯盟系統向有序方向演化而不是與其相反，很顯然，對於這一問題的解決，首先就會涉及「共生」聯盟系統演化方向的判別問題。為了研究「共生」聯盟系統演化方向的判別問題，可以依據耗散結構理論建立「共生」聯盟系統演化方向判別模型，該模型的前提假設如下：

假設 1：生物「共生」系統與企業聯盟系統具有密切關聯性。

企業仿生學是一門新興的邊緣科學，它把企業視為生命體，以生命的各種特徵為模擬對象來研究和認識企業及其環境的各種現象，研究企業的生存與持續增長問題，其科學性已經實踐的檢驗和證明。既然如此，假定生物「共生」系統與企業聯盟系統具有密切的關聯性也是合理的。

「共生」一詞最初來源於生物學概念，是由德國生物學家貝裡（Aoton de Bary）於 1879 年提出的，後經范明特（Famiotsim）、布克納（Protetaxis）發展完善，它指的是不同生物種屬按某種物質聯繫而生活在一起。這一生物學中的共生思想很快被引入社會學、管理學和經濟學之中。本文所論述的企業「共生」聯盟系統是指在一定的聯盟環境之下，各共生聯盟單元按某種共生聯盟模式所結成的一個相互作用共生的系統。

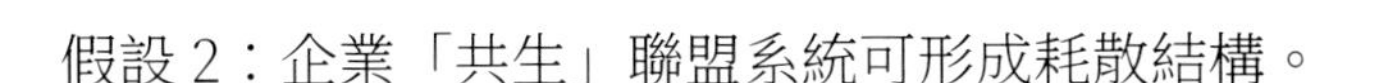

假設 2：企業「共生」聯盟系統可形成耗散結構。

依據耗散結構理論，一個系統要處於耗散結構狀態，必須滿足以下四個條件：

①系統必須開放，它與所處的環境存在物質流、能量流、訊息流的交換；

②系統遠離平衡態；

③系統內部相互作用是非線性的；

④系統內部存在漲落現象。企業「共生」聯盟系統可以滿足這些條件，其理由如下：

第一，企業「共生」聯盟系統與其所處的環境之間存在著物質流、能量流、訊息流、貨幣流和人口流的相互交換，是一個開放的大系統。

第二，企業」共生」聯盟系統可以遠離平衡態，因為平衡態的特徵是各要素均勻單一，無序，熵值極大，混亂程度最大，顯然，企業「共生」聯盟系統在時間、空間和功能上保持一定的有序性；

第三，企業「共生」聯盟系統內部要素和子系統之間是非線性結構，如雇員關係是非線性關係，同時系統內部的各個企業、部門之間有著相互制約、相互推動的正反饋的倍增效應及負反饋的飽和效應等都屬非線性關係；

第四，企業「共生」聯盟系統不斷受到外界的影響而產生無數個「小漲落」，當漲落影響的程度達到一定的結果時，系統就會產生「巨漲落」，從當前的狀態躍到更有序的狀態，形成新的耗散結構，從而不斷地推動系統向前發展"可見，企業「共生」聯盟系統滿足形成耗散結構的條件。

(3)「共生」聯盟系統演化方向判別模型的內容

既然企業「共生」聯盟系統滿足形成耗散結構的條件，那麼，就可以運用耗散結構的規律來對企業「共生」聯盟系統的穩定性及其演化方向的判別問題進行研究。

①企業「共生」聯盟系統的穩定性判別。

企業「共生」聯盟系統的穩定性是指如果有小擾動使聯盟系統的狀態有微小的變化，而聯盟系統自身又能克服這種擾動自動回到未受擾動前的狀態，則這種聯盟系統是穩定的，反之，則聯盟系統為不穩定狀態。研究企業「共生」聯盟系統的穩定性，其應用價值主要體現在能為處於動蕩不穩定的企業聯盟體提供系列的決策依據，以促使企業聯盟有序演化，確保企業策略聯盟體可持續發展。

穩定與不穩定是相對的，X 對此數學上有以下定量分析：

對於一個函數 F=f（x），若 f（x）在 x0 有二階導數 f''（x0）存在，則當 f'（x）=0，f''（x0）>0 時，該函數 F 有極小值存在，且有 Fmi=f（x0），這時系統處於穩定狀態；當 f'（x0）=0，f''（x0）=0，則若 x 經 x0 時，f'（x0）由負變正，則函數 F=f（x0）取極小值，滿足這一條件的平衡是穩定平衡。

設 S 和 φ 分別表示企業「共生」聯盟系統的熵和熵產生，為了討論企業「共生」聯盟系統遠離平衡狀態的穩定性及耗散結構形成的可能性，可將 S 和 φ 按定常態去進行微擾展開，即：

S=SD+δS+1/2δ2S+……

φ=ψ+δψ+1/2δ2ψ+……

則通過運算可以得到 δ2S ≤ 0，d（1/2δ2S）/dt=δxφ，其中 Sxφ 為超熵產生，其符號可正、可負、可為零。

假若由於某種擾動使企業「共生」聯盟系統偏離了某個參考定態，那麼對於受擾動以後的系統狀態，有 δ2S<0，其時受擾動後系統將如何表現，則可進行如下判別：

第一，若 d（δ2S）/dt>0，則 δ2S 值將慢慢重新趨於零即擾動將回到參考定態，證明參考定態是穩定的。

第二，若 d（δ2S）/dt<0，則 δ2S 將越來越負，系統的狀態越來越偏離定態，其時參考定態對於這樣的擾動是不穩定的。

第三，若 d（δ2s）/dt=0，則 δ2s 不變，擾動態既不回到參考定態也不進一步偏離參考定態，其時參考定態處於一種臨界狀態。

根據普利高津等人導出的 Glansdorff-Prigcoine 判據，在不穩定性之上可能出現耗散結構，但是該耗散結構如何演化即演化方向卻不能確定，下面就企業「共生」聯盟系統的演化方向的判別進行分析。

②企業「共生」聯盟系統的演化方向判別。

企業「共生」聯盟系統是一耗散結構，與外界環境存在能量、訊息的交換，其演變方向可良性演化，也可惡性演化，要對企業「共生」聯盟系統的演化方向進行判別，則需判定企業「共生」聯盟系統的熵變狀況。

根據企業」共生」聯盟系統的特點，企業「共生」聯盟系統的熵變 dS 可分為兩個部分即 diS 和 deS，其具體意義如下：

deS 表示由物質和能量等的流進和流出所引起的熵變，即企業」共生」聯盟系統與外界進行物質能量交換時所產生的熵變，稱為系統的熵流；

diS 表示系統內部過程所產生的熵變，稱為熵產生。由耗散結構理論可以知道，熵產生 diS 一定大於零，而熵流 deS 則可正可負。

依據熵變 dS 的具體意義，可以對企業「共生」聯盟系統的演化方向做如下別：

第一，當 |deS|>|diS| 時，dS<0，系統有序度逐漸增強。

當 dS<0 時，即系統靠近熵產生最小的狀態，表明系統總熵減小，有序度增強，系統處於良性循環狀態和過程之中，系統功能最佳，資源利用、生態環境和社會經濟可協調發展。表明輸入生態系統的熵流明顯大於該生態系統內部所產生的熵產生，該企業「共生」聯盟系統的發展方向是向著更有序的方向發展，系統處於一種向上的「成長」狀態。

第二，當 |deS|<|diS| 時，dS>0，系統無序度逐漸增強。

當 dS>0 時，表示系統總熵增加，無序度加大，系統結構失穩，處於不穩定狀態的惡性循環過程中，這時要通過某種措施加以調控。輸入系統的熵流小於生態系統內部所產生的熵產生，系統不再朝著更有序的方向發展，而是朝著無序的混亂的平衡態方向發展，走向衰退。

第三，當 |deS|=|diS| 時，dS=0，系統狀態不變。

當 dS=0 時，表明一定時間間隔內熵無變化，系統狀態與開始一樣。系統內的熵產生同流經該系統的熵流基本相等，處於一種「頂極狀態」，系統處於一種特殊的「平衡」狀態，根據系統處於不同的狀態，採取不同的措施，使系統向著有利於人類社會的方向發展。

(4) 基於「共生」聯盟系統演化方向判別模型的對策提供基於「共生」聯盟系統演化方向判別模型，企業聯盟要向「共生」方向「有序」演化，其對策如下：

①遠離平衡態，推促系統形成耗散結構，奠定系統有序演化基礎。

耗散結構理論表明，系統偏離平衡的程度可由系統內產生「流」的「力」來表征。如果用 Jk 表示系統內某種流，|Xl| 表示系統中各種力，則 Jk 是 |Xl| 的函數：Jk=Jk（|Xl|）。再以平衡態作為參考態，將 Jk=Jk（|Xl|）展成臺勞展式如下：

Jk=Jk（|Xl|）=Jk（|Xl，0|）+ ∑（αJk/αXl）0Xl+1/2 ∑（α2JK/αXlαXm）XlXm+……

當系統遠離平衡態時，展式中須保留非線性高次項，「力」和「流」是非線性關係。在一定外界參量的控制下，熵值不斷減小，最後穩定在一種較平衡態熵的有序狀態上，由此可知，系統遠離平衡時不僅產生「流」的「力」較強，而且由於非線性的耦合作用，各種「力」對某一種「流」都有貢獻，系統各要素之間形成相互依賴、協同發展的狀態。

要保證企業「共生」聯盟系統遠離平衡態，那就要求聯盟系統內部發展不平衡，因為只有這樣，聯盟企業之間才能形成緊密聯繫，互相依賴、互相制約的局面。聯盟系統內部不平衡發展的表現是聯盟中有「龍頭」企業。「龍頭」企業是聯盟中的支柱企業，其產值高，發展速度快。同時，「龍頭」企業還能帶動其他企業的發展，對聯盟的騰飛起著極其重要的作用，從而為系統有序演化奠定了基礎。

②確保系統 |deS|>|diS|，降低系統總熵 dS<0，促生系統有序演化。

在微觀層次上，抓好聯盟企業內部核；能力的兼容，暢通聯盟企業內部黏滯的訊息，融合聯盟企業內部差異的文化，增加聯盟企業內部彼此的信任，以此盡可能地減小系統內部過程所產生的熵變 diS，增加系統的有序性演化。

在宏觀層次上，抓好聯盟與外界的交通、通信和流通，從而改善企業的分散狀態，增加企業的活力，因為只有在開放的市場機制中，聯盟「共生」系統才能源源不斷地獲得自身存在和發展所必需的物質、能量和訊息，才能確保企業「共生」聯盟系統的 |deS|>|diS|，降低系統總熵 dS<0，增加系統的有序性。

同時，要促進聯盟「共生」系統的發展，需形成多層次、多渠道的各種關聯子市場，如生產資料市場、消費資料市場、訊息市場、資金市場、技術市場、勞務市場等，而這些市場內部以及它們之間的交流，也都同樣依賴交通、通信和流通的通順。

③調適外界可控參數，利用系統內部漲落，促生系統有序演化。

依據耗散熵變理論，耗散結構必須在外界參數控制下才能形成，系統的受控制程度可用某控制參量 λ 表征，λ 變化將會導致系統狀態參量 X 變，當系統受到微小的擾動時，則可能引起系統的突變。

投資、消費者、增長率、生產質量的變化，可以看出是外部控制漲落因素。在我國經濟政策也就屬於外部控制漲落因子。應對聯盟「共生」系統的外部控制因子做認真研究，利用漲落現象，使聯盟躍遷到新的有序狀態。

④穩定聯盟「共生」系統，增加子系統間的協同力，促生系統有序演化。

當聯盟「共生」系統被外參數控制在遠離平衡態的臨界狀態以後，系統在漲落的影響下形成耗散結構，在耗散結構中，系統內部各子系統之間存在著協同作用力，這種作用力越大，越有利於形成高度穩定有序的結構。根據耗散結構的理論，一個穩定的耗散結構具有抗干憂的能力，外界因素引起系統波動會被結構本身所吸收，而與另一低層次系統相遇，耗散結構吞並融合它而擴大，並保持其特性不變。要確保聯盟「共生」系統的有效，聯盟「共生」系統的相對穩定是必需的，這就要求在制訂聯盟政策時，聯盟政策要有 + 目對穩定性，以便吸收外界各種訊息，經受得起系統外的比如原料資金等波動干擾，使系統從無序向有序發展。

總之，該模型的現實價值主要體現在能為企業「共生」聯盟系統的有序演化提供方法論，從而對美國 MCCKVSEY 公司所實證的、具有一般共性的問題——「在所有原本期望與其他公司建立合作關係的公司中，大約只有 2% 的公司最終建立了成功的長期合作關係」，從以上四個方面提出了改善對策。但是，在企業「共生」聯盟系統的構筑中，也必須同時注意到系統有序演化具有階段性，要盡可能地減小系統內部過程所產生的熵變 diS，增加企業「共生」聯盟系統與外界進行物質能量交換時所產生的熵變 deS，確保 $|deS|>|diS|$，進而確保系統總熵 $dS<0$，最終確保「共生」聯盟系統逐漸有序演化。

7.3 創業者策略管理團隊培育誘發企業非物質資源配置低效率的機理

新古典理論一方面強調企業家才能在生產中的重要作用，另一方面卻又通過其最大化行為假設將企業非物質資源配置低效率排除掉，因而也就把企業家才能的作用排除掉了。萊賓斯坦則在肯定企業非物質資源配置低效率的基礎上，肯定了企業家在減少企業非物質資源配置低效率方面的重要作用：作為管理者對低效率企業發生直接影響 . 作為競爭者對低效率企業發生間接影響。在不完全市場上，這種作用尤為明顯。所謂不完全市場，一是指安排和利用投入存在障礙，如有些需要的投入正被用於其他方面，有些投入並不是人人都可獲得的；二是指投入和產出市場存在各種漏洞，如知識並不是可交易的，把知識從法變為可用形式需要激勵。企業家在不完全競爭市場中的作用，就是克服這些障礙，填補這些漏洞。萊賓斯坦認為，新古典理論把企業家視為「超級管理者」，從而給企業家蒙上了一層神祕的色彩，使企業家成了不可造就的天才。他指出，作為企業家的個人，必須掌握各種經商和管理技能，但僅僅具備了這些技能，還不足以成為一個企業家。企業家和一般管理人員不同的地方就在於，前者具有克服市場缺陷所必需的動力、意志和毅力。但他相信，這些素質完全可以通過後天的培養而獲得。他指出，有一些技術可用來選拔被給予成為企業家的機會後比一般人干得更出色的人。入選者可以接受各種必要的訓練以增加其企業家才能。如果個人可被選拔和訓練成為企業家，那就意味著有各種方法可用來增加對提高企業效率具有重要意義的企業家才能投入。

企業非物質資源配置低效率理論肯定了企業活動中企業非物質資源配置低效率現象的存在，而企業非物質資源配置低效率意味著組織的現有投入和技術知識在企業活動中沒有得到充分利用，意味著企業的實際運行效率、經濟效益以及實際成本與最優化效率、最大化效益和最小化成本之間存在著一定的差距。這就為從事企業創業的組織管理者在企業創業活動的管理過程中發揮作用提供了廣闊的活動空間。對於企業創業的組織管理者，這種作用主要表現在兩個方面：

第一，作為創業管理者對低效率創業企業活動產生直接的作用，即通過改善創業企業內部的組織結構和激勵手段，提高創業企業活動的效率，改善創業企業非物質資源配置低效率境況；

第二，作為競爭者對低效率創業企業進行市場競爭，迫使後者提高其內部運行效率。在不完全的市場上，創業企業管理者的這種作用更為明顯。

企業非物質資源配置低效率理論還肯定了企業創業者才能的可獲取性。根據企業非物質資源配置低效率理論，創業者才能的形成不但取決於個人的先天稟賦，而且也取決於後天的訓練和培養。因此，可通過適當程序按一定標準選拔具有成為企業管理者潛力的人，然後對其進行訓練和培養，以增加其企業管理才能。實際上諸多「受困創業企業」中存在的協作障礙問題，主要原因還是創業企業內部管理存在缺陷，這種內部管理缺陷，固然與創業者的主觀努力不夠有關，但其業務素質較差、缺乏足夠的企業管理才能也是一個重要的原因。因此，加強企業內部管理，提高企業的運行效率和管理水平，就必須培養和造就一支優秀的企業管理者隊伍，只有這樣才能最有效地規避企業非物質資源配置低效率的產生。

同時企業非物質資源配置低效率理論還認為，創業者的管理投入並不是通過高層交易得到的，必須清楚，人才資源市場交易的僅僅是管理人員的使用權，而不是管理投入本身。在企業管理者個人的管理能力（知識）被應用時，動機有重要的影響：就像勞動和資本可能利用不足一樣，管理知識也可能沒有被充分利用。因此，為了造就優秀的創業企業管理者，必須通過一定的措施使創業企業管理者擺脫「在腦力活動鬆弛的範圍裡工作」，有效地激發他們充分發揮其知識才能的動機，從而最終促進創業企業的發展。

激發創業者高水平管理投入的一條重要途徑是建立合理的激勵性報酬制度。從監督博弈理論分析，創業企業管理者作為企業活動的監督者必須具有與企業成員不同的利益來源和取向，即具備一種與團隊運行效率成正向關係、同時可以懲罰企業成員低效率行為的所謂「剩餘索取權」，創業者可以通過扣除企業成員工資形式的勞動報酬來獲得額外的剩餘收入。於是企業創業過程中運行效率越高，他的剩餘收益就越多，從而就越有動機對企業活動進行管理投入。這樣，企業管理者本身的企業非物質資源配置低效率將會變得無利可圖，企業非物質資源配置低效率也就自然得到了規避。

通過以上分析可以看出，優秀的企業創業管理者能夠根據外部環境和企業策略的變化調適自己企業的組織結構，確保組織結構在動態中與外部環境和企業策略的協調，從而改善了企業非物質資源酉 d 置低效率，因此，創業企業必須要造就一批優秀的企業管理者，暢通企業內部的組織管理，規避創業企業非物質資源配置低效率產生。

第 8 章 企業價值網結構與嵌入選擇誘發價值網企業創業績效損失機理研究

通過前面的分析，已經清晰了價值網創業企業非物質資源配置低效率形成的四個因素，本章則主要分析價值網創業企業非物質資源配置低效率形成的組織結構因素，具體又是從創業企業價值網結構、創業企業價值網嵌入選擇等方面分析說明了其形成企業非物質資源配置低效率的原因，從而為價值網創業企業相關決策提供了理論的依據和實際的操作對策。

8.1 創業企業價值網結構誘發價值網企業創業績效損失機理

8.1.1 創業企業價值網結構及特點

創業企業價值網結構具有如下特徵：

（1）顧客價值是核心

把客戶看作價值的共同創造者，即價值流動由顧客開始，把顧客納入價值創造體系中，並把他們的要求作為創業企業活動和創業企業價值取得的最終決定因素。

創業企業可以及時捕捉顧客的真實需求，並將其用數字化方式傳遞給其他網絡伙伴。不僅如此，將顧客納入企業價值創造體系中，可以不斷為創業企業發展提出新的要求，有助於創業企業明確競爭優勢動態演化的趨勢。

（2）領導企業是價值中樞

在創業企業所在的企業網絡中，廠商不僅是價值網絡形成的主要動力，而且可以整合其他成員創造的價值，並最終影響價值創造的方式和價值傳遞的機制。市場與客戶的需求等訊息是激活創業企業價值網的關鍵，而領導企業的作用在於敏銳地發現有關客戶群的需求訊息，並把這些需求訊息及時、準確地反饋給生產廠商和供應商，使得價值網絡裡的每個參與者都能夠貼近其客戶，並對市場狀況及其變化迅速做出響應。

(3) 數字化的關係網絡是支撐體系

數字化的關係網絡可以迅速地協調網絡內的企業、客戶及供應商的種種活動，並以最快的速度和最有效的方式來滿足網絡成員的需要和適應消費者的需要。

此外，當創業企業不能充分利用自己積累的經驗、技術和人才，或者缺乏這些資源時，也可以通過建立網絡關係實現企業間的資源共享，相互彌補資源的不足。

(4) 具有核心能力的生產廠商、供應商是微觀基礎

價值網的整體競爭力來自於價值網絡成員之間的協同運作，這種協同運作強調網絡中的企業集中精力和各種資源做好本企業所擅長的業務工作。具有核心能力的生產廠商、供應商是保證價值網絡正常運轉的微觀基礎。

8.1.2 創業企業科層結構與企業非物質資源配置低效率

創業企業的科層結構會導致創業企業內在低效率。創業企業內在低效率是指在創業企業資源總量一定的前提下，發生在對組織科層結構協調中的低效率。這種低效率是在資源配置一定的條件下發生的，因此也屬企業非物質資源配置低效率。

對科層組織的效率進行過研究的社會學家很多。韋伯（Webber）主要強調理想行政組織的正面功能，但同時也研究了科層組織的負面效果，認為科層制傾向於壟斷訊息，是造成社會不平等的根源等。默頓（Merton）認為，科層結構一般有助於管理效率，但也產生針對部門的自我保護行為，表現為低效率，因此他創造了「反功能」一詞。默頓甚至比萊賓斯坦更早提出組織效率主要取決於成員情感的觀點，「社會結構的效度最終依賴的，是帶著合適的態度和情感並受到鼓舞的團體參與者。這些情感常常比技術要求更使人緊張。」克羅茨（Crazier）在談到科層制的反功能時認為，科層組織不

僅低效率，而且隨時間的流逝，剛性還會不斷增強，適應性不斷減弱。梅耶（Meye）等人認為，理性管理限度導致不確定環境下科層制無限度增長，科層組織的增長具有棘輪效應。無疑，這些社會學的研究成果奠定了後人研究企業非物質資源配置低效率的基礎。

萊賓斯坦從一個嶄新的視角研究了組織層次結構，他分析了層級結構的各種非效率因素，認為勞動分工提高了效率，同時也產生了層級結構。我們知道，這種層級結構組織與單人組織相比，員工在組織認同感、信任、工作動機、協調、訊息和目標等方面都存在分化，形成組織內部的部門水平分化和層級的垂直分化，由此在組織內部形成錯綜複雜的關係網絡，形成縱向和橫向的各種團體，這些團體的目標與組織目標之間的背離程度等決定組織的效率。

那麼，如何才能弱化創業企業中的團體目標與組織目標之間的偏離程度呢？筆者認為，通過增力 n 員工對創業企業的認同感、理順創業企業的運營程序和調適創業企業適度的規模等舉措可以使其程度得到弱化。

（1）企業員工認同感與創業企業非物質資源配置低效率規避

員工對創業企業的認同感是員工對創業企業的一種主觀感受，是員工對創業企業的目標、信仰、行為規範等的認可。萊賓斯坦認為組織的產出不在於機械設備的多少、空間的大小、資源的豐富度，而在於人的努力程度以及群體的協同程度。而個人的努力程度以及群體的協同程度又取決於個人和群體對整個組織的認同程度，所以筆者認為，員工對創業企業的認同感將直接影響員工的努力程度和對創業企業的承諾，它將作為個人的一種內在的因素影響個人行為並最終影響企業的效率。因此，員工對創業企業認同感是決定創業企業非物質資源配置低效率的一個關鍵因素。

員工認同感有利於規避創業企業非物質資源配置低效率，主要是因為如下幾方面的原因：

①認同感是一個最好的衡量個體思想統一程度的指標。日本企業之所以能在極短時間內趕上美國的競爭對手，關鍵在於他們的企業文化建設有一個

明顯的特點：非常重視對職工的「思想道德教育」，培養職工的「認同感」；同時他們在經營管理中通過一系列措施，如年工序列制、按效益分紅等，以提高員工的認同感。

②認同感高意味著員工的個人目標與企業目標的一致程度比較高。如果個人目標與企業目標的一致程度比較高，企業就能達到一個更高層次的目標，就能對企業成員產生更大的激勵作用，從而有利於降低企業內部由於目標不一致而產生的內耗，規避企業非物質資源配置低效率。

③認同感是協調的基礎。員工和企業的協調過程，也就是彼此之間明確權利和義務的締約過程。這種締約可能是口頭的，也可能是書面的，而契約的簽訂和執行費用與彼此之間信任的高低是直接相關的。信任度高則契約的簽訂和執行也相對容易，所以認同感有利於降低企業組織的監督成本和協調成本，從而有利於提高企業效率，規避企業非物質資源配置低效率。

萊賓斯坦認為組織內部存在一個由各團體和個人形成的關係網，這種關係網的性質，是合作還是敵對，直接關係到組織的效率。而我們知道，認同感高有利於員工之間形成一種信任、微妙、親密無間的關係，這種關係有利於形成一種合作性團隊從而有利於提局企業效率。

④認同感高有利於降低企業中訊息失真費用。訊息費用是企業費用的一個重要組成部分。訊息在傳遞過程中，肯定會產生失真。訊息失真有客觀原因，如人的理性有限、失誤等，但主要是由於人們有意而為之，產生機會主義訊息，如有意錯傳、漏傳等。機會主義訊息是由於員工之間的不信任，甚至敵對而產生的，認同感有利於降低訊息的失真度，提高訊息的質量，減少因訊息失真所帶來的無謂低效率，所以認同感高有利於降低企業訊息費用，提高企業運營效率，規避企業非物質資源配置低效率。

(2) 創業企業的程序化管理程度與企業非物質資源配置低效率的規避

企業程序化管理思想在 20 世紀初泰羅的科學管理理論中就有了萌芽。泰羅為解決企業管理中，如何提高管理人員的工作效率、如何提高工人的勞動生產率的問題提供了方法——工作的程序化和規範性。西蒙把組織活動分為經常性和非經常性的活動，經常性活動由於多次出現，可以依賴程序決策來解決，程序化的結果實際上是建立一個正式組織，在組織內每一個成員的活動都得到界定，達到控制和協調兩種效果。

企業管理程序化，就是指企業在經營管理活動中，根據生產對管理工作的客觀要求和管理科學自身的規律性，通過對各級管理部門或各類管理人員所承擔的職能和業務進行分工，把為完成一項工作所必須遵循的步驟，用科學的路線確定下來的流程。筆者認為，創業企業程序化管理之所以能規避創業企業非物質資源酉 d 置低效率，主要是因為如下四方面的原因：

第一，程序化有利於阻止行政權力在創業企業運營中的無效干預，改善創業企業非物質資源配置低效率境況。由於企業中的工作按程序來處理，雖然個人目標或部門目標與企業總體目標發生偏離，但是個人或部門的代表屬於各方面的壓力，難以對決策過程施加影響，從而減小了決策中非理性的無效干預因素，減少了決策失誤，改善了創業企業非物質資源配置低效率境況。

第二，程序化有利於降低員工的學習成本，規避創業企業非物質資源配置低效率。無論是管理經驗，還是生產經驗，最初都是以隱性的、分散的狀態存在於職工個人的頭腦中，隨著職工崗位的變動，這些經驗可能被忘記、丟失，留下的也是零散、不系統、不完整的經驗，新來的員工必須從頭開始學習、積累，經過較長時期的鍛煉，才能勝任工作。另一方面，員工在實踐中積累的知識應該是企業共有的財產，企業為這些知識的獲得付出過巨大的代價，並且要求這些知識盡可能地流傳下去成為新人的知識起點。企業知識的這兩方面的特徵是相互矛盾的。而程序化則通過把企業在經營實踐中積累的經驗和技巧等隱性知識盡量書面化，有利於這些知識的傳遞、保存和繼承，很好地解決了這個矛盾，降低了員工的學習成本，提高了員工的工作效率，規避了創業企業非物質資源配置低效率境況。

第三，程序化有利於保持創業企業文化理念的一致性，有利於保持企業效率的相對穩定。企業文化的核心是企業精神和經營理念，而程序等規章制度是企業文化的體現。企業文化如果不保持持續穩定，就不利於企業的長遠發展，所以就必須借助於制度、程序等文件把它們在一定程度上固定下來，不至於因領導人的變更而改變，不至於因個人的偏好而改變。

(3) 創業企業規模與企業非物質資源配置低效率規避規模幾乎與組織結構的所有特徵指標都密切相關，並且通過這些指標來影響組織費用的高低，進而影響創業企業效率高低，其主要原因如下：

第一，創業企業專業化在提高單個工人生產效率的同時，也增加了生產工人之間的協調，產生了協調成本，創業企業非物質資源配置低效率被惡化。自斯密以來人們就對勞動分工專業化與效率的關係進行了詳細的分析，並把它看作提高效率的捷徑。但專業化在提高單個工人生產效率的同時，也產生了協調成本，這就要求企業努力提高員工的企業認同感，提高企業的程序化程度，從而協調好各部門、各員工，以減少企業運營中的協調成本，改善組織企業非物質資源酉 d 置低效率境況。

第二，創業企業勞動契約的不完全性，易引起雇主和雇員之間的勞資糾紛，導致員企矛盾，創業企業非物質資源配置低效率被惡化。事前雇主利用不完全契約取得雇員勞動力的使用權，事後對雇員的勞動力按自己的需要或意願進行支配，這樣經常引起雇主和雇員之間的勞資糾紛，導致員企矛盾，企業非物質資源配置低效率被惡化。

第三，隨著創業企業規模的增大，協調成本增加，創業企業非物質資源配置低效率被惡化。因為企業規模的增加或者使企業垂直層級增加或者使企業橫向部門擴張，無論哪種情形發生，都會使協調成本增加，企業非物質資源配置低效率惡化。如果限制向管理者直接匯報的下級人員的數目，那麼管理幅度減小，而管理幅度減小必然又導致管理層級的增加，這樣等級制上的垂直分層、部門間的水平分化、部門的地域分布等都必然增大，企業協調費用也相應增加，企業非物質資源配置低效率惡化。

第四，在創業企業的行政班子中，不同層級和職位的報酬是不一樣的，誘發部分班子成員情緒惡化，企業非物質資源酉 d 置低效率被惡化。由於考核方面的困難，不同層級和職位的貢獻也很難準確確定，那麼與職位相聯繫的報酬分配也就不一定能反映各職位的貢獻，這樣就造成各職位激勵上的誤差，誘發部分班子成員情緒惡化，導致創業企業非物質資源配置低效率產生。

正因為企業規模擴大，一方面會產生規模經濟，但同時也增加了企業的組織協調成本，因此，要充分利用規模經濟效應並努力減少協調成本，規避企業非物質資源配置低效率及具體措施：一方面可以通過提高企業的程序化程度來規避企業非物質資源配置低效率，另一方面，要注重完善員企間的勞動契約，減少員企雙方的矛盾，規避企業非物質資源配置低效率。

總之，決定創業企業科層協調費用的三個因素（員工認同感、程序化程度、規模大小）是相互影響的，規模的大小會影響到員工認同感的高低，規模越大企業中各種利益團體就越多，垂直層級之間和平行部門之間的分化就越明顯，員工總體認同感就越差，反之則相反。同時，規模越大，企業管理中的突發事件就越多，就越需要例外處理，程序化程度就越低。員工認同感越高，各種規章制度越易得到執行，工作程序運作得越順利，程序化程度就越高，同時越有利於組織規模的增長。企業中各種規章制度和程序越合理、越周密，越有利於提高員工的認同感，越有利於企業規模的擴張。

當然，如果只強調這三個因素中的任何一個，而忽略其他二者的影響，都將導致組織畸形、缺乏效率、企業費用增加。如果一個企業中的規則和程序在運用中過於剛性，希望一切事件都依據程序來處理，完全忽略自主決策，也將導致企業無力回應外界發生的變化，因而無力滿足完成任務的基本需求，導致保守和抵制革新，企業費用升高；規模小，雖然有利於減少企業費用，但是不利於利用規模經濟，導致生產成本上升。所以，過於強調認同感將導致過於強調管理的人性方面，而過於強調程序化又會過於把人的管理「物化」。在創業企業管理中，要降低創業企業協調費用，規避創業企業非物質資源酉 d 置低效率，就必須注意加強創業企業的認同感、程序化程度和規模的協調。

8.1.3 創業企業內部權力系統設計與企業非物質資源配置低效率

在當今全球經濟背景下，任何系統不止對內是開放的，對外也是開放的，因此，在企業內部的權力系統和社會權力系統中，存在著一些「不確定區域」，這些區域是由各種變化著的制度、規範、產品、技術、市場、訊息等組成的，誰善於理順和利用這些不確定區域，誰就有了主動權，就有了真正的競爭力。因此，對於企業來說，關鍵是隨時能夠根據變化了的內外環境因素來調整自己內部的權力結構，並迅速地做出反應，只有這樣，才能始終保持較高的企業運行效率，規避企業非物質資源配置低效率。

創業企業整個權力系統的運作目標是提高創業企業運行效率，創業企業要保持較高的運行效率，權力系統的設計要遵循以下要點：

（1）要有權力中心

有令不行或令出多門都是企業組織有效運行的大忌。有些中小企業之所以對市場反應快、效率高，權力中心突出是一個重要因素。據調查組對山東國有大中型企業的調查，發現運行狀況較好的企業多數都是實行廠長兼黨委書記，他們叫作「一肩挑」。當然，儘管企業組織內部的權力集中化是現代企業職能專門化的必然伴隨產物，集權和分權也不是絕對的，分權的程度要看下屬素質、企業規模和控制幅度等因素，但是，分權是和授權相聯繫的，而絕不是權力的分散，如果下屬總是接到相互矛盾的指令而感到無所適從，就會從根本上動搖權力系統。所以，決策要做到多方諮詢、一人拍闆。

（2）要有權力制衡規則

就像在一般的競賽遊戲中，必須有大家共同認同的規則，才能使參加者積極發揮自己的創造性。如果領導濫用權力，培植親信，賞罰不公，即沒有任何制衡的力量，就會導致組織失衡。當然，制衡要有一定的規則，相互之間的制衡都要有一個合理的限度，否則就會造成制衡過度，結果是互相扯皮，從而形成企業非物質資源配置低效率。

(3) 要有行動者之間訊息的溝通和互動

所謂溝通就是企業的決策、諮詢、監督和執行等各部分之間，要有暢通的自上而下和自下而上的訊息傳遞和反饋渠道，這種訊息包括指令、建議、意見、牢騷、情報等等。而且，要能使各部分人員採取一種積極的參與態勢，在合作與競爭中來提升企業的運行效率。溝通和互動的有效是企業活力的一個重要標誌，是企業規避企業非物質資源配置低效率的有效手段。

(4) 要有組織認同感

組織認同的基礎是個人的行為選擇與組織目標保持一致，但在很多情況下，這兩者會產生衝突而導致企業非物質資源配置低效率，如企業要求增加利潤，而職工則要求增加工資，這種目標分化明顯會增加勞資矛盾，誘發企業非物質資源配置低效率。因此，重要的是把企業目標「內在化」，使它化為企業成員自己的目標，從而塑造出一種企業精神和企業價值觀，使企業成員的認同因素，除了收入和待遇，還有聲望、友情、自豪感等，如「大慶人」、「深圳人」形象的樹立，實際上是組織認同或社區認同的結果。

(5) 要有權變機制

所謂權變機制，就是企業面對新的環境和新的變化能夠動員起來，調整內部結構並迅速作出反應的機制。市場、技術等一系列經營條件都是不斷變化的。因此，企業要根據具體情況，隨時組建或撤銷某些部門，增加或減少某些人員，調整和變動職位，實現組織創新。如果權力系統是僵化的、固定不變的，那就不僅會失去很多發展機遇，而且也難以應付競爭中新的挑戰。

綜上所述，從權力系統的角度分析企業組織，開拓了一個新的考察視角，它對傳統的投入產出分析和行為系統中的激勵懲罰分析是一個有益的補充，也可使我們對企業組織的運作程序有更深刻的認識，從而為規避企業非物質資源配置低效率提供了新思路。

8.2 創業企業價值網嵌入選擇誘發價值網企業創業績效損失機理

8.2.1 創業企業價值網嵌入的概念與分類

「嵌入性」概念最早由 Polanyi（1944）首次提出，認為人類社會的經濟發展嵌入在經濟與非經濟制度的複雜網絡關係之中，嵌入性是研究社會網絡的重要工具。後來美國的 Whiteman Cooper（2007）、Hagedoorn（2009）等諸多學者對嵌入性理論進行了發展。目前「嵌入性」概念深受學者們關注，越來越多學者在經濟社會學、創業、網絡與組織、組織適應等領域對嵌入性進行了理論與實證研究。在國外，沒有直接研究新創企業價值網嵌入性和創業效率關係的文獻，但是研究企業網絡與企業效率關係的文獻，能為這一問題的研究提供借鑑。S.X.Zeng，X.M.Xie，C.M.Tam 在對我國 137 家中小製造企業調查基礎上研究發現，企業外部網絡能顯著推動企業效率的提升。F.Sarvan，E.Dwrmus 研究發現，基於企業全球層面的網絡結構對網絡企業效率存在顯著影響。McEvily&zaheer（1999）以企業網絡為例，研究發現企業網絡的不同結構嵌入對企業競爭力獲取產生明顯的相關關係，而競爭力又與企業效率明顯相關；Tsai 從新知識獲得的角度研究顯示，企業所嵌入的網絡位置不同，獲得新知識的機會也就不同，而新知識的獲得是企業提高效率的重要因素，因此，網絡嵌入位置的不同會導致企業效率的不同。ZaheerandBell 等的研究也證實了企業嵌入不同的網絡位置會對企業效率產生影響。除此之外，Campbell，K.E.，Marsden，P.V.，Bell，G.Uzzi，Zaheer，A.，Bell，G 等分別從網絡嵌入位置、網絡創新和社會網絡結構等方面研究了網絡嵌入性與企業效率的關係。

在國內，錢錫紅、徐萬里、楊永福認為，企業所嵌入的網絡位置是網絡參與者之間關係建立的結果，是社會網絡分析中的關鍵性變量，同時認為，占據網絡中心和富含結構洞的網絡位置有利於提升企業的效率。黃中偉、王宇露認為，嵌入在好的網絡位置所獲得的資源其效用大於個人所擁有的資源』因為通過網絡位置獲得的資源是嵌入在企業網絡中，它不會因為個體的變化，而改變依附在網絡上的位置，因此 k，在網絡中的不同策略定位勢必會影響企業資源的獲取類型和質量，從而最終影響企業的效率。蔣軍鋒、張方華、蔡莉、方剛、解學梅等研究了嵌入性與企業創新效率的關係，而鄧學軍、王曉娟、張志勇等研究了網絡知識共享與企業效率的關係。

Hkansson 認為企業嵌入網絡後具有改善其網絡位置的能力和處理某單個網絡關係的能力，這兩種能力的發揮會改變企業在行業中的地位，迫使企業調節策略定位以適應在新網絡位置上的資源特點。Rier 認為企業可以通過調節自己的網絡嵌入行為，使企業掌控、利用和開發自己的外部網絡關係，從而影響其在網絡中的地位，形成其競爭優勢。Teece 等則認為，企業為了適應外界變化了的環境，會通過嵌入的網絡來整合、構建、重塑自己內部與外部的資源，從而導致組織結構的改變，我們知道，組織結構的改變可能會導致企業重新策略定位。E.ol&Tsai（2005）的實證研究也顯示，企業的網絡嵌入性對企業利基策略與創業效率的正向關係具有調節作用 Uzzi B、McEvily B、M.vily B 研究了網絡嵌入性和競爭能力的關係。從這些相關文獻可以看出，企業策略定位和新創企業價值網嵌入性具有密切關係。

8.2.2 創業企業價值網嵌入選擇誘發價值網企業創業績效損失機理

前面我們分析了創業企業組織內在的科層結構會誘發創業企業非物質資源配置低效率的損失，不僅如此，創業企業非物質資源配置低效率還會在企業選擇不同的組織結構中再度產生。

（1）基於職能的組織結構及其功能評價

基於職能的組織結構是指在設計組織結構時首先劃定組織的專業職能領域，然後按此組成運營單位，工作流穿越這些職能部門。圖 8-1 給出了基於職能的結構示意圖。

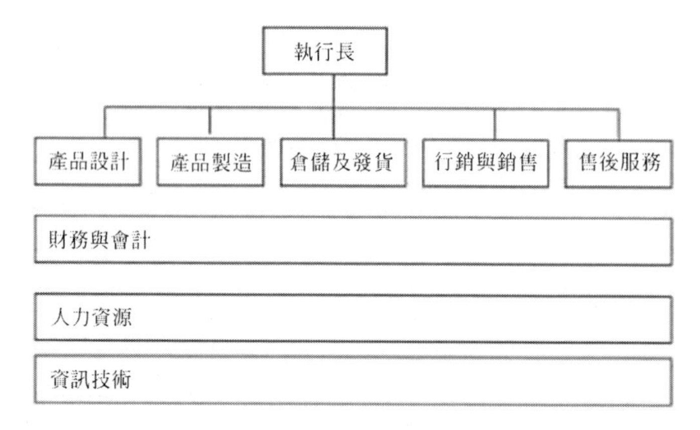

圖 8-1 基於職能的組織結構示意圖

基於職能的結構具有如下優點：

第一，同一個運營單位內的人員由於經常處在一起，感情比較融洽，從而容易形成一個好的工作環境；

第二，職能方面的專業知識容易擴散，從而有利於專業知識的相互提高；

第三，運營單位能合作「攻關」，從而產生高水平的解決專業問題的能力。這種結構也有如下不足之處：

第一，有時運營單位之間由於經營目的的不同和相關利益的衝突，通常不能很好地合作，產生低效率；

第二，可能會因為對資源的無效競爭導致某些部門工作積極性受到挫傷，產生企業的企業非物質資源配置低效率；

第三，多頭管理會模糊責、權、利的界線，「……我們的產品質量無可挑剔，是他們營銷部門決策錯誤……」

（2）基於產品的組織結構及其功能評價

基於產品的組織結構是指這種組織在設計時主要圍繞產品或產品類而設計。在各運營單位中都擁有支撐所負責產品的全部職能，包括設計、製造、銷售與營銷、會計以及訊息技術，等等。基於產品的組織結構如圖 8-2 所示。

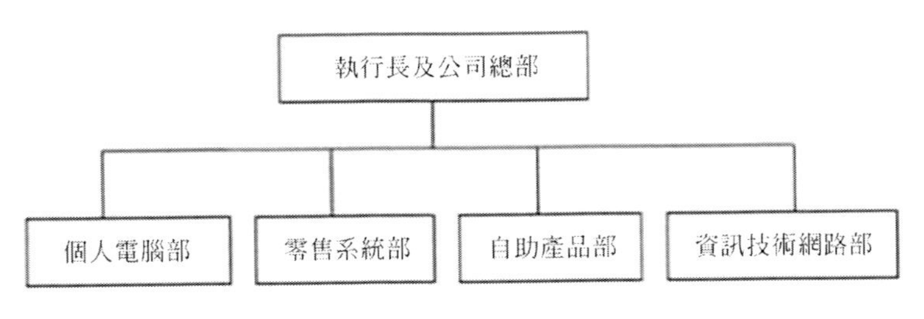

圖 8-2 基於產品的組織結構示意圖

基於產品的結構有如下優點：

第一，能快速適應市場對產品的要求；

第二，為成員提供的發展機會多；

第三，各運營單位的權、責、利清晰。

這種結構有如下缺點：

第一，各運營單位可能無力發展和支持基於職能結構下運營單位所擁有的高級專業技能；

第二，從同一個企業購買多種產品的顧客要與不同的運營單位打交道；

第三，資源得不到共享，存在部門間浪費；

第四，有時對產品的感情因素，會造成運營單位看不到自己的產品開始走向衰落的跡象。

(3) 基於市場的組織結構及其功能評價

基於市場的結構是指組織的結構設計以服務於特定市場為目標，運營單位通常負責向目標市場提供一系列產品或服務。由於要求不斷提高的顧客已經開始期望供應商是了解他們需求的專業人才，這種結構現在越來越多。

現在，許多高技術供應商以服務於特定的目標市場，如金融業、製造業或公用事業等作為自己的特色，不論在軟體行業還是在硬體行業，都有這種情況。圖 8-3 是這種結構的示意圖。

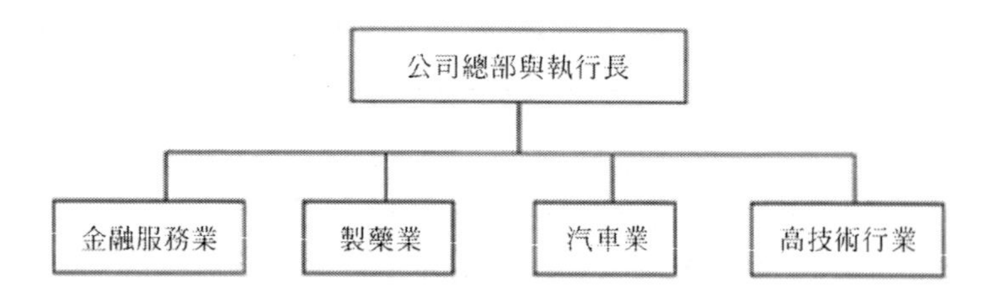

圖 8-3 基於市場的組織結構示意圖

基於市場的結構具有如下優點：

第一，容易形成長期的供應商——客戶關係（增大客戶的轉化成本）；

第二，能集中各種資源於特定目標市場，從而容易形成相對競爭優勢；

第三，提高企業差異化的能力，形成同其他供應商具有實質意義的差別。基於市場的結構有如下缺點：

第一，企業會變得難於控制和協調——運營單位的自然擴張，以及有時會建立昂貴的流程滿足客戶 / 市場的需求；

第二，服務於不同行業的運營單位對企業的資源可能會產生激烈的競爭；

第三，丟失重要客戶會導致企業的生存危機。

（4）混合組織結構及其功能評價

其實，在現實組織中，一般都不會有單一的某種企業組織結構，特別是在當今經營環境複雜動蕩，產品周期縮短迅速的時代，組織變革是企業發展過程中持續進行的永恆主題，因此，在這一背景下的企業組織通常是一種混合結構。圖 8-4 是一個混合組織結構的示意圖。從圖 8-4 中可以看出，它是在職能型結構基礎上導入一些流程型結構而形成的混合結構。

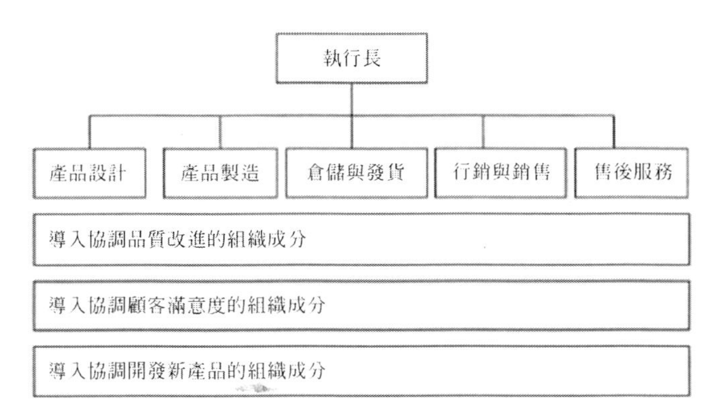

圖 8-4 混合組織結構示意圖

混合型結構有如下優點：

第一，能激發對變革的積極態度和變革中的創新；

第二，能拓寬員工的經驗，有利於他們的發展；

第三，能更加適應快速變化的市場環境；

這種類型結構有如下不足：

第一，形成合作氣氛與協同效應需要很長的時間；

第二，可能要花費相當的管理精力來保持他們的積極性；

第三，有時，成員會面臨所屬運營單位和任務團隊之間有利益的衝突。

（5）虛擬組織結構及其功能評價

虛擬組織是一種規模較小，但可以發揮主要職能的核；組織，其決策集中化的程度很高，但部門化程度很低，或根本就不存在。

在虛擬組織中，管理人員把公司基本職能都交給了外部力量，組織的核心是一小群管理人員，他們的工作是直接督察公司內部的經營活動，協調為本公司進行生產、分配及其他重要職能活動的各組織之間的關係，這種結構的優點在於其靈活性，這種結構的不足是公司主管人員對公司的主要職能活動缺乏強有力的控制。

8.2.3 創業企業價值網 g 選擇的企業非物質資源配置低效率規避對策

上面我們論述了目前企業存在的幾種結構，不同的結構有不同的特點，且具有各自不同的優點和不足，因此，無論企業採用何種結構都有低效率，這種低效率不管資源如何配置都會產生，即企業的企業非物質資源配置低效率都會產生。那麼，我們的任務就是要選擇一種適當的組織結構以規避企業非物質資源酉己置低效率境況。

選擇一種適當的組織結構，就必須要清晰各種組織結構應關注的焦點與目的，具體內容見表 8-1。

表 8-1 三種組織結構的關注焦點與目的

	關注焦點	目　　的
基於職能	企業結構內部的各職能並不斷改進	運用自己的專業生產能力爲產品或服務增值
基於產品	企業外部競爭對手的產品，不斷改善自我的產品	產品在主要市場上取得統治地位並視可能爭取進入其他市場
基於市場	企業外部顧客和競爭對手，不斷拓展市場	顧客滿意和重複購買

在表 8-1 中沒有列出混合結構，這是因為通過適用跨度職能團隊，混合結構一般可以調整每種結構內在的不平衡，同時，這裡還必須強調，有效的組織不能固守於一組自己的目標，必須依據自己的具體情況做出平衡。現在，有些組織正在應用卡普蘭（Kaplan）和諾頓（Norton）發明的平衡計分卡（Balanced Score cord）概念。它要求整個組織和每個運營單位都從四個方面定義自己的目標：財務目標、內部流程目標、顧客目標、學習和員工個人發展方面的目標。只有這樣，我們才能規避企業非物質資源配置低效率，提高企業運行的效率。

8.3 創業企業嵌入選擇與價值網結構的匹配性誘發低效率機理

創業企業面對著如何進入市場，如何與其他關聯企業合作等系列問題，即如何嵌入關聯企業網絡。合適的嵌入會為企業創業提供各種資源，而不合適的嵌入則會為企業的發展埋下「禍根」並產生低效率，所以，創業企業嵌入必須與關聯企業價值網結構相協調。

價值網體現了一種新的策略經營思維：一是以顧客價值為核心的競爭策略；二是以緊密合作為基礎的多贏競爭策略；三是以塑造核心能力為主要手段的成員公司成長策略。

(1) 構建以顧客價值為核心的競爭

價值網是一種以顧客為核；的價值創造體系，優越的顧客價值是價值網模型中價值創造的目標。同時，價值網是一種需求拉動系統，正是顧客需要激活了整個價值網絡，而價值網運作的最終目標也是滿足顧客的各種需要。這就要求企業在制定策略時要突破舊的思維定式，把以顧客價值為核心的理念導入企業策略和經營活動之中。注重正確認識顧客需求，滿足顧客的期望，把顧客作為整個市場活動的起點和核心，只有這樣才能構筑起企業的競爭優勢。以顧客價值為核心的競爭策略，應該從對企業長期生存發展至關重要的策略邏輯與遠景層面、價值鏈配置層面和對企業短期生存舉足輕重的最終產品與市場層面來進行實施。

策略邏輯與遠景層面是企業整體競爭優勢的指導與支撐，它決定企業整體策略的發展方向，並將企業中看似對立的活動有機地整合在一起。有調查結果表明，那些長壽的跨國公司的策略遠景往往與其商業利益無關，強調的是為社會和公司的顧客創造獨特的價值。如福特汽車公司的座右銘是「使每一個美國人開上汽車」，這為公司在其他競爭層面實現為顧客創造其競爭對手無法提供的價值提供導向。

在價值鏈配置層面上，企業的競爭優勢或來自於採購、供應、設計、生產、營銷等過程中許多相互獨立的活動，或來自於企業的相對成本地位和差別化程度，或來自於由上述活動和上、下游產業的價值鏈所形成的價值鏈配置系統。企業通過價值鏈配置系統把質量、創新和價值傳遞給顧客，同時又把顧客不斷變化的需求反饋給企業。競爭優勢不僅源於各個價值鏈本身還來源於它們之間的互動關係。隨著價值鏈由前端推動型向終端拉動型的轉變，為終端顧客創造更多、更獨特的價值貫穿於各個價值鏈的始終。

在最終產品層面上，其最終競爭優勢的取得主要是與顧客實際感知的產品或服務有關，它主要體現在成本優勢和差異化優勢上。由於競爭優勢的直接基礎是企業能為顧客提供產品和服務的價值，何種能力成為競爭優勢的源泉取決於顧客的現實需求和潛在需求，取決於競爭對手的產品與產品性能。所以，在最終產品層面上，企業的關鍵在於預測顧客需求的能力和勇於創新的企業文化，再加上建立和維持模仿障礙的能力。從性能、特殊性、可靠性、耐久性、交貨時間以及感知質量等產品質量因素和服務的及時性、周到性、一致性、準確性等服務質量因素持續不斷地向顧客提供獨特的、競爭對手難以模仿的價值，從而獲得持續的競爭優勢。

(2) 採取以緊密合作為基礎的多贏競爭策略

在傳統的競爭思維模式下，彼此的利益相互對立，價值系統任一成員的價值增加是以其餘各方的價值損失為代價的。比如，供應商處於壟斷強勢地位，他的高價策略將使企業、互補者、競爭者、顧客同時遭受損失。因此，傳統邊界確定的價值網絡有可能使各方陷入惡性競爭。而在合作的思維模式下，彼此的利益相互捆綁，參與各方致力於擴大蛛網的邊界，也就是創造新的價值增值，實現價值總量的增力口。這是謀求自身價值增長而又不損及對方並導致攻擊的最優策略。在這樣的策略指導下，價值網絡的共贏成為可能。為此企業應樹立以下觀念：

①合作競爭觀念。價值網通過成員公司間的相互關係聯結成一種動態、有機的價值創造體系。

單個成員公司要在價值網上獲得發展，必須獲得環境的支持及相關主體的認同和協作；它的行為與選擇，也會影響網上其他主體甚至網上各主體的行為與選擇。價值網成員建立的相互關係不是零和博弈下的背棄式競爭，而是基於雙贏思想的緊密合作，成員公司之間建立合作關係能夠實現核；能力優勢互補，共擔風險和成本，共享市場和顧客忠誠。

②整體價值創造觀念。傳統的價值鏈管理中更重視自身的成本管理，傳統企業的價值觀是利己的單純目標利潤導向。而價值網上的各成員應更重視整體價值創造；現實社會的需求往往是雙向甚至是多向的，上下游組織可以相互創造新的需求。價值網就是要人們在關注自身價值形成的同時，更加關注價值網絡上各節點的聯繫。衝破價值鏈各環節的壁壘，考慮整體成本，提高網絡在主體之間交互作用對價值創造的推動作用。

（3）走以塑造核心能力為主要手段的成員公司成長途徑

核心能力是價值網得以存在和運行的關鍵環節，是合作關係建立的基礎。價值網強調成員公司核；能力的優化整合，發揮成員之間的協同效應，以最有效地實現顧客價值。

①分解收縮價值鏈，專注於核心能力。消費者的需求日益多樣化、產品加工程度提高使得社會分工越來越細化，於是價值鏈的增值環節變得越來越多，結構也更複雜，一種產品從開發、生產到營銷、運輸所形成的價值鏈過程已很少能由一家企業來完成。於是價值鏈開始分解，一些新的企業加入了價值鏈，並在某個環節上建立起新的競爭優勢。價值鏈分解就是企業從提高自身核；能力出發，重新審視自己所參與的價值過程，從功能與成本的比較中，研究在哪些重要的核心環節自己具有比較優勢，保留並增強這些環節上的能力，把不具有優勢的或非核心的一些環節分離出來，利用市場尋求合作伙伴，共同完成整個價值鏈的全過程。

價值鏈分解收縮模式強調做精做強而非做大做全，只控制那些具有策略意義和創造利潤多的環節，並在這些環節上保持壟斷優勢。同時，把其他相對次要、創利不多的環節分解出去，盡量利用市場以降低成本，增加靈活性。靈活希 U 造就是該模式的典型，靈活製造模式的出發點在於如何滿足市場需求，如何跟上需求變化，如何在變化中抓住稍縱即逝的機會。通常由領導廠商識別市場機會，並將整個價值鏈分解，自己只負責其中的核心環節，而將其餘環節外包給合作伙伴。靈活製造模式的主體也叫作虛擬企業。虛擬企業在市場機會出現時組建，而在機會消失時解散，強調的是臨時的合作關係和價值鏈適度分離，是從價值鏈解構的角度運用價值鏈的思想。如日本豐田通過價值鏈收縮與 160 多家小企業發生外包，彼此相互依賴共享知識，共同開發與生產。所以，既降低了風險，又降低了成本，改進了質量和加速了新品開發。

②集成價值鏈，實現總成本領先。價值鏈的不斷分解使市場上出現了許多相對獨立且具有一定比較優勢的增值環節，這些原本屬於某個價值鏈的環節一旦獨立出來，就未必只對應於某個特定的價值鏈，它也有可能加入其他相關的價值鏈中去。然而，要讓這些分散的環節創造出新的價值，必須要用一個價值鏈把它們有機地串聯起來，於是出現了新的市場機會——價值鏈的整合。即可以設計一個新的價值鏈，通過市場選擇最優的環節，把它們聯結起來，創造出新的價值。在生產能力相對過剩和市場競爭激烈的情況下，這種整合的機會也就越多。例如，家用電腦商根據顧客的需要，選擇英特爾的芯片。中國臺灣地區的主闆、韓國的顯示器和中國的硬盤等。把它們組裝起來，推向市場迎合消費者，從而獲得增值效益。

價值鏈集成整合可以使幾家甚至多家企業在一個完整的價值鏈中，各自選取能發揮自己最大比較優勢的環節，攜手合作共同完成價值鏈的全過程，集中發展自己的專門業務及向其他價值鏈成員提供專業意見，從而更有效地利用資源和分享客戶資源，進而最大幅度地降低最終產品成本，實現更高的增值效益，保證企業獲得最大的投入產出比。精益製造模式就是價值鏈集成整合的典型模式，精益製造模式從整個價值系統的角度看待價值鏈的各個環節，注重各個價值活動的成本、質量控制，強調價值系統之間價值鏈的銜接，管理的視野擴展到了整個價值鏈系統。

③發揮價值鏈的協同效應，培育企業的核心能力。價值網帶來了資源與能力的網絡觀。單個的企業通常將資源的獨特性和能力的不可模仿性視為企業的核心競爭優勢，而在一個價值網中，企業間的資源與能力的互補性是價值網的重要基礎，而網絡資源的獨特性和網絡的不可模仿性是價值網的核心競爭優勢。

協同效應，是指企業整體協調後所產生的整體功能的增強。企業在策略管理的支配下，企業內部實現整體性協調後，企業內部各活動的功能耦合而成的企業整體性功能，遠遠超出企業各策略活動的功能之和，可以簡單地表示為「1+1>2」，即公司的整體價值大於各部分的價值之和。正是這種隱性的、不易被識別的價值增值，為企業帶來了競爭優勢。企業核心能力來源於企業價值鏈管理的協同效應表現在兩個方面：一方面，企業的研發、設計、採購、生產、營銷、服務以及人力資源管理的協調統一，各分支機構在資源上的共享、資金上的互補、人員的合理流動等使成本降低；另一方面，各項策略活動的協調互補可以使一項新的管理經驗得以不斷推廣和創新，也能夠使一項新的技術應用於相關或相似的活動當中去，從而使產品不斷創新。

企業處於競爭優勢的持久性是由策略模仿的困難性所決定的。協同造成的競爭優勢來源的模糊性使競爭對手不知如何模仿。「1+1>2」這個式子不是簡單的加總，式子中多出的部分即為協同效應產生的競爭優勢。企業是由特定的環境、組織管理模式、生產技術等各個方面組成的有機統一體，各因素之間有形的及無形的協調讓競爭對手難以識別。海爾總裁張瑞敏把海爾的管理經驗總結為：「海爾管理模式＝日本管理（團隊精神和吃苦精神）＋美國管理（個性發展和創新）＋中國傳統文化中的管理精髓」。然而海爾的管理絕對不是這三者的簡單相加，而三者各占多大比例以及怎樣融合在一起是很難被量化的，這就是協同的魅力所在。正用為協同效應的存在，使競爭對手面對已闡明的經驗卻束手無策。價值鏈管理能產生協同效應，而協同使企業獲得競爭優勢，給競爭對手增加了競爭難度。

第 9 章 案例分析——以湘南國家級產業承接示范區策略性新興創業企業為例

策略性新興產業涉及很多產業，數據收集困難，儘管從理論上講，第 3 章至第 8 章的分析具有一定的通用性，不同的只是依據不同的價值網企業的具體特點調整對策而已。但是，作為實證，本章選取湘南國家級產業承接示范區策略性新興價值網創業企業為實證案例，一是因為加快培育策略性新興產業是黨中央、國務院做出的重大策略部署，也是後國際金融危機時期許多發達國家搶占未來經濟發展制高點的重大策略抉擇，直接關乎中華民族的未來和國家的長遠競爭力，二是考慮湘南國家級產業承接示范區是一個剛成立的示范經濟園區，其園內企業的又好又快發展急需相關具有針對性的理論指導，因此，以它作為實證對象具有很好的研究意義。

9.1 湘南國家級產業承接示范區成立背景及策略地位

9.1.1 湘南國家級產業承接示范區成立背景

區域經濟一體化一直是學術界研究的熱點與難點問題。我們知道，建好高效便捷的區域物流系統是區域經濟一體化的健康發展基礎條件。隨著世界經濟的快速發展和交通運輸基礎設施、訊息技術、倉儲基礎設施和網絡設施的不斷完善，企業物流不斷朝著區域協同化和網絡化的方向演化，全球供應鏈網絡基本形成，從而進一步在全球重要港口城市和經濟中心城市形成許多樞紐型物流節點，使得物流、商流、訊息流和資金流在此集聚而形成高度組織化、規模化和統化的物流園區。湘南國家級承接產業轉移示范區的歷史歷程大致可以分為三個階段，第一階段為準備發起階段（20 世紀 80 年代初—1988 年 2 月）。湘南是湖南的「南大門」，早在 20 世紀 80 年代，湖南就深刻地意識到，必須學習廣東發展的路子，必須盡快由封閉型經濟向外向型經濟轉型，只有這樣才能加快湖南改革開放的步伐，促進湖南經濟的健康快速發展。在這一指導思想下，1988 年 2 月，湖南省委、省政府決定將衡陽、郴州、永州三市確定為湖南省改革開放試驗區，實行一些類似於廣東經濟發展的政策，1988 年 5 月 11 日，將《關於加快湘南開發的請示》報送至國務院，至此，衡陽市、郴州地區和零陵地區作為沿海向內地改革開放的過渡試驗區，正式設定為湘南改革開放試驗區；第二階段為申報報批階段（1988 年 2 月—2012 年 10 月），2008 年 6 月，湖南省委、省政府在衡陽召開全省承接產業轉移、發展加工貿易座談會，出臺了《關於積極承接產業轉移促進加工貿易發展的意見》，2012 年 9 月 1 日，國務院正式批准衡陽市高新技術產業開發區升級為國家高新技術產業開發區，2012 年 10 月 6 日，湘南承接產業轉移示范區成立；第三階段為規劃建設與運營階段，2012 年 10 月 29 日，湘南地區最大商貿物流項目——衡陽華陽商貿物流城項目簽約，該項目為立足湖南，輻射贛、粵、桂、黔的品種齊全、設施完善、超大規模的現代化綜合商貿物流城，湘南國家級承接產業轉移示范區的歷史歷程的具體情況見表 9-1。

表 9-1 湘南國家級承接產業轉移示范區的歷史歷程

時間	進程內容	報導路徑	報導主題
1988年2月	湖南省委、省政府決定將衡陽、郴州、永州三市確定爲湖南省改革開放試驗區	政府文件	湖南省改革開放試驗區
1988年5月	將《關於加快湘南開發的請示》報送至國務院，衡陽市、郴州地區和零散地區正式設定爲湘南改革開放試驗區	政府文件	《關於加快湘南開發的請示》
2008年6月	湖南省委、省政府在衡陽召開全省承接產業轉移、發展加工貿易座談會，計劃了《關於積極承接產業轉移促進加工貿易發展的意見》	政府文件	開發湘南，湖南省發展和改革委員會
2011年10月6日	湘南承接產業轉移示範區正式獲批，成爲第四個中國國家級承接產業轉移示範區	華聲在線	湘南獲批中國國家級承接產業轉移示範區
2012年8月4日	湘南承接產業轉移示範區首批重大項目建設推進大會在衡陽、永州、郴州三市同時舉行。湖南省第二個、湘南地區第一個無水港在衡陽市三塘鎮掛牌並試運行	紅網湖南頻道	湘南承接產業轉移示範區建設中的「衡山力量」
2012年9月1日	國務院正式批准衡陽市高新技術產業開發區升級爲中國高新技術產業開發區	紅網能源頻道	衡陽高新區進「中國國家隊」成湖南第五個中國高新區
2012年10月6日	湘南承接產業轉移示範區成立	湖南日報	湘南承接產業轉移示範區成立
2012年10月29日	湘南地區最大商貿物流項目——衡陽華陽商貿物流城項目簽約，該項目爲立足湖南，輻射贛、粵、桂、黔的品種齊全、設施完善、超大規模的現代化綜合商貿物流城	湖南省政府入口網站	衡陽華陽商貿物流城項目簽約

（資料來源：課題組整理，2013 年 1 月）

9.1.2 湘南國家級產業承接示范區策略地位

湘南國家級承接產業轉移示范區的建設意義重大。第一，有利於打造中部地區承接產業轉移的新平台，增加三市引進項目的機會；第二，有利於打造中部地區跨工程。新材料產業在建的重點項目主要有湖南廣信投資 1.8 億元興建的工業紙閫變壓器絕緣材料加工項目，目前已完成土建工程。新能源產業在建的重點項目主要有瑞楓塑膠投資 5000 萬元的新型太陽能光伏發電項目，目前已建成投產。生物醫藥產業在建的重點項目主要有紫光古漢中藥投資 1.7 億元的年產 4 億支養生精技改工程項目，目前正在加緊建設基礎設施。

(1) 衡陽雁峰區培育發展策略性新興產業情況

近年來，衡陽雁峰區積極推進「項目興區，工業強區，民營活區」策略，大力發展策略性新興產業，轉變方式調整結構取得階段性成果。雁峰區充分挖掘並提升產業資源，科學規劃，重點發展先進裝備製造業、新材料、新能源、生物醫藥等優勢產業，骨干企業的產業龍頭地位愈加鞏固。2010 年全區策略性新興產業實現產值 110.28 億元，同比增長 29.5%，占規模企業總產值的 55.9%。2011 年前三季度，全區策略性新興產業實現工業產值 96.82 億元，同比增長 19.9%，占規模工業總產值的 54.6%。優勢產業獲得突破性發展，今年 1—9 月份，全區先進裝備製造業實現產值 85.13 億元，同比增長 13.3%，龍頭企業特變電工、恆飛電纜、金杯電纜、星馬重汽分別實現產值 38.6 億元、8.23 億元、10.6 億元、7.18 億元，分別同比增長 1%、95%、18%、14%；新材料產業實現產值 6.86 億元，同比增長 117.4%，龍頭企業星鑫絕緣材料實現產值 1.63 億元，同比增長 9.45%；新能源產業（原屬空白）龍頭企業瑞楓塑膠實現產值 1.92 億元；生物醫藥產業實現產值 3.9 億元，同比增長 17%，龍頭企業紫光古漢中藥、萊德生物分別實現產值 2.02 億元、1.28 億元，分別同比增長 21%、22.4%。

當前，全區策略性新興產業的發展，主要存在以下三大瓶頸：一是生產要素瓶頸。其一，土地瓶頸。一方面，作為老城區，我區產業轉型升級任務艱巨，土地集約利用率本來就相對較低；另一方面，受園區體制調整等因素的影響，我區面積遭嚴重削減，可供產業開發利用的土地越來越少，發展空間受到限制；再一方面，規劃、國土等相關手續辦理時限長、成本高、難度大，很大程度上影響了項目建設進度。受土地瓶頸制約，我區很多優勢項目的洽談和建設受阻。其二，資金瓶頸。一方面，區級財力有限，無法足額安排工業發展配套資金；另一方面，受信貸審批手續煩瑣、「大客戶效應」及企業自身管理欠科學等因素的影響，企業很難及時得到足額貸款支持。當前，全區策略性新興產業發展存在高達 10.3 億元的資金缺口。其三，用工瓶頸。

受沿海發達地區和「長株潭一體化」極化效應的影響，高素質熟練技工成為我區策略性新興產業發展的急缺資源。二是產業配套瓶頸。全區目前沒有一個成熟的規模物流園區和大型專業市場，工業企業嚴重缺乏生產性服務業的配套支撐，策略性新興產業發展成本增加、空間受限。發展好現代物流業等生產性服務業已迫在眉睫。三是政府職能瓶頸。受體制機制的制約，城區政府職能不全，財力有限，辦事困難，在項目推進上，往往陷入「力不從心，效率較低」的尷尬境地。

(2) 衡陽縣培育發展策略性新興產業情況

目前，衡陽縣策略性新興產業規模企業共 20 家，覆蓋七大產業，其中先進裝備製造企業 2 家，新材料企業 7 家，新能源企業 3 家，生物醫藥企業 2 家，電子訊息企業 2 家，節能環保企業 3 家，文化創意企業 1 家。

總的來說，衡陽縣策略性新興產業發展尚處於起步階段，總量不大，價值鏈端不高，大企業不多，但發展勢頭令人鼓舞，呈現出發展速度加快、發展後勁增強的特點。

衡陽縣的策略性新興產業企業大多擁有自主研發平台、國家專利和自主知識產權，技術水平處於國內國際先進水平。恆生制藥是全省優勢劑型最全、產品技術含量最高、產品種類及市場適配度最高的制藥企業，公司生產的「注射用燈盞花素」屬國家中藥保護品種。愛民制藥建有咳喘劑研究所，在咳喘行業研究處於國內領先水平，擁有國家發明專利，主要產品咳喘鼻聞安具有自主知識產權。長鑫建材是一家生產高速公路橋梁用同性能商品混凝土企業，建有混凝土實驗室，獲得省級質監局認證，是湖南省質量信用 4 級單位。鴻業特變主要生產電爐變、整流變等特種變壓器，公司通過了「ISO9000 國際質量體系」和「CQC 標誌」認證，擁有八項專利。名豐復合劑主要生產瓦楞紙淀粉膠復合劑，2004 年獲得國家發明專利授權，對產品擁有完全知識產權，淀粉制膠工藝技術填補國內空白。雲天鍋爐建有物理、化學實驗室，生物質系列鍋爐獲國家專利。鑫山機械自主研發的制藥聯動線和提取生產設備獲多項國家專利，填補多項國內空白。華高成套研發的多功能聯運控制臺關鍵技術 2010 年獲國家專利，今年獲 4 項國家專利。

近兩年來，一批策略性新興產業項目紛至沓來，成為衡陽縣工業家族中的「新貴」。投資 3 億元的雅典娜石英石現已部分投產，投資 5 億元的衡泰機械本月底 2 個車間正式投產。投資 2 億元的工業爐料及鋼管深加工、投資 1 億元的高效脫硫節煤劑生產、投資 3000 萬元的百晟小型電動機等項目已經簽約。上海華錚機械設備有限公司投資 10 億元的木工數控機械產業園、福建泉州譽城盛機械有限公司投資 2 億元的橡膠橡塑模具及機械製造等項目正在洽談中。這些項目的相繼入駐，為加快培育衡陽縣策略性新興產業注入了強大動能。

（3）郴州策略性新興產業基本情況

據初步測算，2011 年全市共有策略性新興產業企業 125 家，實現增加值 124.5 億元，同比增長 25.0%，占地區生產總值（GDP）的 9.2%。其中：規模以上工業企業 103 家，實現增力口值 116.4 億元，占全部規模工業增力口值總量的 15.8%。策略新興產業中，規模以上工業（部分企業涉及多個策略新型產業）涉及新材料產業的企業 85 家，實現增力口值 88.1 億元；涉及電子訊息產業企業 15 家，實現增加值 10.8 億元；涉及節能環保產業企業 19 家，實現增加值 8.4 億元；涉及先進裝備製造產業企業 8 家，實現增加值 4.5 億元；涉及生物產業企業 3 家，實現增加值 3.0 億元；涉及文化創意產業企業 4 家，實現增加值 1.4 億元；涉及新能源產業企業 2 家 % 實現增加值 0.3 億元。郴州培育策略性新興產業的現實條件分析如下：

①高新產業提供了一定基礎。2011 年，郴州高新技術產業增加值達到 130.1 億元，同比增長 61.6%。全市已經形成了新材料、電子訊息、裝備製造等優勢產業。新材料方面，形成了以金屬材料、無機非金屬材料為主導，高分子材料和精細化學品為補充的產業格局，2011 年新材料高新技術產業完成增加值 92.6 億元，占全部高新技術產業增力口值的 71.1%。電子訊息產業領域聚集了華磊光電、高斯貝爾、臺達電子、駿峰電子等知名企業，IQD 芯片、微波高頻頭、平闆顯示器等消費電子、電子元器件產品具有較強的市場競爭力，實現增加值 18.4 億元，占全部高新產業增加值的 14.1%。生物與新醫藥技術聚集了三九南開、桂陽濟草堂藥材種業、加法果業、龍豐生態等優

勢產業，實現增加值9.9億元，占全部高新產業增加值的7.6%。節能環保領域，以「三廢」回收利用、有色金屬冶煉綜合回收和稀貴金屬再生利用為主導的資源綜合利用產業特色彰顯，永興縣被列為國家第二批循環經濟試點縣和國家稀貴金屬再生利用高新技術產業化基地。裝備製造業領域，嘉禾的現代鑄造、現代模具、數控機床，宜章的電梯及零部件，安仁的工程機械等產業發展來勢喜人。

②科技創新能力不斷增強。郴州現有省級工程技術研究中心3家，市級技術研究中心31家，企業技術中心5家，院士工作站1個，高新技術企業139家，年專利授權量達到500餘件。全市組建了稀貴金屬綜合再生與精深加工、鉛冶煉及鉛伴生物高效提取兩個產業技術創新聯盟。全市科技型中小企業成長加快，有13個科技型中小企業獲得國家創新基金支持，140多家企業與國內、省內80多家高校和科研院所建立了產學研合作關係。「十一五」期間全市共取得各類科技成果682項，其中達到國內先進水平的101項，獲省科技進步獎11項。「多金屬複雜高砷物料脫砷解毒及綜合利用產業化關鍵技術」被列入國家863計劃子項目。

③產業發展平台體系較為完善。郴州擁有全省唯一的具備疊加保稅物流功能的國家級出口加工區和九大省級工業園區，相繼建成了海關、檢驗檢疫、公路口岸、物流園區等諸多平台。全市園區被賦予市級管理權限，新建了500萬平方米標準廠房，基礎設施好，承載能力強。近年來，圍繞科教興郴、建設創新型郴州等策略，先後出臺了《關於增強自主創新能力建設創新型郴州的決定》、《關於鼓勵和引導科技創新的實施意見》、《關於實施工業轉型升級三年行動計劃的決定》等一系列加快高新技術產業發展的政策措施和專項規劃，初步營造了有利於新興產業發展的政策環境。先後獲批國家知識產權試點城市、國家高新技術產業服務基地、國家可持續發展先進示范區、國家級承接產業轉移示范區。特別是省委、省政府著力將郴州市建設成為湖南新的重要增長極，印發了《關於支持郴州市承接產業轉移先行先試的若干政策措施》（湘辦[2009]24號），推進鼓勵全市採取最開放、最靈活的措施加快發展，為全市創新體制機制，營造寬鬆的政策環境和鼓勵創新創業的良好氛圍提供了堅強後盾和動力支持。

郴州發展策略性新興產業的制約因素主要有以下四個方面：

①優勢產業缺乏核心技術支撐。郴州的新材料、電子訊息、裝備製造業等優勢產業存在「技術空心化」問題，核心技術受制於國內外跨國公司。美國、日本、德國、法國、加拿大等發達國家的大企業，擁有全球工程機械、汽車產業 80% 以上專利，已形成牢固的專利防線和龐大的專利網絡，而郴州優勢企業掌握的核）專利的質量與國外相比差距較大。例如，作為工程機械主導產品的移動式起重機，全球範圍內的專利數約 16230 項，其中 Liebherr、Manitowac 和 Terex 這 3 家公司的專利數就超過了 60%，並且一直壟斷著高端市場，而郴州企業的專利數幾乎還是空白。

②具有核心技術的產業規模小。郴州具有發展前景的現代中藥、新材料等產業規模還偏小。例如，三九南開 2011 年的銷售收入約 1 億元，而長沙九芝堂制藥的銷售收入約 10 億元，揚子江藥業、哈藥集團的銷售收入已達 100 億元以上。郴州的消費電子、電子元器件產品具有較強的市場競爭力，但整體的產業化還處於起步階段。具有明顯優勢的新材料產業，規模工業增加值也不到 100 億元。規模較大的企業僅湖南宇騰有色金屬股份有限公司、郴州市金貴銀業股份有限公司兩家企業年銷售收入達 10 億元以上。由此可見，郴州具有技術優勢的策略性新興產業與先進城市相比還存在較大差距。

③高層次創新人才缺乏。2011 年，郴州規模工業研發人員為 4373 人，僅占規模工業從業人員平均人數的 2.1%。據統計，至 2010 年年底全市大中型工業企業中仍有 65.6% 的企業沒有專門的科技開發機構，即使已成立的科技開發機構，也不同程度地存在綜合能力不足的問題，很難適應企業科技進步等多方面的需求。而湖南省會長沙，僅新材料領域就擁有 10 名中國科學院或中國工程院院士，擁有 3 個國家級重點實驗室，5 個國家級工程技術中心。以袁隆平、黃伯雲等頂尖人才為代表的創新團隊，使長沙在雜交水稻、碳 / 碳復合材料等領域占領了科學技術的制高點，中聯重科、三一重工、山河智慧、長豐新能源等企業的成長也得益於擁有領軍型的優秀管理人才。據不完全統計，長沙市科技人員和科研機構每年開發處於國內領先地位的新材料類科技成果達 100 多項。其中，以中南大學有關科研團隊為主體單位完成

的「高能量密度、高安全性鋰離子電池及其關鍵材料製造術」，曾獲得2008年度國家科學技術進步二等獎。儘管郴州培育策略性新興產業的基礎資源得天獨厚，但由於缺乏高層次創新創業領軍人物和高技能人才，導致產業缺少高端產品，產品附加值較低。隨著郴州產業群及產業鏈的快速發展延伸，人才需求不斷擴大，而高層次創新人才的供需矛盾也日益凸顯。聚集國內外高端人才，促進人才結構的轉型將成為引領新興產業發展和產業轉型升級的關鍵和突破口。

④投資環境有待進一步優化。郴州在優化投資環境、鼓勵科技創新、促進產業發展等方面有所進展，但與沿海發達城市相比，資本市場仍然不夠活躍，企業貸款難、成本高，抗風險能力弱等問題仍是制約經濟發展的瓶頸。2011年，央行6次上調存款準備金率，3次上調存貸款基準利率，大型商業銀行準備金率達21.0%，創歷史新高；中小金融機構的存款準備金率更是高達21.5%，大部分企業資金緊張。中小型企業由於缺乏完善的風險投資、貸款、擔保、股權、融資等投融資機制，獲取隱含貸款的綜合成本上升幅度至少在13%以上，遠遠高於一年期貸款基準利率。2011年，全市規模工業利息支出同比增長40.3%，比上年提高29.2個百分點。其中，中小型企業利息支出為5.9億元，同比增長53.0%，比大型企業增幅高出33.4個百分點。企業利息支出增幅不斷上升，表明企業融資難度明顯加大。同時，少部分地方重點項目建設環境不夠優化，如項目施工現場管（桿）線搬遷進度滯後、征地拆遷安置滯後，少數項目存在阻工擾工和治安環境不優的問題，一些項目業主對損壞的水繫、路繫沒有及時恢復等。

培育郴州策略性新興產業需要良好的產業基礎，需要技術的不斷創新，需要有廣闊的市場潛力，但系統地分析究竟策略性新興產業的發展路徑應該怎樣，政府應該如何去做，要想培育好新興產業，究竟需要什麼樣的體系作為支撐，筆者認為，應該基於以下幾點進行考慮。

①實施五大基礎工程。

第一，新興產業集聚工程。依托郴資桂一體化的區域優勢，培育一批創新能力強、創業環境好、特色突出、集聚發展的策略性新興產業示范基地和園區，形成新的增長極，輻射帶動全市經濟發展。包括加快產業區域集聚、加快產業基地建設、培育特色優勢產業鏈和提升園區承載能力。

第二，優勢企業培育工程。一個策略性新興產業的崛起，是要有一批優勢企業來支撐的。所以要圍繞企業高端化、集聚化、特色化目標，進一步發揮重點企業對產業發展的支撐和帶動作用。包括結合七大產業的行業特點，重點扶持一批主業突出、核心競爭力強的優勢企業。組織實施一批技術先進、影響巨大、投資規模 10 億元以上的重大產業化項目。

第三，核心技術攻關工程。實際上全市的七大策略性新興產業，都存在一些有待進一步攻克的技術難題。不攻克這些技術瓶頸，我們就沒有產業發展的主導權。所以要充分調動企業、大專院校、科研院所、政府各層面的積極性，更大程度上整合研發資源進行集體攻關，對一些重點技術難題實施懸賞式課題招標。

第四，名牌產品創建工程。把品牌建設作為提升企業綜合實力、贏得長期競爭優勢的重要任務，綜合運用政策、資金、宣傳等手段，強化技術創新、標準化建設和企業文化創建，打造具有郴州特色的策略性新興產業品牌群，搶占市場價值鏈高端，包括加強品牌創建與保護、擴大品牌市場佔有率及突出品牌經宮。

第五，人才資源開發工程。引進產業發展急需的領軍人物及團隊，培養學科帶頭人、優秀企業家和高級管理人才；完善創新創業人才使用機制。

②打造了造三大支撐平台。

第一，技術創新平台。依托骨干企業，圍繞關鍵核心技術的研發和系統集成，支持建設若干具有國內外領先水平的工程化平台和技術服務平台，發展一批企業主導、產學研用緊密結合的產業技術創新聯盟。

第二，投融資服務平台。策略性新興產業的培育發展可以分為研發、產業化及擴張做大做強三個階段，而這三個階段都離不開投融資服務平台的支撐。在研發階段主要靠政府提供的公共研發資金、研發平台及社會性質的風險資本的支持。在產業化階段則主要靠私募或公募性質的產業基金或銀行信貸資金的支持。而市場擴張階段則主要靠股市、債市等資本市場的融資支撐。所以郴州要建立健全財稅金融政策支持體系，積極發揮多層次資本市場的融資功能，為策略性新興產業發展提供金融支撐。

第三，共性技術服務平台。圍繞產業發展共性需求，整合各類服務資源，大力發展知識密集型服務業，構建完善的共性技術服務平台網絡體系。要通過強化科技中介服務，建設工業設計、檢驗檢測、試驗試制、技術諮詢和推廣等共性技術服務平台，要加快產業孵化器建設，打造具有共享性質的公共研發平台。還要建設技術成果轉化交易平台，建設行業協會及產業聯盟，形成有利於創新要素加快流動、創新資源優化配置、創新成果加速轉化的政策和市場環境，推動科技成果有序流動。

（4）永州市承接產業轉移與策略性新興產業基本情況

地處瀟湘之源的永州市，立足緊鄰兩廣、靠近港澳、鄰近東盟的優勢，積極對接珠三角、長三角、閩三角等沿海地區和東盟地區，強力承接產業轉移，從而迸發出促進經濟和社會健康快速發展的無窮活力。

10 年間，永州市先後與日本、韓國、澳大利亞、馬來西亞、德國、英國、美國、加拿大、港澳臺等 20 多個國家和地區建立了經貿合作關係。該市連續 8 年被評為全省利用外資和內聯引資工作先進單位，連續 4 年被評為全省承接產業轉移發展加工貿易工作先進單位，並成為第二批全國加工貿易梯度轉移重點承接地和國家級湘南承接產業轉移示范區所轄三市之一。2010 年 10 月，永州獲批湘南承接產業轉移示范區。

10 年來，永州先後建成和完善了 13 個工業園和工業項目區，其中，省級工業園區 7 個，市級工業園區 6 個。同時，該市積探極索「飛地經濟」發展模式，大力引進珠三角、長三角等發達地區來永州共建工業園，規劃建設（永州）上海工業園、東盟綠色自貿區產業園、永州國際航空物流園、永州富士康生產基地等一批特色專門園區。2010 年，鳳凰園經濟開發區、藍寧道新加工貿易走廊被確定為全省首批承接產業轉移特色基地。僅 2011 年，全市拓展園區面積 54 平方千米，建成標準廠房 222 萬平方米。並進一步明確園區功能定位，突出一園一特色，實行錯位發展，每個園區都確定了 1—2

個主導產業。更為喜人的是，通過爭取設立了永州市口岸管理辦公室，海關大樓及長沙海關駐永州辦事處、省檢驗檢疫局駐永州辦事處有望年內建成。

永州市大力實施全民招商、以商招商、產業鏈招商和環境招商。一手抓承接沿海產業轉移，一手抓對接央企省企名企和東盟』重點引進世界 100 強、國內 500 強和央企、省企等策略投資者。

圍繞先進裝備製造業、電子訊息和新能源高新技術產業、礦產品精深加工業、現代農業、加工貿易產業、現代服務業六大產業開展產業招商，每個產業都出臺專門招商產業政策，開展專業招商。以凱盛、湘威為龍頭，打造「東方鞋都」；以大自然、希爾藥業為龍頭，打造「永州國際植物提取物特色產業園」；以長豐汽車為龍頭，做大做強汽車產業集群；以達福鑫、弘電電子為龍頭，建設中部「電子城」；以華盟、萬商紅為龍頭，打造中心城區商務區、對接東盟聚集區；以麗宏、承陽針織為龍頭，在藍寧道新加工貿易走廊打造加工貿易聚集區；以零陵古城、舜帝陵開發為龍頭，打造文化旅遊服務招商闆塊。同時，啟動實施以 5 年引進 2000 名高層次人才為重點的「人才興永」工程，已應徵碩士以上研究生 150 多人，其中清華、北大、人大、復旦、同濟等名牌大學的博士、博士後 30 名。

10 年間，先後有全國水泥行業排名前兩位的海螺集團和華新水泥、世界 500 強企業中國華能集團、中國第二大民營企業上海復星集團、重慶啤酒集團、中國（永州）東盟綠色自由貿易先行區、永州國際航空物流項目、香港達福鑫電子訊息產業園等一批大項目、好項目落戶永州，神華火電、萬商紅、無水港等一批策略性項目來永州投資興業，提升了永州的產業層次。

永州加快培育和發展策略性新興產業具有一定基礎。

①永州市工業經濟經過長期發展，高新技術產業加速成長，對經濟貢獻加強，成為我市經濟發展最活躍的因素。

②部分領域已形成一定規模和特色。初步培育形成了先進裝備製造、食品醫藥深加工、礦產品精深加工等特色產業。裝備製造業領域，汽車整車製造、汽車零部件配套、發電設備等在全國全省範圍內具有一定影響力和知名

度，其中越野汽車產業在國內市場佔有率名列前茅。新材料新能源工業正在經歷從無到有、從小到大的快速發展時期。食品加工中，橘子罐頭加工業已經馳名中外，冰淇淋產品已經成為中南地區最大生產地區。

③產業集聚度和園區承載力逐步提高。初步形成了以長豐汽車永州基地為中心的汽車產業國產化配套服務體系和以長豐汽車工業園為載體，以長豐汽車為龍頭的汽車集聚式發展態勢。逐步形成了以熙可罐頭食品公司和永州罐頭食品公司為龍頭的農產品深加工產業鏈，產業鏈條得到有力快速延伸，品種門類越來越多、越來越大、越來越全。各縣區大辦工業園區的積極性和主動性高漲，目前已經建成省級工業園區兩個，鳳凰園經濟發展區目前正在申報國家級新型工業化產業發展示范基地，並進行了省級初步評審，各縣區工業園區正在逐步實現錯位發展、特色立園，工業項目承載能力顯著提升。

④科技創新和成果轉化潛力較大。科教人才儲備和科技創新能力已經具有一定的基礎，境內擁有二級本科學院一所，高等專科院校兩所，中專十多所，汽車製造（零售部件配套）、焊接材料、微型電機、生物醫藥、雜交水稻等科研成果水平在全省甚至全國具有一定地位。近年來，圍繞科教興永、建設創新型永州等策略，先後出臺了促進高新技術產業發展的系列政策法規，初步營造了有利於新興產業發展的政策環境。長豐汽車國家等高技術產業基地、國家技術中心和省級技術中心逐步增多，創新發展的優勢更加凸顯。同時，各類科技創新平台、投融資平台、共性技術服務平台加快構建和完善，為策略性新興產業發展提供了強力支持和有效保障。

永州加快培育和發展策略性新興產業的制約因素。永州策略性新興產業發展尚處於起步階段，仍然面臨不少矛盾和困難。集中表現在：產業規模不大，競爭優勢不明顯，特別缺乏具有強大核;競爭力的產業和企業。產業鏈短、配套體系不完善。自主創新能力不夠強，企業技術研發和產業化能力較弱，關鍵核心技術依然受制於人。企業創新主體地位沒有得到充分發揮，產業領軍人才缺乏，市場開發能力、市場開拓意識和能動性不強，企業成長較慢。有利於產業發展的體制機制尚不健全，教育、科研、產業脫鉤問題比較突出，資源配置分散重複，運行效率不高，各類服務體系有待進一步完善。

①優勢產業缺乏核心技術支撐。永州的新材料、電子訊息、裝備製造業等優勢產業存在「技術空心化」問題，核心技術受制於國內外省內外大公司或企業集團。美國、日本、德國、法國、加拿大等發達國家的大企業，擁有全球工程機械、汽車產業 80 ！以上專利，已形成牢固的專利防線和龐大的專利網絡，而永州優勢企業掌握的核心專利的質量與國外相比差距較大。例如，作為有名的中國汽車製造企業的長豐汽車永州基地生產的越野汽車，公司總部已經搬遷到長沙，公司技術開發成果，包括發明專利等都已經轉移到長沙長豐汽車製造股份公司，汽車整車生產資質也已經轉讓給廣汽長豐，生產受到極大制約。

②具有核心技術的產業規模小。永州具有發展前景的現代中藥、新材料、新能源等產業規模還偏小。例如，時代陽光醫藥公司 2010 年的銷售收入約 10 億元，2011 年的銷售收入約 12.9 億元，而揚子江藥業、哈藥集團的銷售收入已達 100 億元以上。永州的消費電子、電子元器件產品具有較強的市場競爭力，但整體的產業化還處於起步階段。具有發展優勢的新材料產業剛起步，規模工業增加值也不到 10 億元。規模較大的企業僅有鑫盈建築材料有限公司、中政建材公司兩家企業，年銷售收入沒有一家超過 1 億元以上。稀土材料產業在我市具有重大發展潛力，但已經生產的觀音灘稀土公司和江華稀土公司規模極小。電子訊息產業近幾年在我市發展較快，但因基礎較差，目前也還沒有形成氣候。光伏產業在我市還是一個新建行業，僅有幾家企業正在投資興建，還沒有正常投產。由此可見，永州具有技術優勢的策略性新興產業與先進城市相比還存在較大差距。

③高層次創新人才缺乏。2011 年，永州規模工業研發人員不超過 3000 人，占規模工業從業人員平均人數不到 2%。據統計，至 2010 年年底全市大中型工業企業中仍有 70% 以上的企業沒有專門的科技開發機構，即使已成立的科技開發機構，也不同程度地存在綜合能力不足的問題，很難適應企業科技進步等多方面的需求。而湖南省會長沙，僅新材料領域就擁有 10 名中國科學院或中國工程院院士，擁有 3 個國家級重點實驗室，5 個國家級工程技術中心。儘管永州培育策略性新興產業的基礎資源得天獨厚，但由於缺乏高層次創新創業領軍人物和高技能人才，導致產業缺少高端產品，產品附加值

較低。隨著永州產業群及產業鏈的快速發展延伸，人才需求不斷擴大，而高層次創新人才的供需矛盾也日益凸顯。聚集國內外高端人才，促進人才結構的轉型將成為引領新興產業發展和產業轉型升級的關鍵和突破口。

④投資環境有待優化。永州在優化投資環境、鼓勵科技創新、促進產業發展等方面有所進展，但與沿海發達城市相比，資本市場仍然不夠活躍，企業貸款難、成本高，抗風險能力弱等問題仍是制約經濟發展的瓶頸。民營和外資商業銀行幾乎沒有，擔保公司實力過弱，投資或經營公司缺乏，中小型企業由於缺乏完善的風險投資、貸款、擔保、股權、融資等投融資機制，獲取隱含貸款的綜合成本上升幅度至少在 13% 以上，遠遠高於一年期貸款基準利率。同時，少部分地方重點項目建設環境不夠優化，如項目征地困難，土地和房產手續難辦，施工征地拆遷安置滯後，少數項目還存在阻工擾工和治安環境不優的問題，一些項目業主對損壞的水繫、路繫沒有及時恢復、工業園區管理人員配備不強、管理水平較低等。

9.2 湘南國家級產業承接示范區策略型新興企業個案分析

9.2.1 湘南開源智慧物流公司非物質資源配置效率問題

（1）湘南開源智慧物流公司背景簡介

「我覺得公司肯定有問題，但是不是很清楚問題出在哪兒。」湘南開源智慧物流公司的總經理張先生說。讓他焦慮的是對於一手創建、已有一定規模的企業，其效益開始出現滑坡，而自己卻越來越力不從心。

湘南開源智慧物流公司如今已是某地區一家規模較大的民營企業，而 2004 年創建湘南開源智慧物流公司時，僅有 40 萬資金和 6 個員工，經過近 9 年摸爬滾打，公司形成了一定規模，目前擁有員工 180 人，資產規模一億多元。但是隨著企業的「長大」，問題卻越來越多，管理開始混亂，員工開始不安心工作，即使有合同，對於那些核心員工也都開始毀約而去。外部的市場，也開始感受到越來越大的壓力。張先生作為總經理開始覺得自己對公司的管理、駕馭越來越吃力。對公司的發展前途也開始感到失望。

提到創業剛剛起步的湘南開源智慧物流公司，張先生掩不住自豪，9 年前，原在機關任職的張先生憑著敏銳的商業意識，毅然離開機關，東拼西湊到了 40 萬元，帶領幾個親戚、朋友成立了湘南開源智慧物流公司，經營智慧物流項目。6 個公司成員分別負責公司的財務、項目開發、工程管理、行政、市場營銷等事務。其中財務負責人劉女士是張先生的小妹，僅有基礎的會計常識。負責項目前期開發的江先生是他的多年好友，曾經是一家餐館的老闆，僅受過初中的教育，而負責智慧物流市場銷售的是張先生的小學同學，是從一個中學離職而來的。

公司的飛躍發展在 2009 年，當時，張先生憑著對市場的敏銳感性果斷決定投資征地，而那時公司所在智慧物流才剛剛起步。廣闊的市場、成功的運作給湘南開源智慧物流公司帶來較高的回報和巨大的動力，他開始加大進行智慧物流的開發。

隨著公司規模的迅速擴大，過去原有的五個部門也增加到十個部門，人員也由過去的十幾個人發展到現在的 180 多人。人員的增加，諸多的管理問題也頻頻出現。張先生覺察到，雖然公司提出了明確的策略規劃，但策略規劃總難以實現，「追究責任時候，好像大家都有責任，每次都是大家一起自我批評一頓後，下次的規劃依舊不能落實」。同時，他也發現，公司對員工的某些承諾也開始不能履行，員工的抱怨也開始上升。回憶公司初創的那兩年，他感到大家特別團結，就是自己心情不好，對員工發發脾氣，員工也不計較，但現在似乎大家都「心浮氣躁」，人心渙散。事實上，在發展初期的很多困難就是依靠員工的團結和凝聚力度過的。但是現在，員工內部已經出現小利益團體，各部門的管理人員都經常各自為政，意見不一，且自以為是，眼光狹窄，這與他們的低教育程度密切相關。讓他頗憂慮的還有，一方面公司覺得員工的整體素質較低，一方面員工對薪水不滿，抱怨沒公平的考核體系。「公司在若干資源中，最為缺乏的是人力資源。我們市僅有兩所普通高校，較高素質人力資源相對匱乏，外部人力資源的提供是一個困難。」張先生自己也意識到，不解決人力資源問題，公司發展必然受阻。但最近引進了兩位碩士生，儘管給他們的工資已遠遠超出公司的人均水平，可工作的主動性遠不如剛來的時候，甚至其中一人還想毀約調離公司。

近年來，隨著該地區的智慧物流市場化動作的加速，一些實力雄厚的企業紛紛進入該地區。地區智慧物流競爭加劇，公司從管理到普通員工紛紛感受到壓力的增大，張先生更是「茶飯不思」。與這些公司相比，湘南開源智慧物流公司的競爭優勢在於低成本的土地開發，但在管理、銷售以及人力資源方面都存在著明顯的缺陷。另外，隨著競爭對手的進入，該市場的智慧物流開發迅速升溫，眾多的物流項目都在較短的時間內推向市場，價格也在逐漸降低，這直接影響到公司固守的價格優勢防線。外部壓力的加大，內部人心的混亂，已壓得張先生喘不過氣來，工作效率，判斷能力都好似「一去不復返了」。

(2) 湘南開源智慧物流公司企業非物質資源配置低效率產生根源分析

①基於員工心理契約違背的企業非物質資源配置低效率形成。

第一，員工對公司前景預期悲觀，從而對公司的忠誠度降低，引發企業非物質資源配置低效率。

湘南開源智慧物流公司發展到如今規模，員工工作效率降低，一個很大的原因，就是管理的混亂，競爭的加劇，致使員工對公司發展的前景預期悲觀，其實，有能力的員工，特別是中、青年核）員工，他們會感受到自己發展前途的渺茫和未來經濟收益的降低，心理落差大，於是便會出現心理契約違背現象，對公司的忠誠度降低，工作積極性、主動性降低，誘發了企業非物質資源西 d 置低效率。而對於能力較差又苦於勞動市場供給「過剩」難以找到工作的人員，其時，他們也會開始消極怠工，抱怨不斷，苦於無職可求而被動地、低效地工作，從而惡化了企業非物質資源配置低效率的境況。

第二，公司薪水結構的不合理，挫傷了員工工作積極性，引發了企業非物質資源配置低效率。

湘南開源智慧物流公司在創業初期人員的薪水都是由張先生決定，因此，薪水沒有明確的標準，總經理只是根據討價還價的結果決定薪水的多少，人治行為嚴重。隨著部門的增加，崗位的增多，薪水的發放變得越來越混亂。薪水結構只有基本工資和獎金，基本工資標準不一致無法體現公平，而獎金更是老總說了算，造成獎金「發也眾多不滿，不發更多不滿」的現象，於是整個企業的員工工作效率大打折扣，嚴重惡化了企業非物質資源配置低效率境況。

第三，公司缺乏考核體系，員工努力工作得不到激勵，心理契約違背產生。

湘南開源智慧物流公司在創業初期沒有任何的考核依據，依靠大家的自覺性工作，員工努力工作得不到激勵，工作性質也難以界定，因此通過考評來擇優淘劣成了必不可少的工作。在創業初期，由於都是親戚或朋友，自覺工作倘有可能，當公司規模擴大以後，這種缺乏效率考核體系的做法會使得公司員工干多干少一個樣，干與不干一個樣，這樣干活員工得不到激勵，心理契約違背產生，企業非物質資源配置低效率便被惡化。基於這些問題，我們向湘南開源智慧物流公司提出了若干諮詢建議，包括人力資源制度的建立、應徵與使用中人員的測評、集團人員的培訓等。

②基於職場壓力、認知偏差的企業非物質資源配置低效率形成。

對於湘南開源智慧物流公司，其主要管理人員大多是張先生的親戚朋友，而且又都是些創業的「有功之臣」，當公司發展到一定規模以後，他們被解雇的壓力很小，自己的「寶座」也是穩穩當當，因此，他們來自這一方面的職壓較小，而對於來自公司市場競爭的壓力，由於他們大多受能力的限制而又無能為力，再大的壓力也無法使其高效率工作，因為其時與創業初期已經不同，於是在這種壓力的背景之下，經營層的效率受損。

另外，經營層的總體「低教育水平」會直接影響他們的決策質量』如「公司有明確的策略規劃，但策略規劃總難以實現」，追究責任時則「大家一起自我批評一頓後，下次規劃依舊不能落實」。究其原因，就是因為決策者「決策樣本」非常有限，誘發了嚴重的認知偏差，導致了「決策的低質量」和「執行決策的低能力」，惡化了企業非物質資源配置低效率境況。

③基於組織結構的企業非物質資源配置低效率形成。

在組織結構方面，筆者發現，湘南開源智慧物流公司由於缺少橫向連接的組織和部門，各單位基本是各自為政，部門目標經常相互衝突，遇到交叉的問題都直接反映到總經理那裡，造成「互不交往，壓力上傳」的局面，企業的企業非物質資源配置低效率產生。基於這種智慧物流企業本身的資金型、項目類型的特徵，企業管理結構必須調整：將原有職能部門劃分為三個職能中心—財務中心、人力資源中心、企管監督中心，由三個副總經理分管，機構壓縮，減少管理幅度，降低管理成本，改善企業的非物質資源配置低效率境況。過去湘南開源智慧物流公司有諸多管理層級，部門下設科級，科級下還有不同的分工，造成層次過多，指揮過長，這樣，層層委托代理導致了層層低效率，企業非物質資源配置低效率被層層惡化。經過精簡後取消科一級機構，成立專業化相對較強的獨立部門，將管理職能都形成專業化，同時，加強各橫向部門的交流與協調，改善企業的非物質資源配置低效率境況。

(3) 湘南開源智慧物流公司企業非物質資源配置低效率規避對策

①重新設計公司薪水體系和效率考核體系，降低員工的心理契約違背程度，改善和規避企業非物質資源配置低效率。

進行薪水體系的重新設計。根據湘南開源智慧物流公司的企業特性，在「公平薪水，拉開差距，公證考評」的原則下，將公司的人員按職繫進行打分，通過「薪點評價」的方法得出崗位重要性的排序。而崗位工資是整個薪水體系的基礎，通過「第三方公證」方式得出排序，讓員工認同並消解員企的矛盾，降低員工心理契約違背程度。再將薪水劃分為可變和不可變兩種，在這兩類中進行不同方式的設計，保證薪水體系的公平性和激勵性，改善和規避企業非物質資源配置低效率。

進行考核體系的設計。根據現有的管理水平，設計傳統的「三態」考核方法和平衡計分卡結合使用的新模式。在考核的方法上採用傳統的對於業績、態度、能力的考核，而在指標建立上又揉進平衡計分卡的指標模式，這樣的考核體系能減少原來公司中的許多問題，改善企業非物質資源配置低效率。

②重新設計好公司的人力資源體系，培養和留住優秀員工，改善企業非物質資源配置低效率。

第一步，對公司現有人力資源的狀況進行分析。

根據資料顯示：從人員分布上看湘南開源智慧物流公司高層管理人員占全員的 5%；中層干部及管理人員占全員的 48%；其他技術人員等，占全員的 47%。從人員分布的結構上看中層管理機構相對較大，其形成的原因是在公司對人員的引進沒有控制，公司各領導安排了許多自己的親戚、熟人等，多數都沒有完全發揮出作用，而辭退又礙於面子。而根據統計慣例和工作分析，按一個中層班干部可以領導和控制 20—115 名員工計算，有 10 名的中層就足夠了，再由於企業特性和工作不熟練人員增加一倍，中層管理人員數量在 20 人左右即可。

從學歷看湘南開源智慧物流公司沒有碩士及以上人員，本科學歷占全員的 6%；大、中、專學歷占全員的 26%. 其他為中學學歷，占全員的 68%. 而在公司中受到高等教育的在中層管理干部中占 7%，人員素質相對較低是影響湘南開源智慧物流公司進一步發展的障礙。提高全員的素質，尤其是管理素質，是提高管理水平的重要內容。從年齡結構看，30 歲以下人員占全員的 62%，38~48 歲占全員的 5%，48 歲以上占 2%，中高層領導的平均年齡在 31 歲左右。年齡結構比較年輕，這對於組織的穩定性有一定的影響，當然也為培養人才奠定基礎。

第二步是對於企業人員需求進行預測分析。

整體素質要求達到 50% 以上的人接受過大、中專以上教育，總體看來公司的需求狀況是發展的同時，精減、替換人員，既要培養和留住優秀員工，又要精減、替換臃員，從而從總體上提高公司人力資源的素質，改善公司的企業非物質資源配置低效率境況。

第三步是對於人員的供給進行預測分析。

對於人員供給有直接影響的有企業內部、外部的環境，影響外部人員的主要因素有行業因素和地區因素。正常情況下，影響企業內部供給是人員的病休、升遷、解聘、主動辭職等因素。前面我們講述過湘南開源智慧物流公司所處的區域只有為數不多的幾所高校，外部人才相對匱乏，再加上目前優秀員工對民企有所偏見，因此人才需求主要依靠企業內部解決。

③規避下列十九個「誤區」，改善企業非物質資源配置低效率。

從一般的調查了解，筆者認為下列的十九個「誤區」在企業決策中經常被忽視，湘南開源智慧物流公司在以後的決策中同樣要注意以下「誤區」，以改善企業非物質資源配置低效率。

決策的浪漫化;決策的模糊化;決策的急躁化.沒有一個長遠的人才策略;人才機制沒有市場化；單一的人才結構；人才選拔不暢；企業發展缺乏遠見；企業創新不力；規章不實不細；忽視現代管理；對國家經濟政策反應遲緩；利益機制不均衡.資金撒胡椒面；市場開拓的同一模式；虛訂的市場份額；沒有全面的市場推進節奏；地毯式轟炸的無效廣告；國際貿易的理想化。

④正確看待人，建立人本管理模式，改善企業非物質資源配置低效率境況。

建立人本管理模式是現代管理效率提升的內在要求，一切企業都不例外，因為企業是由「人」來做的。一個企業的成與敗、繁榮與衰敗，無不與「人」有關，但是如何看待「人」、保護「人」、管理「人」、開發「人」，隨著市場競爭的日益激烈卻顯得越來越重要。一個企業成功了，人們朦朧地覺得那是企業不僅擁有一流的人才，而且有效、科學地管理了人才。一個企業衰敗了卻很難反思「人」本身所存在的問題，人不是決定企業成敗的唯一因素，但是，「人」是決定企業成敗的最為關鍵的因素之一。

第一，國內企業領導層關於人的看法。

任何領導，在實施部門管理措施的時候，都會自覺地對人的本性、本質有些假設、看法。通常是根據這些對人的看法、假設提出相應的管理措施。

因此，我們為了探索企業中實施的各種各樣的人力資源模式，有必要首先探索一下國內企業領導層關於被管理人員的各種各樣的看法、假設。

根據筆者對幾十家企業的調查分析及親身體驗，發現國內企業領導集團關於被管理人員的看法不外乎兩類：

第一類：員工是一種附屬物。

在這種企業中，領導集團以自我為中心，將企業員工視為依附於公司的一種廉價的勞動力，員工是被動的，沒有思想，沒有主張，是為公司賺得利潤的工具，一切聽從領導集體的指揮就行，毫無主觀能動性可言。企業內的所有領導人員採用一種自我投射的方式，想像員工的思想行為表現，關於員工的這種認識觀念大多在民營企業、私人企業表現較為明顯。將員工視為公司的一種附屬物這種觀念的形成，通常與公司的「英雄」人物，如公司創始人的思想觀念、人格特徵、處世行事的方式有著緊密的聯繫。

第二類：員工是活動主體。

在這種公司中，員工是積極的、主動的，員工的思想觀念得到了極為充分的認可和尊重。員工是公司的主人，員工的工作積極性得到了極大的調動和開發，企業領導集體，首先是把員工作為一個人，一個社會的人來看待，員工有思想，有追求，有七情六欲，他們也希望得到別人的尊重。

第二，以人為本的管理模式的特點。

將員工視為活動主體，這種觀念下的管理模式具有以下特點：權利定位於公司的所有員工，企業的一切決策是根據公司員工的思想、行為表現做出的；所有員工可以參與決策，充分體現民主，決策是在科學程序指導下理性研究的結果；公司員工是有思想、有主觀能動性的社會人；企業的人力資源管理體制是根據員工的心理、行為表現制定的，並及時進行修正，其目的是為了最大限度地開發員工的潛力、發揮所有員工的積極性和創造性；將人看作最為重要的「資源人」。只有給予了良好的激勵，才能進行充分的開發；「立足於人」是企業一切工作的出發點；工作效率是衡量員工的主要標準。

第三，「以人為本」管理模式下的員工行為表現。

如果一個企業堅持了「以人為本」的管理模式，一般說來』員工會有如下表現：

企業員工之間是平等的同志式的關係，彼此悅納對方；所有員工在工作上積極主動充分發揮各自的創造性；所有員工能以健康的心態對待周圍所發生的一切 . 企業員工以主人的身分，按照有效的管理程序、訊息溝通程序，自覺參與科學決策的制定；企業員工都明確自己的職責並在各自的崗位上卓有成效；每個員工都明確企業發展目標，並團結協作，努力實現企業目標，企業不存在不必要的「小集團」；員工為在這樣的企業工作感到自豪，並把自己的命運與企業的命運連為一體，而不「為今天」而活，行為短期化。很顯然，「以人為本」的管理模式能充分調動員工的工作積極性，能有效降低員工的心理契約違背，能有效地降低企業的協調成本，因此，「以人為本」的管理模式能有效改善企業非物質資源配置低效率境況。

9.2.2 特變電工衡陽變壓器有限公司非物質資源配置效率問題

（1）特變電工衡陽變壓器有限公司基本情況

特變電工是中國輸變電行業的龍頭企業，變壓器產量位居中國第一，世界第三。特變電工衡陽變壓器有限公司是特變電工股份有限公司的控股公司，始建於 1951 年，經過近六十年來的持續創業發展，現已成為中國輸變電行業超、特高壓、大容量變壓器類產品製造的核心骨干企業，掌握了特高壓交直流輸電、大型水電、火電、核電主機及安裝調試等世界輸變電製造領域最核心關鍵技術。公司產能超過 80000MVA，產品範圍覆蓋 10KV~1000KV 全系列變壓器及電抗器。目前，特變電工參與制定中國及行業標準 49 項，包括 NC 標準 2 項；三次榮獲中國科學技術進步一等獎；累計榮獲中國國家及省部級科技進步獎近百項；中國機械行業科技進步特等獎及一等獎 15 項 . 累計研發中國首臺套新產品 75 項，其中 28 項產品填補世界空白。

圖 9-1 特變電工衡陽變壓器有限公司

公司在引進、消化、吸收世界領先的變壓器設計理念、技術和設計軟體的同時，已成功研製了 1000KV 級世界高電壓等級，最大容量的 320Mvar 特高壓電抗器、750KV 級世界最大容量的 700MVA 變壓器，750 級世界最大容量的 140Mvar 特高壓電抗器，500KV 級世界最大容量的 860MVA 三相整體變壓器、500 級世界最大容量的 750MVA 三相整體現場組裝變壓器、220AF 級世界最大容量的 820MVA 發電機變壓器以及 ±500KV 直流換流變壓器等一系列世界級的超、特高壓、大容量變壓器類產品。公司主要客戶包括中國國家電網、南方電網及五大發電集團，產品廣泛應用於我國大型的水電、火電、核電、風電、鐵路、石化、抽水蓄能等領域，如中國長江三峽工程、西電東送、1000KV 特高壓交流試驗示范工程、750 特高壓輸變電示范工程、中國西南水電開發等國家重大項目工程。此外，產品還遠銷歐洲、非洲、美洲、中東、東南亞等幾十個國家和地區。公司先後獲得了「全國五一勞動獎狀」、「全國精神文明建設工作先進單位」、「中國馳名商標」、「中國名牌產品」、「國家高新技術企業」、「全國機械工業質量獎」、「國家重點高新技術企業」、「中國機械工業企業核心競爭力百強」、「中國變壓器行業十強」、「中國機械 500 強」，1000 及 750 特高壓並聯電抗器分別榮獲「中國機械工業科學技術獎特等獎」和「國家科技進步一等獎」。

（2）特變電工衡陽變壓器有限公司改善企業非物質配置低效率的對策

①提高人才素質，弱化公司的企業非物質配置低效率的產生。

特變電工致力於以綠色科技、節能環保、可靠高效的產品和技術，服務於世界經濟的發展。公司擁有中國電工行業唯一的「國家特高壓變電技術工程實驗室」、並擁有「光伏發電系統控制及集成國家地方聯合工程實驗室」和「鋁電子材料國家地方聯合工程實驗室」。並建立了企業技術中心和博士後科研工作站，成立了新疆首個院士專家工作站。

公司聚集了一批包括行業院士在內的頂尖專家和技術團隊，不斷地開發出滿足用戶需求的新產品、新技術，不斷完善和改進現有技術。並以全球化的視野，在輸變電、新能源、新材料領域，與清華大學、中國科學院電工研究所、烏克蘭扎布羅熱變壓器研究所、克羅地亞、西安交通大學等十餘家令人尊敬的科研院校進行合作，與全球範圍內的技術領先者交流和學習，開展技術引進、消化、吸收和再創新工作，不斷使新的技術成果得以商品化，並促進了中國在輸變電領域的重大裝備國產化進程。高素質的員工隊伍對認知偏差、情緒控制等提供了基礎保障，從而有利於弱化公司的企業非物質配置低效率的產生。

②構建公司文化，弱化公司的企業非物質配置低效率的產生。

特變電工的經營宗旨是「客戶稱心，員工安心，股東放心」，這種經營宗旨符合價值網的核心理念，有利於拉動公司的產品市場。特變電工世界觀是「誠則立，變則通，康則榮，簡則明，和則興」，這種世界觀體現了中華民族的文化核心，其核心價值觀「四特精神」，更能以 種簡明的方式激勵企業員工努力工作，提升員工的心理承諾和熱情，弱化公司的企業非物質配置低效率的產生。

圖 9-2 特變電工「四特精神」

③不斷優化公司產業結構，弱化公司的企業非物質配置低效率的產生。不斷優化公司產業結構可以提升企業內部管理效率，弱化公司的企業非物質配置低效率的產生。公司主要從以下幾個方面進行了優化：

高端裝備製造業。特變電工是我國輸變電行業龍頭企業。公司傳承我國變壓器行業 74 年、電線電纜 60 餘年的製造歷程，已具備自主研製特高壓交直流變壓器、電抗器、套管、互感器、CIS、高壓開關櫃、特種及干式變壓器，1000KV 特高壓絕緣架空線、750KV 以下高壓交聯電纜、擴徑導線及母線、輸變電智慧化組件等全系列的輸變電產品，裝備能力、試驗檢測手段及自主研帝 U 能力處於當代領先水平。在海外已具備工程勘測、諮詢、施工、安裝、調試、運營維護一體化的集成服務能力。變壓器產能達到 2.0 億 AVA，居世界第一位。公司先後承擔了世界首條 ±800KV 高壓直流、1000KV 高壓交流試驗示范工程和 80 萬 kV 大型水電站、100 萬 kV 大型核電站、100 萬 kV 超臨界及超超臨界大型火電產品等一系列國家重點科技攻關研製任務。公司 500kV 及以上高端輸變電產品及電力系統集成服務持續進人美國、加拿大、印度、俄羅斯等市場，先後完成印度首條 765kV 高壓輸電成套項目、塔吉克 500kV 超高壓輸電成套項目總承包工程等項目。

新材料產業。特變電工是我國最大的電子鋁箔新材料基地。公司具有鋁深力口工自主知識產權核心技術，依托新疆煤電資源優勢，已形成「煤—電—高純鋁—電子鋁箔—電極箔」煤電化電子新材料循環經濟產業鏈，構建起烏魯木齊高新北區產業園、阜康能源區、甘泉堡新工業區三大生產基地的集群發展格局，是全球產量最大的高純鋁生產基地和最大的電子鋁箔研發和生產企業之一，產品工藝技術和質量均達到世界先進水平。目前，公司具備 2.7 萬噸電子鋁箔、1200 萬平方米高壓電極箔、4 萬噸高純鋁生產能力，高純鋁產品占全球市場的 50% 以上，電子鋁箔占全球市場的 30%，全面替代進口，並實現向美國、日本、韓國、歐洲等原產地的出口，為我國國防軍工、航空航天、大飛機製造、電子訊息產業、高速鐵路客車及電動汽車等事關國家安全、國計民生的重大產業發展，提供了新材料保障。

新能源產業。特變電工是我國唯一擁有全太陽能產業鏈的企業。堅持「資源開發可持續、生態環境可持續」，公司在新能源領域建立起由特變電工新疆硅業有限公司、特變電工新疆新能源股份公司、特變電工西安電氣科技公司及碧辟佳陽太陽能有限公司等子公司組成新能源事業部，依托多晶硅提純製造的自主知識產權核心技術，已形成「石英礦—熱電聯產—多晶硅—硅片—太陽能電池組件—大型逆變控制系統—太陽能光伏電站」完整的全太陽能產業鏈。依靠技術創新，不斷降低成本，實現零排放、零汙染。目前已具備 3000 噸 / 年多晶硅循環經濟的生產能力，光伏產品覆蓋模組式大功率太陽能光伏電站系統、500kW 控制逆變器、10W~500W 的太陽能戶用系統等領域，是我國大型太陽能光伏系統集成商。公司先後承接了 3000 餘座太陽能離並網電站的建設任務，曾先後參與北京奧運會、上海世博會、青藏鐵路、寧夏太陽山 10MW 太陽能並網電站、上海虹橋高鐵太陽能光伏建築一體化，哈密、和田 20MW 太陽能並網電站等項目建設，解決了 40 萬大電網覆蓋不到區域的農牧民飲水和用電問題，為中國中西部廣大地區以及巴基斯坦、阿聯酋、哈薩克斯坦等國家地區的軍隊邊防、訊息化、石油輸送、旅遊、沙漠綠化等建設工作提供了優質、可靠的能源保障。截至 2011 年，公司的光伏發電總裝機已達 380MW，占國內裝機容量的 21%；年清潔能源發電量達到

5.6 億 kV/h，相當於 50 萬人口中小城市一年的用電量，減少二氧化碳排放 47.78 萬噸。

能源產業。特變電工是新疆準東地區最重要的大型能源企業之一。公司大井礦區南露天煤礦一期工程 2012 年 4 月已獲國家發改委核準，被列入國家西部大開發新開工 23 項重點工程，2009 年 4 月槽探剝離開工建設。已完成水、電、路、暖、承包商駐地及鐵路專用線等基礎設施建設，目前正在全面加快 1000 萬噸 / 年的大型現代化露天煤礦建設，將為疆電外送、疆煤外運的國家策略服務。

④注重環境保護，弱化公司的企業非物質配置低效率的產生。

特變電工本著穩健踏實的經營理念，一路走來，在公司運營的各個層面上注重環保。堅持環境影響最小化、效益最大化的原則，研究發展節能降耗產品，推動資源回收，幾年來通過加強現場管理、發展循環經濟、採用先進節能環保設備、技術創新節能環保產品等方式，大大減少了產品使用中的能源消耗，降低了生產對環境的衝擊。節約能源，提高能源使用效率，貢獻社會，將環保與經濟並重，秉持著對環境保護的責任，使環境不只是口號，也是行動。在廢物處理方面，促使廢物減量，提升員工環境保護認知，並落實參與環境保護工作。年處理汙水能力達 21000 噸，主要汙染物排放逐年遞減 5%~10%。以環境經營來謀求企業活動與自然環境的和諧共生，加速國際化進程，積極推動環境保護事業的發展。公司注重環境保護，可以提升公司的綠色效率，弱化公司的企業非物質配置低效率的產生。

9.2.3 衡陽恆緣電工材料有限公司的非物質資源配置效率問題

2011 年 12 月 30 日，衡陽恆緣電工材料有限公司被省統計局、省經信委認定為湖南省策略性新興產業企業。策略性新興產業是新興科技和新興產業的深度融合，代表科技創新和產業發展的方向，是企業持續創業的科學選擇。近年來，衡陽恆緣電工材料有限公司堅持創新發展理念，瞄準當今絕緣材料發展前沿和產業高端，不斷突破核心技術，打造自主知識產權品牌，並以項目為載體，切實抓好一批大項目、好項目，不斷形成新的增長點，取得了好的創業效率。衡陽恆緣電工材料有限公司的前身為衡陽絕緣材料總廠。2006年9月，公司由原衡陽絕緣材料總廠經營班子牽頭，28位股東共同出資通過公開競拍組建為股份制民營企業，它是原國家機械工業部定點生產電工電器絕緣材料的重點骨干企業，也是中南地區較大的綜合性絕緣材料生產基地。絕緣油漆、樹脂和膠；層壓制品（含闆、管、棒、引拔件）；雲母制品（含闆、帶）；柔軟復合材料（含預浸料）；浸漬制品（含高溫絕熱材料）；工程模塑料；絕緣成型件七大類上百個品種，年生產能力8000噸以上。耐熱等級可根據客戶需要，提供E級（120° C）、B級（130° C）、F級（155° C）、H級（180° C）、C級（200° C）及以上等不同等級的絕緣材料。公司產品主要應用於發電設備、輸變電設備、牽引電機、電機、電器、電子、通信、新能源（風能、太陽能和核能）、航天航空和國防軍工等多個行業。

公司坐落於交通便捷、工業基礎深厚的國家老工業基地一湖南省衡陽市，占地面積4.2萬平方米，建築面積3萬平方米。現有員工400餘人，其中博士2人，研究生4人，大專以上學歷100餘人，具有中、高級職稱的80餘人，還有一批經驗豐富的技師和高級技工。公司注冊資本2024.1萬元，總資產為2億元。

公司生產設備先進、齊全，特別是公司改制以來，投入近2000萬元資金完成了技術改造，新增了一臺2000噸大型壓機、四條先進的數控式上膠機、三臺自動化電控高溫烘房、二臺復合機、二條雲母帶生產線以及3米寬大型卷管機、引拔機、紅外線下料機等設備。同時，新建了絕緣材料行業第一個大型的絕緣成型件加工車間，增添了數控加工中心、電腦控制雕銑機、自動化數控銑床、電腦控制鑽床、各種規格的車床、坡口機、撐條機、油道機等，車、鑽、刨、銑、雕精密加工設備50餘臺套，已熟練掌握各類絕緣成型件的加工工藝和技術，可利用高密度電工絕緣紙闆、電工層壓木、電工絕緣層壓制品等材料按圖設計精心加工成電工絕緣筒、端圈、支撐件、壓環、角環等各種絕緣成型加工件。

公司堅持長期的品質取勝策略，建立了可靠的質量保證體系，已通過了IS09001：2008質量體系認證和IS014000環境管理體系認證。從原材料選擇到生產加工，嚴格把住每道關口，對質量事故實行「放牛伢子要賠牛」100% 賠償制，有效地控制了產品質量。公司主要產品採用國際標準、國家標準或行業標準，特殊產品和新產品根據用戶技術要求，制訂企業標準。公司絕緣材料檢測設備精度高，規格全，擁有電壓測試、抗彎曲強度、拉伸強度、色譜儀等檢驗儀器，檢測手段先進，確保產品質量優良，先後有 10 多種產品榮獲省優、部優稱號，產品暢銷全國各地，有一定的市場和良好的信譽，並有 20 多年的出口創匯歷史。

公司為高新技術企業，具有 50 多年生產研發各種等級絕緣材料的技術和經驗，技術力量雄厚，設有絕緣材料研發中心，擁有 17 個發明專利和 20 多個實用新型專利。公司還與國內十幾所知名高校和科研院所開展了產、學、研聯合研發合作，新產品開發能力在國內同行業處於領先地位，形成了強有力的技術開發系統和持續創新的發展能力，並為我國的絕緣技術和相關行業的發展做出了突出貢獻。公司可根據市場需要和用戶的要求，研製開發具有自主知識產權的各種高強度、高電壓、耐高溫、耐輻射、高阻燃、節能環保等新型絕緣材料。近年來，陸續為特變電工（衡陽、沈陽和天津等下屬公司）、中國南車集團及北車集團下屬公司、湘潭電機、湖南湘電風能有限公司、東方電氣集團東方電機有限公司、順特電氣、中國長江動力（集團）公司、南陽防爆集團股份有限公司、江西泰豪特種電機有限公司、大同 ABB 牽引變壓器有限公司等用戶單位，研製開發出 5442-1 少膠雲母帶、5446-1 三合一雲母帶、5444-1 中膠雲母帶；EPGC203、EPGC204、EPGC308、UPGM、EPGM、異氰酸酯和高強度高阻燃苯並噁嗪層壓闆；PFCP 高性能絕緣紙闆；Nomex 紙角環；耐 200°C環保型高性能油漆、1146 和 1157 無溶劑絕緣油漆等大量優質的絕緣材料高端產品，這些高端產品與進口產品性能相當，部分指標甚至超過了國外同類型產品，完全可替代進口，實現國產化。同時，作為一個老軍工企業，曾成功研製高科技軍工產品——高溫絕熱帶和新型彈上電纜網防熱材料，為神舟飛船、火箭和導彈發射提供了關鍵性的耐高溫絕緣材料，多次受到中共中央、國務院和中央軍委等上級單位的通電祝賀和嘉獎。公司現是國家國防科工局定點生產高科技航天產品的軍工民口配套企業。

一分耕耘，一分收獲。恆緣公司多年辛勤的付出換來的是鮮花和榮譽，是社會的廣泛肯定和認同。現擁有重合同守信用單位、消費者信得過單位、雁峰區民營企業納稅十強、高新技術企業、湖南省著名商標、省、市先進單位等榮譽稱號。50 多年的探索和發展，讓恆緣公司榮譽滿冠，但恆緣公司沒有停止前行的腳步，正以更順暢的體制，更完善的管理模式，更完美的形象，持續創業，致力於成為絕緣材料行業的領航者，實現企業的長遠發展目標。

圖 9-3 衡陽恆緣電工材料有限公司

9.2.4 湘能華磊光電股份有限公司的非物質資源配置效率問題

湘能華磊光電股份有限公司於 2008 年 6 月 26 日注冊登記成立，位於湖南省郴州市有色金屬產業園區，主要經營發光二極管（LED）外延材料產品、芯片器件、封裝及相關應用產品的生產及自產產品的銷售，承接照明工程及提供相關的技術諮詢、節能服務。公司屬國有控股的股份制公司，注冊資本 3.69 億人民幣，其中湖南省煤業集團有限公司持股 53.12%、北京新華聯產業投資有限公司占 13.52%、北京瑞華景豐投資中心占 10.82%、新理益集團有限公司占 8.11%、湘江產業投資有限公司占 7.58%、廈門來爾富貿易有限公司占 4.06%、郴州華創投資有限公司占 1.56%、郴州辰科技有限公司占 1.23%，這種控股公司的股權結構有利於提升企業的決策效率，在一定程度上弱化了企業低效率。

公司現有員工近 1000 人，其中博士 6 人，碩士 50 人，本科 150 人，大專 200 人，碩士以上學歷者占員工總數的 6.5%，大專以上學歷的員工近 50%。員工較高的平均學歷水平，有利於企業策略的貫切和情緒管理，從而有利於減小企業低效率。

產業化項目屬於國家重點鼓勵發展的策略性新興產業項目，屬高科技含量、高資本投人、高人員素質的高門檻行業，是企業持續創業的好契機。公司重視科技創新與產業化推進，於 2009 年 3 月與中科院半導體所簽署了《策略合作協議書》，進行產學研等方面的合作。科研機構的引入，有利於完善企業的價值網絡，改善企業經營環境，弱化企業的低效率。

公司已經申報了 28 項國家專利，其中 5 項獲得授權，11 項進人實質性審查。公司成立了湖南省工程技術研究中心，已被列人湖南省重點上市後備企業、湖南省策略性新興產業百強企業、湖南省「雙百」工程企業、湖南省高新技術企業、湖南省新型工業化重點企業，國內權威機構報告顯示，華磊光電已躍人國內 LED 行業前列。公司現已投資 13 億元，形成藍綠光 MOCVD32 臺、年生產 GaN 配套芯片 120 萬片的生產規模。

公司秉承「創新求超越，實干謀發展」的精神和「以市場為導向，以品質為核心，以控製成本為基礎，以科技創新為動力」的經營理念，力爭將公司打造成為「世界先進，國內一流，湖南龍頭」的光電企業，明確的企業發展目標，有利於凝結員工人心，有利於協調員工個人目標與企業目標的一致，減小員工的情緒惡化，降低企業低效率。

同時，公司計劃未來 5 年內，通過完善法人治理結構，規範公司管理，擴大企業經營規模，完成 IPO 首發上市目標。在「十二五」期間，產業化項目將完成總投資 60 億元，購置 MOCVD132 臺及配套芯片生產線，涵蓋半導體照明上、中、下游產業鏈的完整的產業化生產、研發基地，建設燈具公司、收購研究院（所）、並購 6 家封裝廠項目方案等，形成總產值 125 億元，實現總利潤 25 億元，帶動產業原料、裝備及中、下游領域總產值 1100 億元，形成湖南省千億新興產業集群。

企業擁有了文化，就如同人有了思想，前進的腳步才能勇往直前。文化，作為企業的靈魂與核心價值體系，體現的是華磊的軟實力，滲透進企業的方方面面，現代化的廠房，舒適的辦公環境，豐富的文化生活，濃厚的 LED 產業氛圍，體現的是華磊對科技的尊重，對人的關懷。在如何提高企業效率方面，企業採用了如下對策：

（1）對人對事，獎罰分明，減小決策者認知偏差

俗話說「一分耕耘，一分收獲」，生產效率高的員工理應獲得應有的獎勵。在一些公司存在這樣的現象，業績好的員工要承擔更多的工作，而業績差的員工反而承擔較少工作或較容易的工作，這樣肯定會打擊優秀員工的工作積極性，激化他們的情緒，會在一定程度上損失企業的效率。

（2）激發員工干勁，減小員工的心理契約違背

員工是公司最寶貴的人力資源，只有這個資源才是取之不盡、用之不竭的。應充分挖掘它、利用它，使之發揮最大的效用。身為主管，如果你了解了員工的本性，也就知道如何有效激勵他們。只有這樣，才能幫助你更快走入員工的心靈，領導員工，開發員工，減小員工的心理契約違背，弱化企業低效率。

（3）增強團隊凝聚力，提升企業組織承諾

團隊的凝聚力對於團隊行為、團隊功能有著重要的作用。有的團隊關係融洽，凝聚力強，能順利完成任務；有的團隊成員相互摩擦，關係緊張，凝聚力弱，不利於群體任務的完成。同時要增強團隊成員之間的交往和意見溝通，增進相互了解與友誼，建立良好的工作關係，提高團隊的戰鬥力，提升企業組織承諾，弱化企業低效率。

參考文獻

[1]Dougall，PP&Oviatt，BM.International entrepreneurship：the intersection of two research patiis[J].Academy of Management Journal，2000，43（5）：902-908.

[2]Zahra，S，&Garvis，S.International corporate entrepreneurship and company performance：the moderating effect of in—ternational environmental hostility[J].Journal ofBusiness Venturing，2000，15（5/6）：469-492.

[3]McDougall，P P.International versus domestic entrepreneurship： new venture strategic behavior and industry structure[J].Journal of Business Venturing，1989，4（5）：387-399.

[4]Oviatt，B M&McDougall，P P.TowaM a theory of international new ventures[J].Journal of International Business Studies，1994，25（1）：45-64.

[5]Wright，RW&Ricks，D A.Trends in international business research：twenty-five years later[J].Journal of International Business Studies，2004，25（4）：687-701.

[6]Shane，S&Venkatarman，S.The promise of entrepreneurship as a field of research[J].Academy of Management Re—view，2000，25（1）：217-226.

[7]Baker，T，Gedajlovic，E&Lubatkin，L A.Framework for comparing entrepreneurship processes across nations[J].Journal of International Busines Studies，2005，36（5）：492-504.

[8]Oviatt，BM&McDougall，P P.Defining international entrepreneurship and modeling the speed of internationalization[J].Entrepreneurship Theory and Practice，2005，29（5）：537-553.

[9]Alvarez，Sharon，and Barney，Jay.Entrepreneurial capabilities： a resource—based view[A].In G Dale Meyer and Kurt AHeppard（eds.）.Entrepreneurshiip as strategy：competing on the entrepreneurial edge[C].New York：Sage Publications.

[10]Westhead，Wright，&Ucbasaran.The International of new and small firms：a resource—based view[J].Journal of Busi—nes Venturing，2001，16（4）：333-358.

[11]McDougall，P P&Oviatt，B，L A.】Comparison of international and domestic new ventures[J].Journal of International entrepreneurship，2003，1（1）：59-82.

[12]Coviello，N E&Munro，H J.Growing the entrepreneurial firm：networking for international market development[J].European Journal of Marketing，1995，29（5）：49-61.

[13]Deo Sharma，and Anders Blomstermo.The internationalization process of born globals： a network view[J].International—al Business Review ，2003，1Z：739-703.

[14]Autio，E，Sapienza，H J&Almeida，J G.Effects of age at entry，knowledge intensity，and imi-tability on international—al growth[J].Academy of Management Journal，2000，43（5）：909-924.

[15]Birkinshaw，J vL Entrepreneurship in multinational corporations ：the characteristics of subsidiary initiatives[J].Strate—gic Management Journal，1997，18（3）：207-229.

[16]Birkinshaw，J Nell Hood，and Stephen Young.Subsidiary entrepreneurship，internal and exter-nal competitive forces，and subsidiary performance[J].International Business Review，2005，14（2）： 227-248.

[17]Oviatt，B M&McDougall，P P.Global start-ups： entrepreneurs on a worldwide stage[J].Academy of Management Executive，1995，9（1）：30-43.

[18]Dimitratosa，P&Jonesb，M.Future directions for international entrepreneurship research （Guest Editorial）[J].Intemational Business Review，2005，14（2）：119-128.

[19]Zahra，S A，Korri，J S，and Yu，J.Cognition and international entrepreneurship：implications for research on international opportunity recognition and exploitation[J].International Business Review 2005，14（2）：129-146.

[20]Zahra，S A&George，（International entrepreneurship： the current status of the field and future research agenda[A].In M A Hitt，R D Ireland，S M Camp&DI Sexton（eds.）.Strategic entrepre-neurship：creating a new mindsetr[C].Oxford，UK：Blackwell Publishers，2002，pp：255-288.

[21] 薛求知，朱吉慶 . 國際創業研究述評 [J]. 外國經濟與管理，2006，28（7）：23-28.

[22] 趙都敏 . 創業理論體系研究：整合與解釋 [J]. 生產力研究，2007，（6）：35-40.

[23] 林強，薑彥福，張健 . 創業理論及其架构分析 [J]. 經濟研究，2001，（9）：85-94.

[24]Gartner，W.B.Aconceptual framework for describing the phenomenon of new venture ere-ation[J].Academy of Management Review，1985，4：696-706.

[25] 劉常勇，劉文龍 . 創業管理的基本概念 [J]. 創業管理，2001，10（2）：81-54.

[26]Timmons J.A..NewVentureCreation[M].5ed.，Singapore：McGraw-Hill，1999.

[27]Christian B.，P A.Julien.Defining the field of research in entrepreneurship[J].Journal of Business Review，2000，16：165-180.

[28]Amabile T.M.Motivating creativity in organizations：on doing what youlove and loving what you do[J].California Management Review，1997，1（fall）：39-58.

[29]Dubin R.Theory Building[M].NewYork：Free Press，1978.

[30] 羅伯特·赫裡斯 . 創業學 [M]. 王玉等譯 . 北京：清華大學出版社，2004.

[31]Stevenson H.H.，Roberts M.J.，Grousbeck H.I.New Business Ventures and the Entrepreneur[M].Irwin：Homewood，IL，1985.

[32]Kirzner L.Competition and Entrepreneurship[M].Chicago：University of Chicago Press，1973.

[33]Morris M.H.Entrepreneurial intensity：sustainable advantages for individual，organizations，and societies[M].Quorum Books，1998.17-45.

[34] 卜華白 . 企業 X 低效率生成的維度與結构 [M]. 北京：中國言實出版社，2008.

[35] 劉乃發 . 新創企業策略選擇探析 [J]. 特區經濟，2006，（5）：56-61.

[36]Brockhaus R.H.Risk-taking property of entrepreneurs[J].Academy of Management Journal，1980，23（3）：509-520.

[37]Nelson C.Starting your own business-Four success stories[J].Communication World，1986，3（8）：18-29.

[38]Casson M.The entrepreneur：an economic theory[M].Totowa，NJ：Barnes&Noble Boos，1982.

[39] 蘇敬勤，王鶴春 . 企業資源分類框架的討論與界定 [J]. 科學學與科學技術管理，2010，（02）：158-161.

[40] 鄧新明 . 轉型環境下中國企業資源的分類問題研究 [J]. 商業經濟與管理，2012，215（9）：36-43.

[41]Penrose，E.The theory of the growth of the firm[M].Oxford： Oxford University Press，1959.

[42]Barney，J.B.Strategic factor markets：Expectations，luck，and business strategy[J].Management Science，1986，32（10）： 1512-1514.

[43]Werneifelt，B.A.Resource-based view of the firm[J].Journal of Strategic Management，1984，5（2）： 171-180.

[44]Barney，J.B.Strategic factor markets：Expectations，luck，and business strategy[J].Management Science，1986，32（10）：1231-1241.

[45]Barney，J.B.Firm resources and sustained competitive advantage[J].Journal of Management 1991，17（1）：99-120.

[46]Teece，D.J.，Pisano，G.，Shuen，A.Dynamic capabilities and strategic management[J].Strategic Management Journal，1997，18（7）：509-533.

[47] 何郁冰，陳勁 . 資源特性、能力系統與技術演化 [J]. 西安電子科技大學學報，2008，18（3）：1-7.

[48]Fahy，J.Strategic marketing and the resource based view of the firm[J].Academy of Marketing Science，1999，（10）：1-21.

[49]Grant，R.The resource-based theory of competitive advantage：Implication for strategy formulation[J].California Management Review，1991，33（3）：114-135.

[50]Amit，R.，Schoemaker，P.J.H.Strategic assets and organizationalrent[J].Strategic Management Journal，1993，14（1）：33-46.

[51]Dierickx，I.，Cool，K.Asset stock accumulation and sustainability of competitive advantage[J].Management Science，1989，35（12）：1504-1511.

[52] 項保華 . 企業資源與能力辨析 [J]. 企業管理，2003，（2）：79-82.

[53]Werneifelt，B.From critical resources to corporate strategy[J].Journal of General Management，1989，14（3）：4-12.

[54]Hall，R.The strategic analysis of intangible resources[J].Strategic Management Journal，1992，13（2）：135-144.

[55]Hall，R.A framework linking intangible resources and capabilities to sustainable competitive advantage[J].Strategic Management Journal，1993，14（8）：607-618.

[56]Miller，D.，Shamsie，J.The resource-based view of the firm in two environments：The Hollywood film studios from 1936 to 1965[J].The Academy of Management Journal，1996，39（3）：519-543.

[57]Das，T.K.，Teng，B.S.A resource-based theory of strategic alliances[J].Journal of Management，2000，26（1）：31-61.

[58]Coyne，K.P.Sustainable competitive advantage—What it is，what it isn't[J].BusinessHorizons， 1986，29（1）： 54-61.

[59]Hitt，M.A.，Ireland，D.，Hosikisson，R.E.Strategic management[M].NewYork：West Publishing Company，1995.

[60]Fernandez，E.，Montes，J.M.，Vazquez，C.J.Typology and strategic analysis of intangible resources-a resource-based approach[J].Technovation，2000，3（20）：81-89.

[61]Carmeli，A.，Tishler，A.The relationships between intangible organizational elements and organization performance[J].Strategic Management Journal，2004，25（13）： 1257-1278.

[62]Carmuli，A.Assessing core intangible resources[J].European Management Journal，2003，22（1）：110-122.

[63]Collis，D.J.A resource-based analysis of global competition： The case of the bearing industry[J].Strategic Management Journal，1991，12（1）：49-68.

[64] 王慶喜，寶貢敏 . 企業資源理論述評 [J]. 南京社會科學，2004，（9）：6-10.

[65]Adrian J.Slywotzky，David J.Morrison，Bob Andelman.The Profit Zone：How Strategic Business Design Will Lead You to Tomorrows Profits[M].New York：Crown Business，The 1st edition，December 29，1997.

[66] 琳達·S. 桑福德，戴夫·泰勒著 . 劉曦譯 . 開放性成長 _ 商業大趨勢：從價值鏈到價值網絡 [M]. 北京：東方出版社，2008.

[67]Kathand Aramanp，Wilson T.The future of competition：value-creating networks[J].Industrial Marketing Management，2001，（30）：379-389.

[68]Bing-Sheng Teng .Advantage of Strategic Alliances：Value Net[J].Journal of Gene 資源配置低效率 Management 2003，29（2）：1-21.

[69]Kristian Moller Arto Rajala .Rise of strategic nets — new modes of value creation[J].Industrial Marketing Management 2007，36（6）：895-908.

[70]Bovet，D，and Marsha，J.Value nets：Reinventing the rusty supply chain for competitive advantage[J].Strategy&Leadersiiip，2000，28（4）：57-77.

[71]Michael Ehret.Managing the Trade-off between Relationships and Value Networks：Towards a Value-based Approach of Customer Relationship Management in Business-to-to Business Markets[J].Industrial Marketing Management，2004，33（6）：465-473.

[72] 李垣，劉益 . 基於價值創造的價值網絡管理（I）：特點與形成 [J]. 管理工程學報 .2001，（4）：38-41.

[73] 胡大立 . 基於價值網模型的企業競爭策略研究 [J]. 中國工業經濟，2006，（09）：87-93.

[74] 徐玲，劉豔萍 . 價值網與傳統業務模式的 tk 較分析及啟示 [J]. 武漢科技大學學報（社會 科學版）2005，（03）：34-38.

[75] 周煊 . 企業價值網絡競爭優勢研究 [J]. 中國工業經濟，2005，（5）：68-72.

[76] 卜華白，高陽 . 網絡交易環境下企業價值鏈運營模式的侷限與改造 [J]. 洛迦管理評論，2009，（2）：20-26.

[77] 王忠宏，石光 . 發展策略性新興產業推進產業結構調整 [J]. 中國發展觀察，2010，（01）：45-50.

[78] 周新生 . 產業興衰論 [M]. 西安：西北大學出版社，2000.

[79] 蘇東水 . 產業經濟學（第二版）[M]. 北京：高等教育出版社，2005 ，（8）：67-71.

[80] 雷鳴 . 產業調整振興、新興產業培育與經濟增長 [J]. 經濟界，2010，（3）：54-62.

[81] 陳洪濤，施放等 . 基於政府作用的新興產業發展研究 [J]. 西安電子科技大學學報，2008，（4）：70-75.

[82] 全球策略性新興產業攻略 [EB/OL]. 來自 http://www.zaobao.com/wen-cui/2010 / 03 /liaowang100301x.shtm.l.

[83] 全球策略性新興產業攻略 [EB/OL]. 來自 http://www.zaobao.com/wen-cui/2010 / 03 /liaowang100301x.shtm.l.

[84] 穩定市場需求帶動產業興起提高經濟實力的密匙——我國七大策略性新興產業評述 [EB/OL]. 來自遼寧省圖書館：http://lnlib.vip.qikan.com / article.aspx ？titleid = kjzn20100204.

[85] 新興產業：經濟增長新引擎 [EB/OL]. 來自 http://www.bjinvest.gov.cn/tzlt/201002/ t546889.htm.

[86]Garud，R.and P.Karne （2003）.Bricolage vs.Breakthrough：Distributed and Embedded Agency in Technology EntrepreneursJiip.Research Policy，32：277-300.

[87] 歐陽蟯，生延超 . 策略性新興產業研究述評 [J]. 湖南社會科學，2010，（5）：111-115.

[88]W. 羅斯托 . 從起飛進人持續增長的經濟學 [J]. 四川人民出版社，1988 年版。

[89] 江世銀 . 區域策略性產業結構布局的模型建立和指標體系設計 [J]. 雲南財貿學院學報，2005，（12）：78-83.

[90] 芮明傑 . 策略性產業與國有策略控股公司模式 [J]. 財經研究，1999，（9）：54-60.

[91] 侯雲先，王錫巖 . 策略產業博弈分析 [J]. 機械工業出版社，2004 年版。

[92] 溫太璞 . 發達國家策略性產業政策和貿易政策的理論思考和啟示 [J]. 商業研究，2001，（10）：12-15.

[93] 趙玉林，張倩 . 湖北省策略性主導產業的選擇研究 [J]. 中南財經政法大學學報，2007，（2）：35-40.

[94] 李江，和金生 . 區域產業結構優化與策略性產業選擇的新方法 [J]. 現代財經，2008，（8）：60-65.

[95] 卡蘿塔·佩雷絲 . 技術革命與金融資本：泡沫與黃金時代的動力學 [M]. 中國人民大學 出版社，2007 。

[96] 朱瑞博 . 全球產業重構與中國產業整合策略 [J]. 改革，2004，（4）：56-61.

[97] 王忠宏，石光 . 發展策略性新興產業推進產業結構調整 [J]. 中國發展觀察，2010，（1）：38-45.

[98] 萬鋼 . 把握全球產業調整機遇培育和發展策略性新興產業 [J]. 求是，2010，（1）：76-80.

[99] 朱瑞博 . 中國策略性新興產業培育及其政策取向 [J]. 改革，2010，（3）：34-40.

[100] 張曄 . 新興策略性產業的進人管制與管制效率：以我國手機「牌照制度」的實踐為例 [J]. 產業經濟研究，2009，（1）：70-75.

[101] 王海霞 . 低碳經濟發展模式下新興產業發展問題研究 [J]. 生產力研究，2010，（3）：14-18.

[102]MBA 智庫百科 [EB/OL]. 來自 http ：//wiki .mbalib .com/ .

[103] 雁峰區策略性新興產業發展情況匯報 [EB/OL]. 來自 http://big5.yfq .hengyang.hun-ancom.gov .cn/zwgk/283805.htm.

[104] 衡陽策略性新興產業 [EB/OL]. 來自 http://www.hunan.gov .cn/zwgk/ hndVgddV 201207/t20120716_486860.htm.

[105] 李偉鋒 . 張文雄湘南考察：以承接產業轉移推動轉型發展 [N]. 湖南日報，2012-08-23.

[106] 柳州市策略性新興產業經濟轉型騰飛 [EB/OL]. 來自 http://chenzhou .hunancom.gov .cn/ swdy/305004.htm.

[107] 衡陽恆緣電工材料有限公司 [EB/OL]. 來自 http ：//www .h ydgclgs.com/ about.a s .

[108] 朱火弟，蒲勇健 . 企業社會效率評價的模式研究 [J]. 生產力研究，2012，（3）：15-19.

[109] 企業環境績效 [EB/OL]. 來自 http ：//wiki .mbalib .com/wiki .

[110] 龔振宇，戴永明 . 如何提高企業環境效率？ [N]. 中國環境報，2013-03-01[111] 心理資本的內涵 [EB/OL]. 來自 http ：//wiki .mbalib .com/ .

[112] 認知偏差理論 [EB/OL]. 來自 http://blog.renren .com/GetEntry.do ？ id = 444708613&owner = 29197451.

[113] 情緒化管理 [EB/OL]. 來自 http://www.chinavalue.net/ Management Blog：2013-1-28 /955600 aspx

[114] 永州：產業承接湧大潮 [EB/OL]. 來自 http://news .yongzhou .com/ yongzhou/2012-09-30/5081 html

[115] 永州市加快培育和發展策略性新興產業總體規劃綱要 [EB/OL]. 來自 http:// www.chinavalue.net/BlogFeeds/661072_475220.aspx .

[116] 職業疲倦 [EB/OL]. 來自 http ：//baike .b aidu .com/view/3901589.h tm.

[117]「職業疲勞癥」成職場最大隱患，醫生患病率高 [EB/OL]. 來自 http://：roll .sohu.com/ 20130215/n366113334.shtml.

[118] 職業疲勞癥 [EB/OL]. 來自 http ：//baike .soso.com/v59169268.h tm.

[119] 組織承諾 [EB/OL]. 來自 http ：//baike .soso.com/v399262.h tm.

致謝

本著作在前期研究成果的基礎上，從新文獻收集、整體構思到最終完成，前後經歷了近三年的時間，今天終於成文，而且更有幸的是其許多章節的內容都在國外期刊公開發表。它的完成，是同事和家人無私的關心、支持和幫助的結果，現借此機會向他們致以衷心的感謝。

首先要感謝我的導師高陽教授。同時，在我整個著作的寫作過程中，中南大學商學院陳曉紅教授、胡振華教授等，衡陽師範學院的領導和經濟與管理學院的老師都給予了大力支持和無私幫助，著作能夠順利完成，還離不開家人給予我的鼓勵和支持，在此一並深表感謝。

同時，本著作受到國家社會科學基金項目（12BGL005）、教育部人文社會科學基金項目（12YJA630004）和湖南省普通高校「十二五」區域經濟學重點建設學科的共同資助，在此向這些提供資助的部門和相關工作人員表示最真誠的謝意！

國家圖書館出版品預行編目（CIP）資料

價值網企業創業績效損失機理研究 / 卜華白 編著. -- 第一版.
-- 臺北市：崧燁文化, 2019.10
面； 公分
POD 版

ISBN 978-986-516-074-6(平裝)

1. 企業管理 2. 企業經營

494.1 108017313

書　名：價值網企業創業績效損失機理研究
作　者：卜華白 編著
發 行 人：黃振庭
出 版 者：崧燁文化事業有限公司
發 行 者：崧燁文化事業有限公司
E-mail：sonbookservice@gmail.com
粉 絲 頁： 網 址：
地　址：台北市中正區重慶南路一段六十一號八樓 815 室
8F.-815, No.61, Sec. 1, Chongqing S. Rd., Zhongzheng
Dist., Taipei City 100, Taiwan (R.O.C.)
電　話：(02)2370-3310 傳　真：(02) 2388-1990
總 經 銷：紅螞蟻圖書有限公司
地　址: 台北市內湖區舊宗路二段 121 巷 19 號
電　話:02-2795-3656 傳真 :02-2795-4100 網址：
印　刷：京峯彩色印刷有限公司（京峰數位）

定　價：450 元
發行日期：2019 年 10 月第一版
◎ 本書以 POD 印製發行